高等院校烹饪与营养系列教材

宴席设计

主　编　杨剑婷　翟立公　刘　颜
副主编　吴晓伟　刘　勇　胡金朋
主　审　杜传来　孙克奎

合肥工业大学出版社

图书在版编目(CIP)数据

宴席设计/杨剑婷,翟立公,刘颜主编.—合肥:合肥工业大学出版社,2023.5
ISBN 978-7-5650-6079-3

Ⅰ.①宴… Ⅱ.①杨… ②翟… ③刘… Ⅲ.①宴会—设计 Ⅳ.①TS972.32

中国版本图书馆CIP数据核字(2022)第175771号

宴 席 设 计

主　编　杨剑婷　翟立公　刘　颜　　责任编辑　毕光跃　　责任印制　程玉平

出　版	合肥工业大学出版社	版　次	2023年5月第1版
地　址	合肥市屯溪路193号	印　次	2023年5月第1次印刷
邮　编	230009	开　本	787毫米×1092毫米　1/16
电　话	理工图书出版中心:0551-62903204	印　张	14.75
	营销与储运管理中心:0551-62903198	字　数	350千字
网　址	www.hfutpress.com.cn	印　刷	安徽昶颉包装印务有限责任公司
E-mail	hfutpress@163.com	发　行	全国新华书店

ISBN 978-7-5650-6079-3　　定价:48.00元

前　言

习近平总书记指出，文化自信是一个国家、一个民族发展中更基本、更深沉、更持久的力量。

宴席设计是烹饪与营养教育、酒店服务与管理、烹饪工艺与营养等专业的一门必修课程，对学生来说，也是一门难度较大的课程。目前，本课程的教材很多，有的偏重于宴会管理，有的偏重于宴会菜单展示，而真正注重宴会设计核心能力（文化内涵）的很少。面对城镇化、生态环境、生活方式不断变化对人体的影响，我们又把药膳的相关知识融入宴席设计的教材中。将中华健康饮食文化与民族文化融入宴席设计的学习中，对于推进大学文化建设、提高学生文化自信具有重要的意义。基于此，我们编写了本书。

与同类书相比，本书有以下特点：

1. 集理论知识与实践于一体。全书结合营养学、烹饪卫生安全学的知识，融入餐饮美学和饮食文化的知识理论，重点强化了宴席文化的介绍、营养安全知识和实践案例的补充。本书整体上以文化传承为基础，以营养配膳和造型设计原理为理论支撑，以菜肴和面点制作为实践，形成理论与实践结合、人文与艺术结合的架构体系。

2. 立足于职业岗位应用。本书的设计思路是以学生的职业需求为导向，以宴会设计与管理的基本操作程序为依据；以思政融合为切入点，突出我国优秀的饮食文化；以素质塑造为基础，强化宴席设计的基础原理；以能力培养为核心，以成果产出为导向，提升学生的创新意识。力争使本书内容既有理论的先进性，又有实践的操作性。

3. 传承民族优秀文化。根据宴席设计的基本原则和要求，本书重在挖掘与宴席相关的历史文化和背景资料，将文化和宴席设计有机结合，实现食物与文化、食物与科学的美丽邂逅。本书旨在介绍富有文化内涵的宴席设计知识，以传承传统文化，传播夫妻相敬如宾、子女孝敬老人、父母爱子教子，以及学生努力学习、不懈追求真理等正能量思想。

本书绪论和第一章、第二章、第三章的第一节至第五节由杨剑婷编写，第三章的第六节至第八节和第四章由刘颜编写，第五章由吴晓伟编写，第六章由刘勇编写，安徽六安技师学院葛成荡、扬州生活科技学校李晶、黄山学院王兆强、内蒙古商贸职业学院刘加上、湘西民族职业技术学院刘亮、恩平市职业技术教育中心王志文、江苏省灌云中等专业学校李棒棒、蒙城建筑工业中等专业学校王兰兰、皖西经济技术学校余健、安徽省特殊教育中专学校刘振、当涂经贸学校张云飞参与了部分内容的编写工作，最后由杨剑婷和刘颜完成全书的统稿工作，翟立公、胡金朋完成全书内容的整理工作。安徽科技学院的杜传来教授、黄山学院孙克奎教授对全书进行审读，提出了许多建设性的意见。

本书的编写过程中，得到马鞍山职业技术学院黄炜副教授和北京华科易汇科技股份有限公司邢小文经理的关心，他们提出了一些建设性的意见；安徽科技学院的张献领、李培燕、陈道存、李雅丽、陈金女和四川旅游学院朱镇华提供了一些案例，江苏旅游职业技术学院张亮亮、刘妮妮、徐钟锁和桂林旅游学院王浩明、吴杨林、余涛为本书的编写提供了部分图片；文献资料的核对得到宁波海洋职业技术学校杨红、江梦丽、纵心想和江西工业贸易职业技术学院熊超越、颜六的帮助；借鉴了相关学者的专业文献，相关网站的信息与国内著名赛事的内容。在此一并向有关文献的编著者与资料的提供者表示衷心的感谢。

对本书中不妥或疏漏之处，敬请业内同仁和广大读者赐教。

目　录

绪　论

学习目标

1. 了解宴席、宴席设计等概念，以及课程的沿革。
2. 理解宴席设计课程的主要任务。
3. 掌握宴席设计课程的学习方法。

宴席，又称宴会、宴席、酒宴、会饮、宴宴等，常为宴请某人或纪念某事而举行的、有多人出席的酒席。虽有多种叫法，细辨或有小的差异，但都是以菜肴为基础，再辅以特定的环境、仪式、服务等，通过浓厚的文化氛围，形成一种人与人之间的礼仪表现和沟通方式。

宴席设计，又称宴会设计，是烹饪类专业高等教育和职业教育的主要课程。宴席设计是指在宴席实施之前，对宴席的一种预测和规划。

宴席堪称烹饪技艺的荟萃和饮食文化的升华。近年来，我国餐饮市场发展迅速，现代餐饮中的各种宴席、酒会等异彩纷呈。宴席与传统餐饮已成为我国餐饮市场的两大主流。宴席是酒店主要的收入组成部分。注重酒店宴会的设计和运营，是提升酒店品牌形象、实现酒店产业高速发展的必由之路。

一、宴席设计课程的产生和发展

宴席是随着人类社会的发展而产生和发展的，是文化发展和社会进步的产物。在宴席的实践活动中，赴宴者置身于这种特殊的氛围里，在美酒佳肴中畅叙友情或者洽谈事务。有人说“没有什么是一顿饭解决不了的，如果有，那就是两顿”，这里的饭，指小型聚餐，其中可能不涉及宴席的所有构成元素，但是去什么饭店、点哪些菜、饮什么酒、请哪些人作陪等等，都是宴席里的基本元素。此外，宴席也是酒店创收的重要来源，宴席是所有进餐方式中人均消费最高的一种，其利润也最高。宴席对于酒店、餐馆或者宾馆的餐饮部来说至关重要。宴席是一项系统工程，涉及构成、程序、成本等多项内容，随着世界各国的频繁交流、不同民族文化的深入交融，人们对宴席的要求也越来越高，必须要有专业的人或机构对宴席进行设计和运营。

21 世纪以来，社会各领域进入高速发展的阶段，人们的饮食行为、习惯发生了巨大的改变。更多的宴会性质的社交聚餐变得越来越规模化和程序化，致使宴席设计需要不断变革，在变革中求发展。如农村的婚嫁宴席的发展，从一开始由自己家搭建灶台、向邻居借餐具、自己烹制食物，后来发展为小的组织，由厨师、打荷者、切配者等三五人，自备锅碗灶具、大餐桌、食材等，上门服务，包揽整个宴席的饮食部分，再到现在直接到酒店就餐，所有的饮食、礼仪都交由酒店负责。这就要求宴席设计必须由专业人士来做，且对其专业性的要求越来越高。

面对激烈的竞争和人们对宴席高层次的需求，现代的餐饮企业必须要持续更新宴席的经营理念。稍具规模的酒店、饭店应成立宴会部门等，专门负责宴席运营，并需要有专门的宴席设计人员。经过宴席设计，对宴席的整体活动做统筹规划和安排，这可以使人员数量庞大、礼节与程序繁杂、形式多样的宴席活动能够有序进行，对宴席的质量起到保障作用。

我国的宴席设计作为课程走进课堂，开始于20世纪80年代，当时我国经济已经开始蓬勃发展，人们对饮食有了更高的要求。许多从事烹饪研究的专家学者，从不同的角度、在不同的层面、用不同的方法探究宴席与宴席设计。有的从人类发展的角度，探究宴席的起源和发展；有的从社会学的角度，分析宴席的发展价值；有的从文学的角度，剖析宴席的文化内涵；有的从美学的角度，赏析宴席的氛围设计；有的从历史的角度，追溯宴席的礼制、膳食构成等；也有的从实验研究的角度，对宴席进行设计和规划。这些研究为宴席设计课程的开设提供了素材基础和理论基础。在高等教育烹饪和旅游管理类专业兴起之后，从培养应用型烹饪专业人才的目标和建设高等烹饪教育课程体系的需要出发，宴席设计学科受到了极大的重视。1988年，原江苏商业专科学校（现在的扬州大学）率先开设了宴会设计课程，经过多年的实践和探索，形成了科学合理的课程架构和成熟的内容体系。

二、宴席设计的课程性质

从“民以食为天”“食色性也”等说法能看出人们对饮食的重要程度。“吃”是人类生命的源泉和根本，餐饮业也是一个永不没落的行业。

烹饪类专业人才培养目标之一是培养学生具有较强的酒店餐饮服务和管理能力。宴席设计作为餐饮企业业务组成的重要部分，将其作为一门独立的课程让学生进行系统学习和研究非常有必要。在实践中发现，宴席设计需要寻找适合的研究方法，进行专门研究，以发现其规律，宴席设计类课程的建设应成为烹饪类专业的重要任务。

宴席是以菜点为中心的系统工程，宴席设计是一门遵循现代教育教学规律的综合性和创新性为一体的课程。其综合性体现在两个方面：①从课程的构成内容看，涉及烹调工艺学、面点工艺学、食品卫生与安全学、营养与配膳学、中医养生学、餐饮美学、餐厅服务、酒店管理、成本核算、设计学、消费心理学、民俗学、色彩与风味学等课程内容，这些课程既为宴席设计提供了理论基础，也是宴席设计的构成元素。宴席设计的课程内容需要将其重新整合，融会贯通，使之成为一个完整的体系。②从研究方法看，宴席设计中既有严格精确的定量描述，也有经验的定性分析，还有逻辑的抽象表述，以及直观的形象表达，这些方法综合使用，使得最终的设计产品节奏紧凑、主题鲜明、表现直观，并具有极强的可操作性。今后的宴席设计中将充分运用大数据和人工智能技术，将现代科技与教育融合创新，不断地发展、丰富，成为适应性强的综合性课程。

三、宴席设计课程的特点

宴席设计作为一门应用性极强的专业课程，有着独特的特点。

首先，宴席设计体现了理论和实践的统一性。宴席设计是通过设计行为完成创造性的计划。设计行为的依据或规律来源于其丰富的设计理论，如宴席的概念、特征、种类，模式等；宴席设计中用到的美学原理、色彩原理、比例原理、食物营养原理、食物烹调和保藏原理、民俗文化理论等奠定了宴席设计的基础。理论源于实践，又指导着实践，宴席设计亦如此。宴席设计的目的是顺利圆满地完成宴席活动，设计出的宴席实施方案，必须应用到宴席的实际操作中，使得这一活动过程能向着既定的目标状态有效地进行。宴席实践活动也必须有理论的指导和支撑，才能成为满足宾客需求的、有机的、高效的、优质的宴席。

其次，宴席设计体现了继承性与创造性的统一。宴席设计活动有着悠久的历史，随着宴席的不断演变和发展。人们在宴席设计实践过程中积累了许多宝贵的经验取得了许多有益的成果，让宴席在文化传承方面起到重要作用。同时，宴席设计必须与时俱进，注重开拓创新，迎合消费需求，在形式和内容方面要适合当今时代的需求；随着科学技术的发展和新材料的发明，宴席设计也应积极采用最新的设计工具，如计算机软件工具、程序等，这也对设计人员提出了更高要求。宴席设计课程必须在继承的基础上创新，才能培养出适应社会发展的专门人才。

第三，宴席设计体现了规范性和灵活性的统一。在宴席上的烹饪产品、器皿、服务等，都涉及具体的行业规范和标准，或者项目在行业内的通用模式，宴席设计必须遵循这些规范，设计才能有针对性，才能更能贴近目标要求，实施方案才更具有可操作性，成效才会更明显。我们说宴席设计需要创新，创新在一定程度上体现了宴席设计的灵活性，不同的宴席在场景布置、饮食选择、器皿搭配、音乐烘托、服务方式等方面，有一定的独特性和灵活性。灵活性是在符合规范的基础上进行的创新，当这种灵活性获得业内的共识，也可能会逐渐转变成宴席设计的规范性，因此这二者也是一个有机的统一体。

四、学习宴席设计的必要性

宴席设计是一门应用性课程，是理论与实践相结合的产物。学习宴席设计有助于培养学生的综合能力，提高学生的业务能力。要实现一个完美的宴席设计，设计者需要熟悉相关学科知识，通过创意设计，将环境、饮食、服务有机融合，才能设计出符合工艺要求的、营养卫生的、具有美感的、满足宾客情感需求的主题宴席。通过学习宴席设计，学生能进一步完善知识体系，提高综合分析问题和解决问题的能力，以及未来能够胜任餐饮企业工作的能力。

通过宴席设计的学习，可以帮助学生树立科学的设计观。设计人员的素质和理念对于一场宴席非常关键。通过宴席设计的学习，可以引导设计人员认识到宴席设计的重要性，增强责任感，遵循事物的发展规律，从而真正牢固地树立科学的设计观，自觉抵制不科学、不健康、不文明的宴席糟粕，设计出积极、文明、和谐、美好的宴席。

五、学习宴席设计的方法

宴席设计课程涵盖宴席设计的基础理论、设计原理、设计方法、宴席赏析、宴席设计实务等内容，要求学习者不仅要了解漫长历史中宴席文化的形成历程，也要理解基于宴席文化形成的宴席设计的基础理论，欣赏优秀的宴席文化，同时也要具备较强的实践动手能力。

首先，建立可持续发展的学习思维模式。宴席设计是在人类发展的过程中形成的，具有动态变化的特质，并在变化中向前发展。宴席设计者要对主题宴席的起源和文化熟悉，对传统文化能做出恰当的传承。宴席的设计既要满足消费者的需求，同时又要引导高尚的、积极的、有超前新意的宴席等新风尚。

第二，建立教、学、做、验的多角度学习模式。在课堂教学中，每项任务均可运用“教、学、做、验”的微循环加以实施：先由教师讲授优秀的宴席案例，学生听、看案例设计后，感知职业情景；接着分小组进行讨论、辨析优秀案例的设计思想和艺术的成功之处，使学生得到职业素养的熏陶，评判体味职业内涵，习得优秀操作经验；然后学生自主合作设计，教师给予指导，初步完成真实任务，学生可以体验融入职业的真实情境；最后完成设计任务评价。教师的主要工作是依据设计作品，结合过程、小组互评、教师评价加以综合评定，让学生反思策略技能的成功与不足之处，提升职业能力。整个课堂教学过程中教师与学生的任务不断发生转化，教学环节相同，过程相似，内容和要求循序渐进，学生的职业素养与能力呈螺旋式上升。

第三，构建赛教融合的学习模式。宴席设计是一门理论知识丰富、技能实操性较强的酒店管理专业课程。要根据课程教学目标，以学生职业发展为导向，立足酒店岗位工作要求，结合历年职业技能竞赛实战题库资源，构建课堂教学、酒店工作实践、现场技能比赛三者合而为一的教学环境，让学生在“实境”学习氛围中锻造真才实干。要注意梳理与整合本门课程的专业理论知识与技能、职业技能竞赛赛项标准、设计操作规范，并将其融入教学内容，鼓励学生积极参加职业技能竞赛或者学科竞赛，以赛促学，使学生熟练掌握宴席设计的基本理论知识与实践操作技能。

第四，综合利用现代设计技术。积极引入和开发相关数据库，如食材搭配数据库、营养配餐数据库、餐饮美学数据库、主题宴席模板数据库等。这些数据库可以大大提高宴席设计的科学性和精准度。例如，在场景设计中，采用数字技术能提升宴席设计的整体水平，可更方便、更直观地将宴会设计的主题通过高科技的方式给展现出来，这样可以给观众的视觉、听觉都带来一个很好的体验。因此，我们要充分利用数字技术，大胆采用不同的表现形式，设计出特色鲜明、蕴含文化美感、满足顾客需求的主题宴会。

思考题

1. 什么是宴席和宴席设计？

2. 宴席设计作为课程经历了哪几个阶段？

3. 学习宴席设计的方法有哪些？

参考文献

1. 刘根华，谭春霞．宴会设计［M］．重庆：重庆大学出版社，2009.

2. 庞瑛．中西方饮食文化比较研究［D］．杨凌：西北农林科技大学，2011.

3. 刘根华，李丹，倪柳．基于“教、学、做、验”模式提高学生职业素养策略研究——以“宴会设计”课程教改为例［J］．四川旅游学院学报，2015（5）：85－88.

4. 陈嘉君．数字技术在主题宴会设计中的探索研究［J］．上海商业，2022（1）：56－57.

5. 郭维．基于职业技能竞赛标准下西餐主题宴会台面设计教学实践——以“尊享阅读”作品设计教学指导为例［J］．现代职业教育，2019（15）：118－119.

第一章　宴席的起源和发展

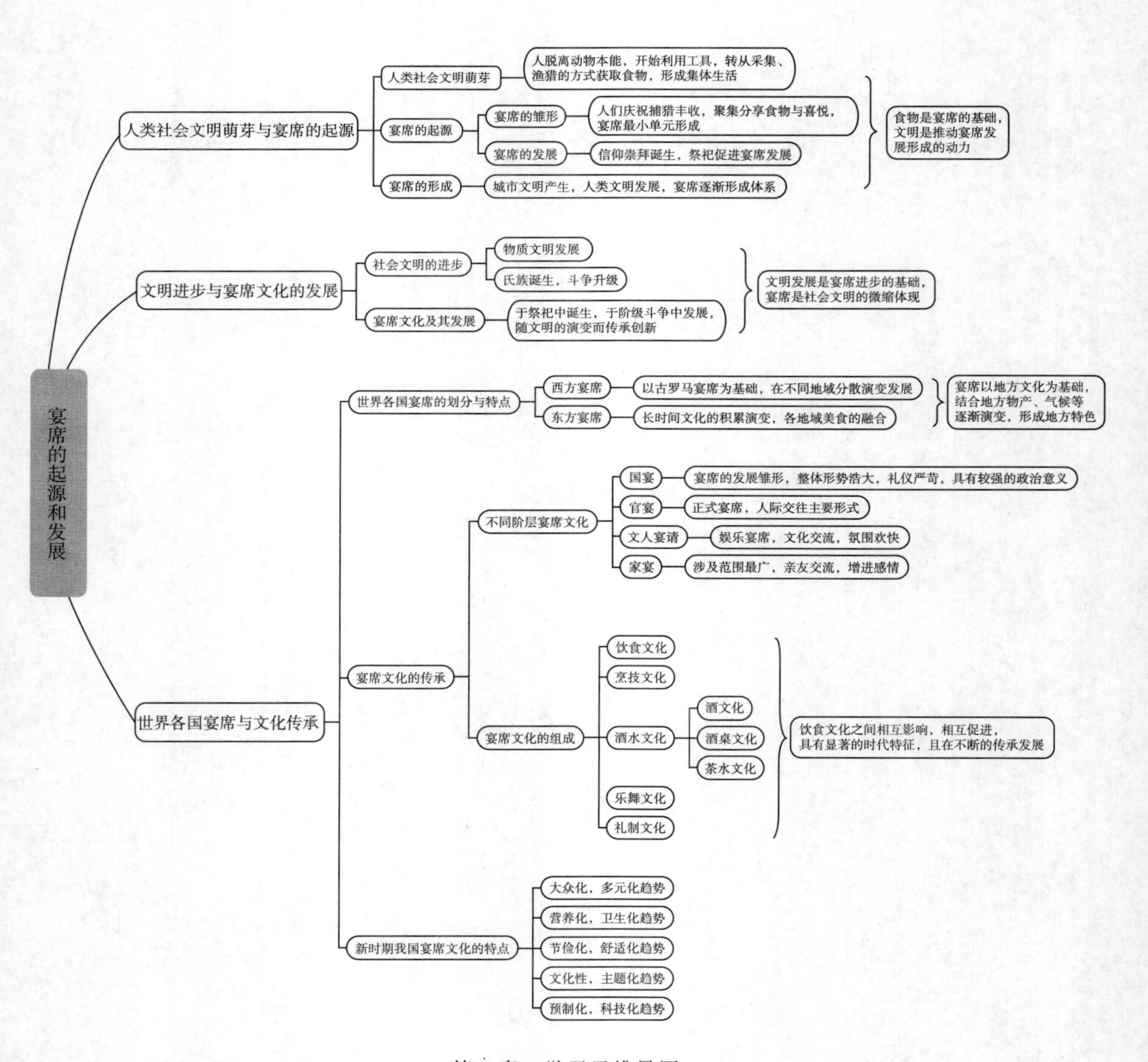

第一章　学习思维导图

1. 了解人类文明与宴席的关系。

2. 理解宴席的特征构成。

3. 掌握新时期我国宴席文化的特点。

宴席是随着人类文明的出现而产生的，并随着人类社会的发展而兴起，它不仅积淀了不同国家和地区、不同民族团体的历史传承和文化特征，也反映出多种文化的交融和发展，堪称社会物质文明和精神文明发展的标志。中国宴席历史悠久，是我国饮食文化的重要组成部分。中华饮食文化在与世界各国饮食文化的碰撞中，在秉承自身特征的同时博采众长，不断传承和发展。饮食活动过程中的饮食品质、审美体验、情感活动、社会功能等所包含的独特文化意蕴，反映了中华饮食文化与中华优秀传统文化之间有着密切联系。

第一节　宴席的起源

一、宴席的起源

宴席的萌芽，可以追溯到人类文明的起源。文明是人类历史积累下来的有利于认识和适应客观世界、符合人类精神追求、能被绝大多数人认可和接受的人文精神、发明创造的总和。

1. 宴席的雏形

宴席是一种形象而具体的文化现象，属于上层建筑的范畴，其直观表现为聚集共食。到了旧石器时代晚期，人类社会的文明萌芽，为宴席的起源奠定了基础。

人类文明起源于人类社会形成的开始阶段，在人与人之间的交流中诞生，最鲜明的表现莫过于庆祝丰收，每当采集到大量的果实或捕获到大型的动物时，食物资源便会变得丰富，人们可以尽情地享用美食，生理上得到充分满足的同时也给人们的心理带来了足够的安全感。在母系氏族公社时期，社会生产力的发展达到了前所未有的水平，制造石器的技术也有了极大的提高。弓箭的发明将人类历史上的狩猎业推上了鼎盛时期，人类征服自然的能力更加强大，同时能够获得更多的食物，吃不完的食物有必要存放起来，以备没有食物来源的时候所用。人工取火无疑是人类文明发展中最具里程碑意义的一项发明。生肉经过煮或烤之后，保藏时间延长，更关键的是，人们发现经过火处理过的肉更加美味，也更容易被消化吸收。在旧石器时代晚期，丰富的食物资源能让人们有了选择食物的可能，能够享受高质量的富含动物蛋白的食物，膳食营养价值提高，身体发育和脑力发育更好，逐渐跻身为食物链的最高端。另外，有了更多的剩余食物，人们可以过上定居的大集体生活，除了天然的洞穴，人们开始建造人工住所，如部分地下的圆顶屋舍，既可藏身、取暖，也可炊蒸。傍晚，一家人围坐在篝火周围，没有生命安全的威胁，可以放松地享受家人温情，子女绕膝，聆听父亲讲解狩猎的惊险，母亲适时地将烹熟的食物送到每个家庭成员手上。这充满欢的聚集共食，便是宴席的雏形，也是构成宴席的最小单元。

2. 宴席的发展

宴席的产生与宗教献祭活动密不可分。宗教献祭是宴席的一种特殊形式，也是宴席的重要基础。原始宗教的献祭活动是不同族群信仰崇拜所遵循的主要仪式，尤其是在新石器时代的中晚期，献祭活动有隆重甚至盛大的仪式，祭品除了有宰杀的牲畜之外，还有谷物、水果和酒类。仪式结束后，人们共享祭品，以期获得神灵的庇佑，从而避难消灾。在早期人与自然的斗争中，人们献祭活动的对象是一些掌控土地和食物的神灵，如对土地、图腾的祭拜。到了父系社会，出现了祖先崇拜，表现为对祖先逝后的祭奠和忌日的祭拜等。目的在于巩固男权制度和家长制度，其对于当今时代所提倡的“尊敬长辈、孝敬父母”等核心价值观具有重要的影响。

二、宴席的形成

从人类文明起源算起，宴席在五千年的演变中逐渐成形。宴席由维系人类生命的饮食而萌芽，随着人类文明的产生而诞生，基本形成于人类进入阶级社会时，又随着人类物质文明和精神文明的发展而繁荣。“宴席”最早由“宴席”发展而来，“宴席”的本意是用竹子、芦苇叶、草等编制而成的铺具和座具，吃饭的时候人们坐在座具上面，食物放在铺具上面。“宴”较长较大，质地粗糙，直接铺在地上，宴上放几，几上放食，也可以在宴上直接放食物。宴可以多层叠放，以彰显身份，如一般诸侯五层“宴”，大夫三层“宴”，平民一层“宴”；“席”则短小细致，宴饮时，人席地而坐或者跪在席上，酒食放在席前的宴或几上，一般一人一席。后来“宴席”也用作宴请宾客的酒宴的专用词。

宴席讲究“师出有名”，不仅是简单地吃饭喝酒，还要有宴请缘由，这寄托了人们美好的愿景。我国宴席传承了原始聚餐的模式，这也是我国人民重视血缘亲族关系及家庭观念在饮食文化上的反映。由于进餐人数多，食物的数量也要充足，种类繁多，极尽丰盛之能。食物的选材、烹制方法和命名，都要与宴席的主题相适应，菜点酒水搭在一起，形成菜单。基于奴隶社会等级观念的影响人们对于宴席的座次、食品、器皿、进食行为等方面都进行了严格的区分，从而形成了宴席的礼仪礼制，礼仪礼制还包括了宴席环境的装饰和席间配乐。

在漫长的岁月中，我国古代的宴饮规模不断扩大，宴饮种类也逐渐增多，但不论宴饮以何种形式和规模出现，都是以区分社会关系为基础的。不论宴席用到的物品还是礼制音乐等，都反映出当时的社会状况和风土人情，堪称历史的记录者。宴席旨在寄托人们的美好愿望，在维系国家安定和民族团结、联络亲友感情、促进家族和睦等方面发挥着重要的作用。

第二节　文明进步与宴席文化的发展

一、社会文明的进步

人类社会文明在新石器时代有了巨大的进步。新石器时代在考古学上是指石器时代的最后一个阶段，是以使用磨制石器为主要标志的人类物质文化发展阶段，其特征之一是农耕文化的发展。由于南北方气候的特征，新石器时代的农业有着显著的地域差异，北方以粟为主，南方地区以稻为主。新石器时代早期就出现了家畜家禽的饲养活动，饲养对象有猪、牛、羊、鸡、马等，其中又以猪的数量为最多。猪不仅供食用，也广泛用作祭品，同时也是财富的象征。农耕中的工具，除石器之外，还有以木、陶、贝等为材料制作的，许多工具采用复合形式，如在石块或者蚌壳上安装木质手柄制成斧头、为鹿角装上木柄制成的镐等，显示出较高的智力水平。陶器的产生是人类社会文明的标志之一，制陶技术在当时已经具有一定的水平，如仰韶文化的彩陶、龙山文化的黑陶等，无论是在器物造型、彩绘、纹饰，还是在烧制技术方面，都显示出高超的水准。制陶过程中发展的烧窑技术也催生了冶铜的技术，新石器时代的铜器主要有铜刀、铜钻、铜凿、铜锥、铜镜、铜指环等。此外，雕刻技艺也有了一定程度的发展，出现了玉雕、牙雕、骨雕等，这些精美的雕刻物件不仅用于日常生活的装饰，也广泛出现在丧葬祭品中，以此表达对逝者的尊重。

新石器时代是氏族组织高度发展的时期。随着社会生产力的提高，氏族成员越来越多，氏族组织越来越庞大，氏族成员之间的关系也日趋复杂，氏族成员之间的平等关系逐渐被打破，氏族中通过母系或者父系血缘关系区别人们的世系和辈分，当社会分工出现后，氏族中的首领、英雄、巫师等这些人受到更多的尊重或敬畏，特权也随之产生，社会阶层逐渐产生，人之间的地位开始失衡。这种关系的产生不仅体现在食物的分配上，还体现在蔽体衣物、装饰品等其他非饮食的元素上。原始的维持核心地位的方式是武力的抗衡，在狩猎或者战争中，谁勇武谁当老大；随着生存物资的逐步丰富、氏族成员关系日益复杂，单纯的个人武力已经很难服众，特权者不得不寻求更多的办法。于是，基于对长者的尊敬和对神灵的敬畏，产生了大量的制度，这些制度也成为人类文明和社会文化的重要组成部分。虽然这种文明和文化是在人与人的斗争中产生的，但是事物的发展依旧遵循马克思主义所描述的“波浪式前进、螺旋式上升”的发展规律。

二、宴席文化及其发展

新石器时代是原始社会时期人类社会发展的最高阶段，在这一阶段，社会生产力高速发展，赖以生存的物资空前丰富，人与自然的斗争取得了进一步的胜利，但又衍生出新的斗争，那就是人与人的斗争，包括氏族或部落之间的斗争和内部成员之间的斗争，图腾崇拜逐渐衰落，氏族宗教逐渐盛行。从形式上看，崇拜依旧存在，从文化特质的角度看，宗教崇拜的形式和内容更加复杂多样，如自然崇拜、灵物崇拜、祖先崇拜、偶像崇拜、英雄崇拜、巫师崇拜等，也是文明时代的曙光。在崇拜中形成的仪式和规定，构成了原始的宴席文化。宴席文化起源于宗教祭祀。

到了夏商时期，原始氏族部落宗教演变为王权垄断宗教，王权与神权合一，整个社会文化弥漫着浓厚的宗教迷信氛围。“国之大事，在祀与戎”，祭祀是商朝的国家大事，每次祭祀都会用到大量的牺牲（杀死的牲畜）、美酒、果品等，伴随着巫师们的仪式，祭奠礼毕，这些丰盛的祭奠食物由大王和重要的陪祭人员共同享用。随着祭祀活动的愈发频繁，对食物的需求也越来越多。

虽然宴席文化源于宗教目的，为服务统治阶级而得到发展和传承，但是宴席文化仍然是世界各国饮食文化的重要瑰宝。文化需要传承，更需要创新。现代宴席要想发扬光大，要求我们必须提高文化修养，认真领会宴席文化内涵和实质，取其精华，去其糟粕，将新时代倡导的精神文明素养容纳其中。

第三节　世界各国宴席与文化传承

一、世界各国宴席的划分和特点

与中国宴席的起源和发展类似，世界各国的宴席也都是经济发展的产物，是人类文明的标志之一。在欧洲文学史上享有重要地位的《荷马史诗》中，便有形形色色关于人物饮食活动的描写。

在共和末年，罗马人频繁举行各种宴席，宴席中不止有美味佳肴、美酒，还有娱乐活动贯穿整个宴席。宴席也极其讲究仪式，如宴席正式开始后，首先上桌的是开胃菜，然后是主菜，最后是甜点。主菜是宴席的主要部分，菜肴一般是美味且罕见，厨师们也极尽所能烹饪出各种奇异独特的菜品。为了让宴席与众不同，还会去市场聘请专门的厨师。用餐之后是酒宴，饮酒也遵循一定的规范礼仪，由负责人主持各种方式的饮酒活动。宴席中除了美食和美酒，还有娱乐活动助兴，如乐器演奏、唱歌、小丑表演或者杂技表演。

古罗马的宴席模式奠定了西方宴席文化的基础。随着社会的变革和发展，西方的宴席在礼制、菜品、饮品、点心等方面的特点逐渐成形，并因民族的不同各具特色。

德国人是一个“大块吃肉、大口喝酒”的民族，在各种宴席上，猪肉和啤酒成为主角。大部分有名的德国菜是各种香肠类猪肉制品，如红肠、香肠、火腿等，最有名的“黑森林火腿”切薄片，铺在卷心菜上，口味、口感交相呼应。

法国人的浪漫在宴席菜品上也有所体现。法国菜在西方国家饮食文化中也占有独特的地位。如法国国宴上的“巴黎牛排油炸土豆丝”，牛排半生半熟，肉呈红色，鲜美可口；土豆丝焦熟适度，风味独特。“法式焗蜗牛”也经常出现在各类宴席上，将蜗牛肉剥离出来，同葱、蒜、洋葱等一起捣碎，加上黄油，再调味，之后将肉回填到蜗牛壳中，放在特质的瓷盘入炉烤制，菜品造型美观，香气浓郁。

英国的宴席文化历史也较悠久，英国菜在色、香、味、形等方面非常考究。“烤牛肉和约克郡布丁”被誉为英国的国菜，是各类宴席的必备菜。

墨西哥人以玉米为主食，著名的墨西哥玉米国宴中，面包、饼干、冰激凌、糖果、酒等都是以玉米为主料制作而成，堪称是玉米的聚会。

日本的宴席中必不可少的是生鱼片，并把用生鱼片招待宾客视作最高礼节。切成透明状薄片的生鱼片蘸着作料细细品味，滋味美不可言。

二、宴席文化的传承

所谓“文化”，是一种社会现象，是人类长期创造形成的产物，同时又是一种历史现象，是人类社会与历史的积淀物。确切地说，文化是凝结在物质之中又游离于物质之外的，能够被传承和传播的国家或民族的思维方式、价值观念、生活方式、行为规范、艺术文化、科学技术等，它是人类相互之间进行交流的被普遍认可的一种能够传承的意识形态，是对客观世界理性知识与感性经验的升华。宴席文化是凝结在宴席之中的、能够被传承和传播的与宴饮相关的规定、方式、技术、知识等意识形态范畴的内容。宴席萌芽于原始的餐饮共食，在统治阶级产生的时期逐步形成完整的体系，经过五千年的传承，人们不断取其精华，去其糟粕，将宴席这种独特的文化形式流传下来，其流传与宴席在各个阶层的普及有密切的关系。

1. 不同阶层的宴席文化

（1）国宴

回顾国宴的雏形，夏商时期的祭祀活动，主要在国家层面举办，由国君主持，也算是国宴的起源。此后，在漫长的封建社会，朝廷赐宴和因国事举办的官方宴席，是国家层面的宴席，这类宴席规模宏大，礼仪繁缛，如皇帝主持的祭祀活动，节日庆典的元旦宴、端午宴、中秋宴等，庆祝皇帝生日的“万寿宴”，皇帝赐予年长者的“千叟宴”、赐予功臣的“庆功宴”、宴请外交使节的“外藩宴”、宴请皇亲贵族的“宗室宴”等，这类宴席也成为“宴飨”。现在的国宴是国家元首或政府为招待国宾、其他贵宾或在重要节日招待各界人士而举行的正式宴会。如每年国庆时，国务院总理举行的招待会，都称国宴。

（2）官宴

在诸侯、官宦、士大夫阶层，既有士大夫进献给皇帝的宴席，如“烧尾宴”“祝寿宴”等，也有官宦之间的宴饮。现在的官宴是商务活动中的一种交际方式，旨在通过宴席加强交流沟通，以期取得商务活动的成功。

（3）文人宴请

古代文人雅士的社交“文酒”宴饮，是志趣相投的文人雅士休闲、消遣的一类宴饮聚会。如历史上有名的“登高宴”“游船宴”“曲江宴”“赏花宴”等。这类宴席没有固定的时间，举办宴会时，东道主邀请志趣相投之人在一起，赋诗作画，配乐编舞，其主要目的在于切磋学问，比试文采，娱乐嬉戏，这种宴席无关血缘宗亲及功名利禄，格调清新高雅，是一种令人轻松愉悦的宴席。

（4）家宴

家庭宴席涉及每一个人，不论其富贵贫贱，家庭出身，年岁几何，一生中会举办或者参加许多家庭宴席，如婚丧嫁娶的宴席，生辰祝寿的宴席，节日庆贺的宴席，盖房乔迁的宴席，金榜题名的宴席等。这种宴饮活动在平民家庭是许多人期盼的大事，平时节衣缩食，此时可以大吃特吃，人们都会尽兴，其作用在于寄托美好的愿望，同时可以增进亲朋之间的感情。

宴席文化在不同阶层之间广为流传，不同阶层的人也会交错出现在不同层次的宴席中。宴席文化也通过食物的制作、乐曲的传唱、文字的记载、物质文化遗产的呈现等，流传至今。

2. 宴席文化的组成

根据宴席的构成要素，我们将宴席文化看成是由饮食文化、烹饪文化、酒水文化、器皿文化、乐舞文化、进食文化、礼制文化等不同文化综合在一起，相互融合，浑然一体。

（1）饮食文化

为了确保身体健康以及由此带来的自然的平和，平衡与中和就成为进食的核心原则。班固提到的“四方不平、四时不顺，有彻膳之法焉，所以明至尊著法戒焉”。这种食文化与庄子提出的“天人合一”思想是一致的，也与我们现在倡导的平衡膳食的饮食理念相一致。

在中国古代的历史文化中，食物的功能已经超越了人的日常生理需求，逐渐成为一种修习道德品行的行为。人们在调控进食的时候，既不能暴饮暴食，也不能长期饥饿，这种“平衡与中和”的饮食原则，可以确保“气”在人体中通畅，这不仅是人调节自己机体的一种方式，同时也是为人处世和治理天下的前提条件。进食的时间安排同样也很关键。人们把食物的属性分为“四性五味”，认为人们的饮食安排应当与季节的变化相一致，如春季的主味是酸，夏季的主味是苦，秋季的主味是辛，冬季的主味是咸。在《月令》中，建议人们春食麦与羊，夏食菽与鸡，秋食麻与犬，冬食黍与彘。此外，阴阳观对中华饮食文化的影响最深，人们认为万物皆有阴阳之分，食物也如此，前面提到的食物要平衡，各种食材要做到中和，其原因就是要做到食物的阴阳平衡。东汉班固撰的《白虎通义》中记载，王者每日四食，象征着“有四方之物，食四时之功”，王者位居中央，统治四方，早晨用膳，这是少阳的开始；上午用膳，这是太阳的开始；下午用膳，这是少阴的开始；晚上用膳，这是太阴的开始。这里不仅指作为统治者的君王，老百姓也应如此安排膳食。食物的选择还要根据人体的阴阳、自然的阴阳而定，如人体偏阴加之天气冷凉就要多选择阳性的食物。我国源远流长的中医养生理论也是以营养平衡为基本理论的。

（2）烹饪文化

技艺高超的厨师，其宰、剖、切、翻炒等烹调技术娴熟、操作行云流水，极具美感，其从表象的烹饪技艺凝练出的文化内涵，更是千古流传的。烹饪文化的起源以火的发明为基础，而人类文明起源和发明烹饪、利用各种食材、制作熟食等联系在一起，燧人氏钻木取火“以熟荤腥”，保护人们免受病灾，无疑是人们的英雄。

在古人的智慧中，更是以烹调技术隐喻政治文化，并以此来评判人或国家的道德行为。如《庄子》中记载的庖丁解牛，通过庖丁对牛肉的分割技艺，以刀喻人，以牛体组织喻复杂的社会，以刀解牛的方法喻人在社会上处世方式。庄子认为，人应当找到一条能够适应社会的生存道路，回避现实生活中的种种矛盾，就不会受到伤害。我们进而总结，人只要掌握了客观规律，灵活运用，就能从必然中解放出来，获得真正的自由。庖人、膳宰等都是负责宫廷饮食的人员，其主要职责是供养尊长或伺候君主的身体，其实已经不仅仅是为了维持其生理需求，还是为了影响君主的道德品质，并且由此提升他的治国能力。

厨师们将不同味道和质地的食材经过精妙的烹制操作融为一体，如“和羹”，其与每一种具体的食材和味道都不同，这种高超的技能不仅具有丰富的政治隐喻，而且君主修身养性的时候也借用了此道。一方面，将烹调之术等同于治国之术，若把厨师比作君王，他的臣民就是每一种食材，君王巧妙地运用臣子，使整个朝廷成为一个和谐的整体。另一方面，古人已经意识到，食物会直接影响到人的性格和品行。为了使性情平和，君王应该进食由各种食材烹制而成的和羹。现在看来，这种观点也是非常符合现代营养学的科学原理。

烹调方法也是区分不同地区文化的标志之一。早期中国，边陲蛮夷地区多采用烤制的方式，烹调方式比较粗放，而中原地区烹调方法名目繁多，讲究精细烹调，所用的原料越稀少，工艺越繁琐，这道菜点就越名贵，显然从营养学的角度看，这种昂贵的菜点对于人体营养的贡献可能并不大，但却可以彰显特权和地位。到了封建社会，与远古时期淳朴、中庸的烹饪方法相比，繁杂的烹饪方法造成了大量人力、物力、财力的消耗，现如今，我们仍提倡饮食的精致烹饪，但一定要基于科学的食物加工原理，杜绝奢靡和浪费。

（3）酒水文化

1）酒文化。《礼记》中记载，“凡饮，养阳之气也；凡食，养阴之气也”，这里的饮，指饮酒，也就是认为饮酒是保养阳气的。所以，从阴阳平衡的角度看，饮食必须伴随着饮酒。酒对神经的刺激让人兴奋，所以在集体表达情感的宴席中，酒也是重要的烘托气氛的元素。在宴席中，酒既表现出其自身的物质特征，也有品酒所形成的精神内涵。在制酒饮酒活动过程中形成的特定文化形态，也就是酒文化。很多典籍中都有关于酒和饮酒文化的记载，酒文化深入中国人的血脉深处，影响深远。如《诗经》中有 20 多处提到酒，酒被赋予了礼仪、社交、休闲等含义，体现了特定的宗法秩序以及人伦关系，还有如西周的《酒诰》、西汉的《酒赋》《酒箴》、东晋的《酒诫》和初唐的《酒经》《酒谱》等等，其记录了酒文化的发展与传承，这也表明酒很早就成了中国文化的重要元素。

2）酒桌文化。与中国酒文化一样久远的是酒桌文化。中国古代的餐饮承载着极为重要的社交功能，所以持续的时间较长。如唐代的宴席一般从上午开始，一直持续到黄昏，算来不下七八个小时。清朝时期，很多官方宴席甚至持续三五天，这些既是社交活动，也是政治活动。能够维持长时间的宴席活动，除了丝竹歌舞外，酒也起着重要的作用。中国的酒桌文化起源于早期的劝酒风气，早期一场宴席的持续时间较长，长时间的聚集饮食，话题必然枯竭，干喝也无趣，于是便发明了各式各样的劝酒技巧，酒桌文化也因此逐渐成形兴起；从另一方面来看，劝酒源于敬酒，而敬酒是宗法社会遗留下来的旧俗，敬酒是有社会等级区分的，臣敬君，子敬父，弟敬兄，下级敬上级，晚辈敬长辈等。敬酒首先是下对上的互动，相对没有强制性。上对下的互动，可称作回敬。上对下的主动敬，就有了极大的强制性，而最早的劝酒也多来自上对下的敬酒。在从家过渡到国的过程中，这种伦理慢慢变成了政治强制力。中国历史上出现过无数政治语境下的强制性劝酒案例，有些妙趣横生，但也有很多案例异常残忍，让人毛骨悚然。现代人谈到的中国酒桌文化更多联想到的是饮食文化中的酒文化。其实，在古代，很长一段时间内，中国酒桌文化与饮食文化并没有关系。早期中国酒桌文化是政治文化的一部分，与祭祀、庆典等礼仪结合紧密，是属于皇家与当权者的上层文化。酒的稀缺性与神秘性，有利于在庄严与宏达的场面诠释政治统治的合法性。在集权的君主政体下，权力高度集中，得到权力的一方极为恐惧失去权力，于是便编制了各种礼仪，举办各种活动，以便维护自己地位的正统与神圣。

3）茶水文化。茶饮在我国古代的宴席中也是必不可少的饮品之一。在宋代，茶饮甚至与酒同尊，分置于桌案两旁。茶孕育在青山绿水之间，清香淡雅，从饮茶精神、烹茶技艺、奉茶礼仪及品饮艺术中，都能反映出中华民族崇尚和谐、风清气扬的品质。晋《三国志》中记载“皓每飨宴，无不竟日，坐席无能否率已七升为限，虽不悉入口，皆浇灌取尽。曜素饮酒不过二升，初见礼异时，常为裁减，或密赐荈以当酒”，由此可见在三国时期，宴席中茶饮已经开始可以扮演酒的角色；东晋时期吴兴太守陆纳，用几盘果品和茶水款待登门做客的将军谢安，在当时奢靡的风气中凸显其情操节俭。同时期的大都督桓温也以七尊拌茶果设宴，其简朴也传为美谈；南北朝时期的齐武帝，在遗诏中说不要三牲，只放些干饭、果饼、茶饮即可，并要“天下贵贱咸同此制”。由此可见，茶在简朴的宴席上完全代替酒的功能，或者在酒过三巡之后作为后续饮品，延续宴席的氛围，表现出其社交功能；至今日，“以茶代酒”成为不想喝酒而又难却盛情的礼节。茶在悠久的中华传统中一直寓意养廉、雅志的优秀品格。现在我们的国家发展到一个新的历史阶段，全国上下营造风清气正的政治生态，浚其源、涵其林，养正气、固根本，锲而不舍、久久为功，实现正气充盈。以茶代酒，既是倡导勤俭节约、反对奢靡浪费的具体做法，也有助于构建风清气正的和谐社会。

（4）乐舞文化

1）礼乐文化。在宴席萌芽之初，是一家人围坐在一起享用美食，自发地唱歌舞蹈，以表达愉快心情，或表达对父母勤劳觅食的感激之情；后来当宴席在祭祀活动中逐渐形成时，音乐和舞蹈成为与神灵交流的方式；随着宴席的逐渐盛行，乐舞也成为宴席的标配。当然随着宴席功能的细化，人们对客观世界认识的深入，宴席中音乐和舞蹈的原有功能已消退，悦耳的旋律和曼妙的舞姿是让宴席参与者赏心悦目的。《礼记》认为，饮食的时候，声音能与味道相配合，刺激进食者的感官反应，振奋精神、愉悦心情，进而增加食欲，促进唾液、胃液分泌，以利食物消化吸收，于身心大有裨益。春秋时期，礼乐是一体的，乐与礼一起起到强调等级、维持秩序的作用。宫廷用乐有着明确的规范且十分繁琐，对乐器、乐谱、乐队演奏的曲目以及演奏的时间都有明确的规定，目的在于通过这种严苛的规定实现礼乐教化。

2）舞蹈文化。舞蹈也是古人表达内心情感的一种方式。在宴席中，舞蹈是助兴的重要元素。如诗人白居易曾在诗中描述评价唐代宫廷最有名的歌舞节目《霓裳羽衣曲》：“我昔元和侍宪皇，曾陪内宴宴昭阳。千歌百舞不可数，就是最爱霓裳舞。”

3）其他娱乐。除了乐舞，一些游戏活动也常用于宴席助兴。如“曲水流觞”是文人饮酒时的一种游戏活动，参与者坐于弯曲的流水两旁，酒杯放在船形的载体上，随水漂流，漂到谁的面前，谁就必须取杯饮酒并赋诗一首。著名书法家王羲之的《兰亭集序》，就是流觞活动后得到的诗汇编成册《兰亭集》，王羲之为之作序，加之书法，成为天下第一行书《兰亭贴》；酒会上传花，在民间也很盛行，据说是北宋欧阳修所创。欧阳修在江苏扬州任太守时，建造了江南有名的平山堂。每逢夏天，太守常携带宾朋到此宴饮，并专门差人从邵伯湖折取荷花百朵，分插四座。游戏开始时，使命官伎作乐并以花传客，当乐声戛然而止时，花在谁的手上，谁就认罚，必饮酒作诗。这种活动后世称为“花会”，与我们现在的“击鼓传花”形式非常相似；席间投壶游戏在春秋晚期已流行，到旧中国时更为盛行，男女可同时坐在一起，边喝酒边投壶。宴席主人设置这一项目，既可使来客多喝些酒，表示自己的盛情，又能增添宴席的欢乐气氛。

（5）礼制文化

宴席的礼制文化贯穿于所有的文化之中，可以说其他的文化规定在很大程度上是基于礼制的需求。中国古代社会以礼制见长，从皇帝、官吏到平民，所有人的行为都受“礼”的规范约束。“礼”被人们视作“定亲疏，决嫌疑、别异同、明是非”的标准，成为治理国家、稳定社会、确定尊卑、建立人际关系的工具。

在宴席形成的初期，礼制就随之诞生了。在献祭活动中，人们为了表示对想象出来的掌控人类生存命运的鬼神的尊敬，规定一些礼仪，比如祭典前要“沐浴更衣”，祭典时的“肃静回避”“击鼓点火”等。随着宴席的演变，统治者为了稳定其统治地位，又不断创造出反应尊卑特权的礼制，在器皿、数字、颜色、焚香、食材、酒饮、参加宴席的人员及座次、饮食规则、宴席禁忌等诸多方面制定了详细的规定。这些礼仪是当时社会关系的一种反映，在维护国家安定、巩固民族团结以及睦邻亲朋方面起着重要的作用。

礼制文化同样有着强烈的继承性。虽然古代礼仪文化中的部分内容随着时代的发展已经退出历史舞台，但是博大精深的中华古代文明的内涵在今天乃至未来仍会显示出强大的生命力，如今天威严的军礼、欢乐的庆典、喜庆的婚礼、祝福耄耋老人的寿礼等都蕴含着古代礼制文化，并融入了新时代的气息。

三、新时期我国宴席文化的特点

随着我国经济的发展、技术的进步，人民物质文化生活水平日益提高，党的十九大报告指出，当前我国社会的主要矛盾已经转化为人民日益增长的美好生活需要和不平衡不充分的发展之间的矛盾，人民对美好生活的向往，就是我们党的奋斗目标。我国全面进入小康社会，人们的生活模式发生了很大的改变，提高生活质量、强调美妙体验、享受文化氛围等，逐渐成为人们追求的宴席新方向。为了适应新的消费需求，以及在新技术新材料的影响下，新时期的宴席将呈现新的特征。

1. 宴席的大众化、多元化趋势

我国经济高速发展，人们的饮食消费正在由数量向质量转变，宴席的消费逐渐增多。宴席的产生虽然是为旧时统治阶级服务，被看作是权利、地位、财富的象征，但现在逐渐成为大众消费。人们在婚嫁、生日、酬谢、庆典等时期，均有意举宴设席，宴请宾客。随着人们生活方式的改变，对宴席的需求也呈现出多元化趋势，因此宴席市场必须进行细分，以形成适应不同目标客户需求的多元化设计和经营模式。

2. 餐点的营养化、卫生化趋势

传统宴席的餐点制作精致，品种繁多，数量充足，极尽隆重，为了彰显档次，一般会以各种肉类为主，从营养学角度看并不合理。现在人们的饮食消费渐趋理性，随着食物营养安全知识的普及，宴席设计也要求体现科学的营养性和安全性，提倡以普通常用的原料，采用科学的营养搭配，进行合理的菜点组合；其中，宴席饮食菜点的卫生安全非常重要，因为宴席进食人数较多，一旦发生食源性疾病，不仅给宾客带来痛苦和经济损失，同时对餐饮企业的品牌影响也非常大。因此，菜点中选择“绿色食品”或者“有机农产品”等认证的食材，也渐渐成为高档次宴席的选择。此外，宴席中的进食方式也在发生改变，如自助餐、分餐制、公筷公勺取食方式已逐渐普及，这些方式可有效避免食源性疾病的发生，对于控制宴席的卫生安全非常重要。

3. 宴席的节俭化、舒适化趋势

从以往来看，传统宴席是一个大快朵颐的机会，主办方一般会为彰显大气而过量准备食材，很容易在食物上造成浪费。节俭是中华民族的传统美德，我们历来提倡节约粮食，2021年我国发布了《中华人民共和国反食品浪费法》，要求对可安全食用或者饮用的食品未能按照其功能目的合理利用（包括废弃、因不合理利用导致食品数量减少或者质量下降等）的行为将依法采取相应措施。当经济繁荣，物质产品极大丰富的时候，人们不再为食物担忧时，按需取食，崇尚节俭的宴席新风尚将会成为主流。

4. 宴席的文化性、主题化趋势

宴席的文化属性是宴席有别于普通餐饮的主要特征。在经济不够发达的年代，宴席更注重物质，大口吃肉大口喝酒是宴席的主流，但当经济发展到一定程度，人们消费回归理性，将更加注重宴席本身带来的享受，饮食文化、烹调文化、礼仪文化、民族风情文化、主题文化等将成为宴席的主角。将来，随着服务业的分工进一步细化，人们对生活品质的追求也会更加强烈，亲朋聚会也会设在酒店或饭店，主题宴席也会更多，除了传统的庆典、纪念、酬谢等宴席，主题宴席如针对慢性病人群的养生宴席、家族聚会宴席、影视体验宴席、电游模拟宴席等将成为宴席消费新趋势。

5. 宴席的预制化、高科技化趋势

西餐一般以预制产品居多，如蔬菜沙拉、烘焙产品、烤肉等，前两者为了保持产品的卫生安全，一般要求保持较低的温度。而中餐宴席的菜点制作手续繁杂，造型精美，讲究火候和温度，对食物前期的处理程序较多，比如泡发、焖炖、油炸、焯水、高汤等操作，所需时间长、涉及器皿多、产生的废弃物也多，有些菜点已经不适合现代快节奏的消费理念和社会对环保的要求。随着食品加工技术和保藏技术的发展，宴席菜点将更多地采用预制食品，其在厨房中加热或者经过简单的烹制即可上桌。此外，宴席中的场景布置、灯光、音效、温湿度等，将根据参会者的服装色泽、食物的颜色造型、现场的声音等，采用人工智能分析控制，将宴席中的颜色、声音、体感达到最佳状态，令顾客产生愉悦的进餐效果，提高顾客的消费体验。

思考题

1. 宴席的特点有哪些？
2. 宴席文化的组成包括哪些？
3. 宴席文化的发展趋势是什么？

参考文献

1. 李登年. 中国宴席史略［M］. 北京：中国书籍出版社，2016.

2. 吕建文. 中国古代宴饮礼仪［M］. 北京：北京理工大学出版社，2007.5.

3. 盛婷婷. 试述茶在宴席中的地位演变［J］. 佳木斯职业学院学报，2015（7）：71，73.

4. 田丽霞. 试述共和末年罗马人饮食文化与社会现状的变迁［D］. 长春：东北师范大学，2016.

5. 陈志明，马建福，马豪. 共餐、组织与社会关系［J］. 西北民族研究，2018（4）：80－90.

第二章　宴席的特征和构成

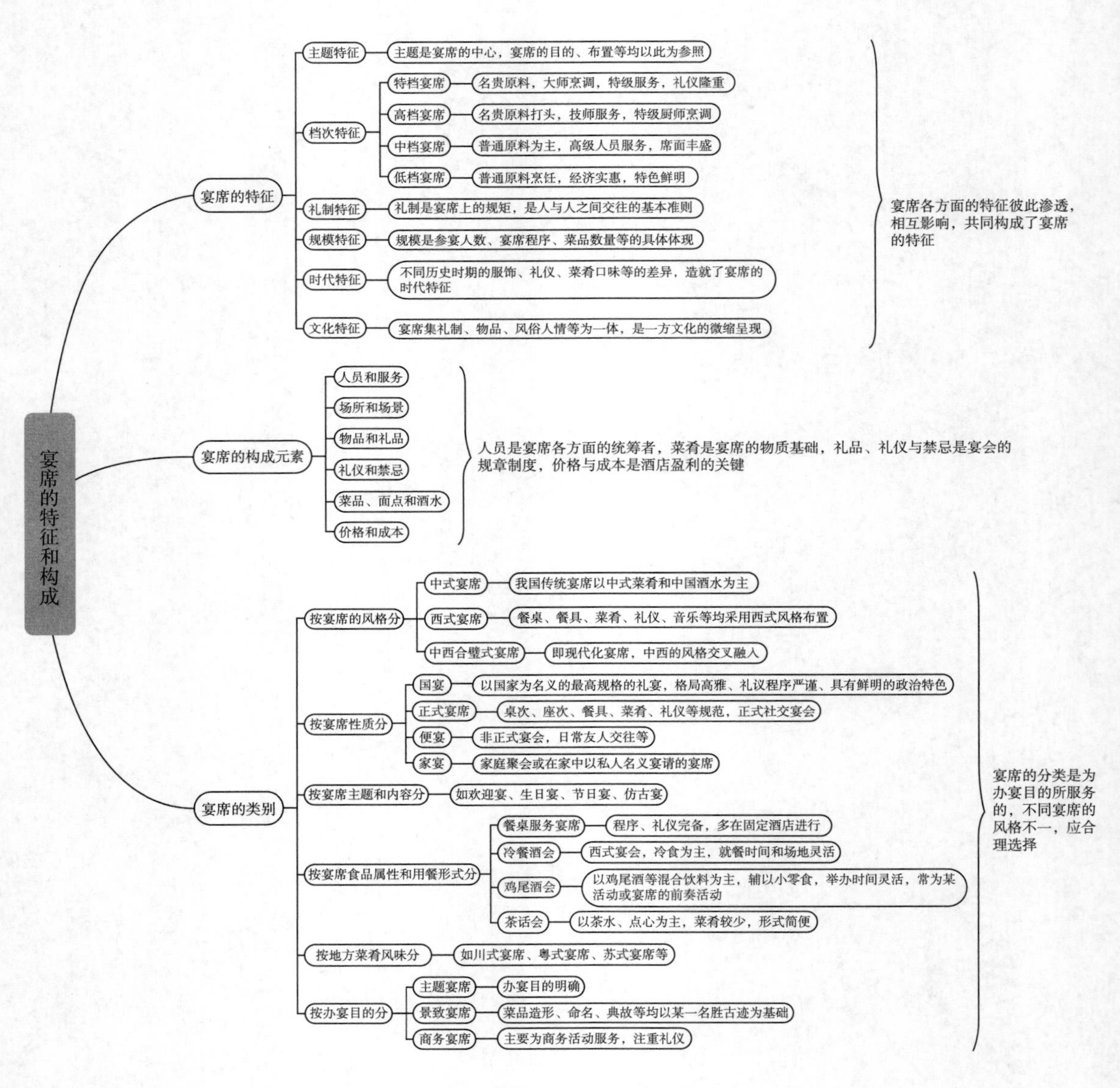

第二章　学习思维导图

1. 了解宴席的文化及时代特征。
2. 理解宴席各部分的构成与分工。
3. 掌握各宴席的类别及其主要特点。

餐桌是一个特别的场所，围绕着吃，可以产生决策，可以张扬势力，可以收纳，可以排斥，可以论资排辈，可以攀比高低，吃饭成了社会中细致而有效的维持秩序的工具。聚餐是一种特别的社交方式，是身体与灵魂的结合点，是物质和精神的结合点，是外在与内在的联系，最终体现为“礼仪”。

第一节　宴席的特征

一、宴席的主题特征

宴席的主题是指举办这次宴席的目的，宴席总要“师出有名”，一些特别的事情、环境、人物、时节片段都会为宴席融入特定主题意境，宴席所涉及的食物、服务、进餐方式皆以这一主题为灵魂，使宴席具有更深沉而实际的含义和价值。每一个主题宴席，都有着重建和立异的作用，在特别的场景中给人们以特别的文明感触。主题宴席作为一种特性明显、特征纷呈的文明载体而有别于一般餐食模式，其在环境、食材、技艺、产品、服务等方面都具有一定的规范和要求，名厨、名菜、名宴、名点、名饮正成为现代旅游（酒店）业的一种崇高追求。

主题宴席大致分为拟古宴、感念宴、风情宴、节庆宴、风味宴、风俗宴六大类。婚嫁活动中的婚宴、庆祝长者生日的寿宴、庆祝孩子长大的成人礼宴、商务活动中的会议晚宴、国宴等，是常见的主题宴席。为了突出宴席的主题，在宴席的规模、菜肴、礼仪等方面有相应的设计。最能够突出宴席主题的是宴席的场景设计、饮食设计、程序设计。现代的主题宴席中，年轻人为了真实的体验，会将宴会场所打造成设定场景，宾客也着相应的装束，使用设定的角色进行交流，主题鲜明。

二、宴席的档次特征

档次化、规格化是指宴席的内容特征。宴席十分强调档次与规格，需要因时选菜、因需配菜、因人调菜、因技烹菜，宴席格局配套、席面美观考究、菜品丰盛多样、菜点制作精美、餐具雅丽精致。宴会场景布置、宴会节奏掌控、员工形象选择、服务程序配合等方面考量周全，使宴会环境优美、风格统一、工艺丰富、配菜科学、形式典雅、气氛祥和、礼仪规范、议程井然、接待热情、情趣怡然，给人以美的享受。

宴席的档次在规模、场景气氛布置、菜品设计、程序等方面不同而体现。如特等档次的宴席是所有宴席中规格最高的一类宴席，多选用山珍海味，名贵原材料来烹饪，由国家级烹饪大师、名师来主厨，国家资深服务师进行服务，宴席场所装饰特别豪华，接待礼仪特别隆重，国际交往中的公宴等属于此类宴席；高档宴席的规格仅次于特等宴席，多由特别名贵的烹饪原料制作的菜品打头，统领全席，宴席餐具华丽精美，多由技师以上服务人员来服务，宴席规格档次高，目前在三星级以上酒店宾馆的豪华大雅间举行的宴席多为此类宴席；中档宴席的宴席用料以牛、羊等常见原料为主，时有少量的山珍海味领衔席面，宴席注重风味特色，席面丰盛，格局较为讲究，一般由高级服务人员进行服务，宴席档次也较高，目前很多商务宴席属于此类宴席；低档宴席较为普通，是所有宴席中规格较低的宴席，宴席肴馔多选用常规烹饪原料进行烹饪，肴馔经济实惠，服务档次一般，特色鲜明，个人接待交往中的大多宴席属于此类宴席，例如挚友聚会宴席等。

三、宴席的礼制特征

宴席又称礼席、仪席，因此风俗礼制对宴席具有特殊的含义。由自然条件促成的习俗风尚叫作“风”，由社会条件酿成的习俗风尚称为“俗”。风俗是一种社会现象，是一个民族在饮食、交往、祭祀、婚姻、建筑等方面最具代表性特征的表现。风俗集中表现了一个民族的古老文明，对本民族具有强烈的凝聚力和向心力，对外民族则表现出新奇的吸引力和迷人的魅力。俗话说“三里不同席，十里改规矩”，主要指不同地方宴席的风俗礼制差异非常大。

目前，我们能够追溯到的拥有礼制最为完整的宴席之一是清宫宴席。宫廷类宴席为彰显皇家权力，整个宴席的礼制非常讲究。首先体现在复杂繁琐的仪式上，如太和殿宴席中，皇帝的御宴桌放置在殿内宝座前，位于正中位置，两侧按“左尊右卑”的顺序，王公大臣以此入座。就位进茶，音乐起奏，赏赐恩典，布菜进酒等，都有固定的程式。上菜也有严格的顺序，先上冷膳再上热膳，之后是汤和饭，再之后上奶茶，奶茶喝完后转宴等，各个程序次序分明且有着严格的规矩，不可省略，不可出错。宴席上所用的席桌、式样、桌面摆设，食品的数量和级别，所用餐具的形状名称等，有严格规定和区别。餐具一般用金、银、铜、锡、玉、玛瑙等材质，餐具制作精美，修饰的花纹集寓意和美学于一体，整体富丽堂皇；原料多选稀少的食材，且不同的食材有特定的产区，甚至连大小都有严格的规定。在整个宴席中，将封建社会森严的等级制度体现得淋漓尽致。宴席从皇帝入座开始，无休止的跪拜就开始了。如皇帝赐茶时，接茶者要跪拜叩谢，茶饮毕要跪拜叩谢；王公大臣到御前祝酒要三跪九叩，祝酒回位要拜叩，宴席完毕，众人要叩谢皇恩，皇帝离席要叩送皇帝，级别低的臣子还要向级别高的臣子作揖行礼。每一次的叩拜，都体现了皇权至上，每一个作揖，都渗透出封建制度森严的等级差异。现在，等级制度消除了，参宴人员之间处处平等，在人权上不存在差异性。

不论是公务宴席还是便宴，礼制是维系人与人之间关系的基本准则，在现代宴席中主要以年龄和资历作为宴席人物重要性的判断标准，一般将年龄大、资历深的人奉为上座。在我国尤其讲究辈分，一些家族中，可能年龄较小，但是辈分较大的人，也会被奉为上座，特别在家宴中，辈分是非常重要的，辈分绝对不能乱；在公务宴席中，会按职务级别安排座次，这一方面是职场文化的传承，同时也有利于体现领导的决策地位，有利于工作的开展；在我国民间，大多数地区在婚嫁宴席中，除了年龄和辈分外，有个非常重要的角色是娘舅（娘家的舅舅），娘舅的地位是非常高的，因为他有很多重要的责任。在古代女性的地位比较低，很容易受到婆家人的欺负，一旦姐姐或妹妹被欺负了，孩子的舅舅就必须上门讨要公道。因此娘舅的能力越大，娘在家里的地位就越高，在婚嫁中，娘舅可以看作是母亲的代表，能决定着许多大小事情，在婚嫁宴席中娘舅要坐在重要席位。

四、宴席的规模特征

宴席是一种众人聚餐的活动，不论是中式宴席的圆桌围坐，还是西式宴席的条桌就座，在人数上体现出了规模。如中式宴席，一般是 8 人、10 人或 12 人一桌，其中以 10 人一桌的形式为主，象征“十全十美”。宴席的规模还体现在菜品的数量上，宴席要求全桌菜品配套，按一定的质量和比例，分类组合，前后衔接，依次推进，秩序井然，食材选择精细，制作精美，在色、香、味、形、意上极其讲究。在封建时期，有五种宴席可称之为规模最为盛大，名气也最高。

1）满汉全席。满汉全席是满汉两族风味肴馔兼有的盛大宴席，清初满人入住中原，满汉两族开始融合，皇宫食肆出现满汉并用的局面。满汉全席是清代满室贵族、官府才能并举的宴席，一般民间少见。规模盛大，礼仪讲究，满汉食珍，南北风味兼有，菜肴至少 108 种，多者达 300 余种，有中国古代宴席之最的美誉。

2）孔府宴。曲阜孔府是孔子诞生和其后人居住的地方，是典型的中国大家族居住地和中国古文化发祥地，历经两千多年长盛不衰，兼具家族和官府职能。孔府既举办过各种民间家宴，又宴迎过皇帝、钦差大臣，各种宴席无所不包，集中国宴席之大成。孔子认为“礼”是社会的最高规范，宴饮是“礼”的基本表现形式之一。因此，孔府宴礼节周全，程式严谨，是古代宴席的典范。

3）全席宴。全席宴是用同一种主料烹制成各种菜肴而组成宴席，是中国特色宴席之一，其首创于北京全聚德烤鸭店，特点是宴席菜肴全部是由北京填鸭为主料烹制而成，总计有 100 多种冷热鸭菜可供选择。另外，我国其他著名的全席宴有天津全羊席、上海全鸡席、无锡全鳝席、四川豆腐席、西安饺子席、佛教全素席等。

4）文会宴。文会宴是中国古代文人进行文学创作和相互交流的重要活动之一，形式自由活泼，内容丰富多彩，追求雅致的环境和情趣，一般多选在气候宜人的地方，席间珍肴美酒，赋诗唱和，莺歌燕舞。历史上许多著名的文学和艺术作品都是在文会宴上创作出来的，如著名的《兰亭集序》就是王羲之在兰亭文会上所作。

5）烧尾宴。烧尾宴专指士子登科或官位升迁而举行的宴席，盛行于唐代，是中国欢庆宴的典型代表。烧尾一词源于唐代，有三种说法：一说是兽可变人，但尾巴不能变没，只有烧掉尾巴；二说是新羊初入羊群，只有烧掉尾巴才能被接受；三说是鲤鱼跃龙门，必有天火把尾巴烧掉才能变成龙。此三说都有升迁更新之意，故名为“烧尾宴”。这种宴席体现了追名逐利的意识，宴席的规格也极具奢华。

五、宴席的时代特征

宴席随着社会、经济、技术、文化以及百姓的生活条件的发展而发展，不同历史时期的宴席具有其鲜明的时代特色。

在夏以前，宴席只是祭祀后的一种聚餐；自殷商起，开始在祭祀的基础上设置宴席；周朝之后，才开始有在宴席边列案的、各种场合的献食制度等。夏王朝兴盛时期，农业的发展为烹饪技术和宴席的发展提供了充足的食物来源。铜器饮具的出现标志着中国历史进入了文明进餐时期。人类广泛使用饮食器皿，形成了一些生活上的礼节，也奠定了文明礼节的基础。宴席是在夏商周三朝代的祭祀和礼俗影响下，逐渐发展演变而形成的。

至秦汉时期，宴席已经发展至相当高的水平，参宴人员由席地而坐到站立凭桌而食，菜肴的“色、香、味、器、型”五大属性也已完全具备；西汉时期，宴席的肴品不仅制作精美，数量也开始大量增加；到了隋唐五代时期，就餐形式再次发生变化，实行分食制，宴席环境、宴席类型逐渐丰富；宋金时期，宫廷和民间对饮食生活都非常讲究，当时的宴席发展也很快，形式有繁有简，格局不一，皇家朝臣时，酒有九种，除看盘、果子外，前后肴品可达二十多种；到了南宋，宴席格局更加豪华；元朝时期，宴席结合了浓郁的蒙古族饮食风格和北方草原的气息，有别于宋朝，宴席增设了小果盒、小香炉、花瓶等装饰物，宫廷也出现了特殊的且带有浓重政治色彩的“衣宴”——诈马宴；明朝时期，宴席制度趋于成熟，更加注重套路、气势和命名，讲究礼仪和气氛；清朝时期，我国封建社会的宴席发展到最高阶段，在历代御用膳馔的基础上吸收了汉、蒙、回、藏各族食品之精华。至今日，西餐烹调技术及西式宴会的相继传入，各民族风味的互相融合，使我国宴席的种类更加丰富、时代特色更为显明。

六、宴席的文化特征

文化必须附着于某一种产品来传递信息，物品可以说是文化信息传递的符号。如喜宴中的八宝粥，是向人们传递其加工程序与风味特色以及人的情感等信息，八宝粥就可以看作是一个符号单位而存在。以宴席整体来说，夏商周时期的祭祀性宴席，表现出古人对祖先及自然的崇拜；秦汉以及魏晋时期的就餐环境、就餐器具发生改变；隋唐时期的就餐新形势、佐酒助兴的酒令；宋金时期高档酒楼清一色的银质和细瓷餐具以及出现的专管民间吉庆宴席的“四司六局”管理机构；元代出现的“蒙古第一宴”诈马宴；明朝的宴席套路、礼仪、规矩；清及现代出现的大融合宴席趋势。每个宴席细节的改变都对应着时代文化的变迁，宴席是时代文化特征的缩影。

第二节　宴席的构成元素

一、人员和服务

宴席是在普通用餐基础上发展起来的高级用餐形式，成功的宴席离不开众多服务人员的辛勤劳作，明确的分工和良好的服务质量是宴席成功与否的关键。

宴席的服务人员可分为迎宾员、看台服务员、传菜服务员和宴会指挥员等，每位看台服务员要为 20 位客人提供餐桌的就餐服务；每位传菜服务员要为 40 位客人提供传菜的服务工作，每位迎宾员要为50～80位客人提供欢迎及引位的服务。

宴席的服务工作大致可分为四个部分，首先是宴席前的组织准备工作，在接到宴席任务之后，需了解宴席具体情况、布置场所，明确人员分工，以保证宴席有条不紊地进行；其次是宴席前的迎宾工作，根据宴席入场时间，安排迎宾人员热情接待，引导宾客入场，并解决客人相关问题；宴席中的就餐服务，是由看台员在开宴前等候宾客入席，引导宾客就座，为宾客斟倒酒水、辅助进行上菜服务，为客人分菜、及时更换餐碟等；最后是宴席结束工作，在宴席结束后，引导客人进行结账服务，拉椅送客、取递衣帽、检查清理台面、清理现场等。中式宴席中人员与服务和西式正式宴席的过程大致相同，西式宴席中的冷餐会、鸡尾酒会等宴会中，人员的分工略有不同。

二、场所和场景

场景是指一定环境中给予人们某种强烈感觉的景象与精神表现。宴席除基本的饮食属性外，更多的是一种综合性的社交活动，宴席场景设计直接影响着宴席对来宾的吸引力与感受，关系到宴席活动的成败。

宴席的场景一般可分为两部分，即可变因素与不可变因素。不可变因素多指宴席举办场地所处的地理位置（如湖边、街市、园林、船上等）和建筑风格（如高大辉煌的宫廷式建筑、天然质朴的农家风格、幽静景致的园林小馆等），每个宴席场所都具有特定的建筑格调且融于特定的环境之中。这些因素一旦确定轻易不会发生改变，良好的宴席场所对宴席主题、宾客感受、宴席举办的效果等都会带来积极的影响，增强人在宴席中的愉悦感受，因此要善于利用已有的因素设计不同的宴席风格，使宴席场景与宴席主题相互映衬，相得益彰。

宴席场景中的可变因素一般包括宴席中的场地布置、台面设计、内部装饰、礼乐等，这些宴席中的内部场景构成因素，是可以在一定程度上去装饰、调整，以适应宴席主题，如在喜宴中人们一般选用红色装饰物来点缀和优化环境，烘托氛围；而在丧宴中多采用白色、黑色等庄严肃穆的暗色调进行装饰。

宴席场所的选择和场景的布置是宴席设计的重要任务。要想达到优良的气氛设计，必须深入研究目标市场以及各种因素对宾客心绪和活动的影响，同时还要注意与宴会主题的紧密搭配组合，各个组分之间的相互配合，共同创造出一种理想的宴席气氛，让宾客感到生理及心理舒适、精神放松、卫生安全、环境雅致，能够给人留下深刻难忘的印象是宴席设计的出发点和最终追求。

三、物品和礼品

礼品一方面也代表着礼貌与礼节。在现实生活中，受到宴请时，人们往往会准备礼物以表示对主人的感谢。在这方面中西方的文化观念有着极大的差别。西式正式宴席中，赴宴者一般不会准备礼物；而在非正式宴席的家宴或私人小聚中，客人赴宴是一定要带礼物的，这是因为除非是非常亲近的朋友，西方人一般不会请客人到家里做客，准备礼物也为了表示对主人邀请和款待的尊重与感谢，携带的礼物多为鲜花或酒类。

在中式正式宴席中，客人携带礼品赴宴的习俗由来已久。早在汉朝时期，人们会在参加婚宴时为新郎新娘准备一份礼物，以表示自己的祝贺之情，那时的礼物多为礼品，在现代则是礼金和礼品皆有。婚宴，像寿宴、孩童百天宴、乔迁宴、丧宴等，宾客都会提前准备礼物以表示自己的祝贺或缅怀，礼物的贵重程度受客人和主人的社会地位高低、亲疏程度而定；而传统中式家宴或私人聚会宴请则无须携带礼物，但现代在西方文化观念的影响下，越来越多的中国人在参加家宴或私人聚会邀请时也会为主人家捎带一些小礼品，或为水果鲜花，或为孩童玩具等，礼物的价值随意，主要体现客人的心意。在一般商务宴请中，一般不需要特别准备礼物，也可以准备一些酒水以供畅饮。

礼物与礼品的携带代表着客人的心意和祝贺。古人云：礼轻情意重。礼品的价值不在其自身携带的经济价值，更重要的是象征意义和美好祝愿，在挑选礼品时，一定要兼顾送礼的标准、禁忌并且要选择适当的方法。一个好的礼品，能够恰到好处地向受赠者表达自己友好、敬重或其他某种特殊的情感，并因此让受赠者产生深刻的印象。

四、礼仪和禁忌

宴席既是酒席、菜席，也是礼席、仪席。古人强调："设宴待嘉宾，无礼不成席"。宴席礼仪与宴席具有同样悠久的历史，且经过长时间的传承和发展，不同地域、不同主题的宴席既形成共有的仪式，又各自拥有其独有的特色，涉及的内容非常广泛。

中式宴席的礼仪具有一定的时代和人文特征，历经长时间的继承发展，至今仍保留许多约定俗成的礼仪与礼节，如宴请贵客要有专人陪席、入席前谦让让座、宴席桌次与座次的安排等。桌次与座次是中式宴席中最重要的礼仪，不管是正式宴席还是非正式宴席，都要按座次相对排列入座，首席主座未入座前，其他座席是不能入座的。除座次外，敬酒之礼是宴席上最常见的礼仪，一般是客人入座开席后，主人敬酒，客人要起立承接。敬酒之时，一般可多人敬一人，不可一人敬多人。宴席上菜时，主人会以客为先，热情让菜，让菜时"鸡不献头，鸭不献掌、鱼不献脊"，表示待客恭敬。

西方因与东方饮食文化的差异性，就餐的礼仪也有所不同。在西式宴席中，就餐环境比较安静，没有喧哗，偶尔伴有优雅轻柔的音乐。餐桌、台布会保持到饭后还是清洁干净的，如果有的地方弄脏了，会马上放一块餐巾遮盖。正式的西式宴席座次，男主人坐主位，右手是第一重要的客人的夫人，左手是第二重要的客人的夫人，女主人坐在男主人的对面。她的两边是最重要的第一、第二位男客人；女士先就座，女士未入座前，男士不可入座；宴席中，就餐时不可吃得太快，要细嚼慢咽，咀嚼时尽量不发出声音；西式宴席实行分餐制，若一份食物不够，可再要一份；就餐时也应避免随意脱外衣、摘领带、松领口等。

与中式宴席礼仪相比，西式宴席中更加强调自身的礼仪和形象。不管是西式宴席还是中式宴席，良好的礼仪与礼节都是个人素质与魅力的良好体现。

五、菜品、面点和酒水

宴席成功与否，关键在于菜品。宴席的菜品组直接反映了宴席的档次及所蕴含的文化素养与风俗习惯等方面的内容。在制订菜品时，需要注意菜肴组合的适口性和艺术性的结合，既要体现菜品的组合与变化之美，又要丰富菜肴口味口感；菜品的数量安排也要适当，安排太少，会怠慢客人，安排过多则造成浪费，尽荤则有肥腻之忌，尽素则有清淡之嫌。如果所安排菜点，色泽一致，口味一致，盛器相同，烹饪技艺再高，也会单调无奇，反之，造型过于炫耀，撩人眼目，又会显得华而不实，有失礼节。中国宴席菜品内容丰富多彩，但其内部仍有规律可循的，不论高级宴席还是一般酒席，一般都是由冷菜、热炒菜、汤菜、甜菜、点心五组构成，有的还配置主食类及果品等。西式宴席一般为分餐制，其同样具有固定的规律，正式的西式宴席有头盘（开胃菜）、汤、副菜、主菜、沙拉、甜点、热饮七个部分，有些同样配备面点主食，一般为面包类。

宴席上的酒水一般包含酒、茶和饮料。酒在中国有着悠久的历史，酒不能饱腹消渴，但是少量饮酒，酒精经人体吸收进入中枢神经系统，对大脑最外皮层轻度抑制，让人表现出轻度兴奋，如言语增多；若饮酒过量，中枢神经系统的酒精浓度太高，大脑皮层和小脑就被抑制了，尤其是控制协调运动的功能被抑制，人就表现为胡言乱语和运动不协调。酒堪称是宴席上表达情感、烘托气氛的良好催化剂，不论中外宴席，都少不了酒。中餐宴席一般用白酒，一些主题宴席也会使用黄酒、药酒、啤酒等；西餐宴席一般用葡萄酒或啤酒。

六、价格和成本

宴席收入是酒店、宾馆、餐饮的重要收入来源之一，宴席的成本决定了宴席的售卖价格，而价格决定了宴席的档次与水平，两者相互统一。

宴席的成本主要由三部分组成：原料成本、人工成本和其他成本。原料成本是宴席成本的主要部分，占总成本的45%左右。宴席的原料也决定着宴席的规格和档次，低等宴席菜品原料一般，烹调工艺也一般；中档次的宴席一般包含2至3道大菜、名菜，菜品稍具造型；高档次宴席用料讲究，多采用山珍海味搭配些许常规食材，菜品造型精致优美。不同档次宴席的原料成本也具有一定差异。

人工成本包括服务人员工资待遇、服装费、培训费等，是仅次于原料成本的第二大支出。人工成本的高低决定了宴席中服务人员的形象、技能、职业素养等，这一系列的内容最终反应在服务质量上，服务质量在极大程度上影响着宴席的规格与档次。

其他成本如前期一次性投入的装修成本、宴席基础设施布置成本、设备采购成本、燃气费、水电费、低值易耗品、管理费、维修保养费等。

原料成本和人工成本是宴席的主要成本构成，也是宴席设计中应主要考虑的控制部分。

第三节　宴席的类别

一、按宴席风格分

按宴席上的菜式组成、餐饮器具和饮食风格，可分为中式宴席、西式宴席和中西合璧宴席三大类。

1. 中式宴席

中式宴席以中式菜肴和中国酒水为主，餐桌多为圆桌，餐具为筷子和调羹，台面为中式布局，席间音乐、歌舞娱乐等也多采用中国民乐和传统表演，就餐方式为共餐，采用中式宴席的服务程序，一般凉菜先上，然后上炒菜、烧菜，最后上主食面点。酒水多为白酒或茶，采用小酒盅或茶杯。环境氛围的布置为中式风格，反映出浓郁的中华民族特色饮食文化。

2. 西式宴席

西式宴席以欧美菜式和西洋酒水为主，多采用方桌或长条桌，餐具为刀、叉等西式餐具，西式台面布置。席间音乐为西洋音乐，就餐方式为分餐制，采用西式服务程序和服务礼仪。根据菜点和服务方式，西式宴席又可分为法式宴席、俄式宴席、英式宴席和美式宴席等。随着世界各国的交流越来越频繁，人们对不同文化的体验需求增强，日式、韩式等一些宴席也逐渐增多。

3. 中西合璧式宴席

中西合璧式宴席是融合中西的菜式格局、菜肴风味、环境布局、厅堂风格、台面布局、餐具用品、服务方式和特点的一种新型宴席，餐具既有筷子又有刀叉，进餐方式是共餐和自助取餐相结合，烹调方式有厨房烹制和现场烹制，这种方式不仅能满足正式宴席中来自不同文化国家人员的需求，也广泛适用于非正式的宴席中，在我国也较为常见。

二、按宴席性质分

根据宴席的性质，可分为国宴、正式宴席、便宴和家宴。

1. 国宴

国宴是以国家名义举行的最高规格的礼宴，是国家元首或政府为招待国宾、其他贵宾或在重要节日为招待社会各界人士而举行的正式宴席。宴席格局高雅，主席台悬挂国旗，请柬、菜单和席卡上均印有国徽，礼仪程序严格，宾主按身份排位就座，席间设乐队演奏国歌，国家领导人发表重要讲话或致辞祝酒。

2. 正式宴席

正式宴席是仅次于国宴的一种高规格的宴席，除了不挂国旗、不奏国歌以及出席规格不同外，其余安排大体与国宴相同，有时亦安排乐队奏席间乐，宾主均按身份排位就座，对排场、餐具、酒水、菜肴的道数及上菜程序都有严格的规定。

3. 便宴

便宴即非正式宴席，多见于日常友好交往的、形式简便的、较为亲切随和的宴席。如友人相会团聚的宴席，宾客身份平等，对宴席环境的氛围装饰没有规定，菜式随意，程序简单。

4. 家宴

家宴是家庭成员相聚的宴席，或在家中以私人名义招待客人的宴席。当遇到有婚嫁、寿辰、生育、丧葬时，或者传统节日到来之时会举办家宴。家宴中注重辈分，尊敬长者，其余不拘礼仪，菜肴的品种数量一般不严格。不论是达官显贵，社会名流，还是平民百姓，几乎都会主办或者参加家宴。家宴中亲人亲切随和、氛围轻松愉快，最能表达亲情，是传承宴席文化的重要方式。

三、按宴席主题和内容分

有欢迎宴、酬谢宴、婚宴、生日宴、节庆宴、庆典宴等，还有现在兴起的仿古宴席、养生宴席、情景宴席等。该部分将在第五章中详细介绍。

四、按宴席食品属性和用餐形式分

按食品属性和用餐形式可分为餐桌服务宴席、冷餐酒会、鸡尾酒会、茶话会等。

1. 餐桌服务宴席

餐桌服务宴席较为常见，一般由酒店提供全套餐桌服务，程序和礼仪都非常规整，就餐环境讲究，一般要求有较为完备的服务设施。场地多设在固定的酒店，整体装修考究，对餐具、酒水、陈设、服务员装束、仪态都有严格的要求。以共餐方式用餐，按身份就座，这种宴席一般在中午或者晚上用餐时间进行。

2. 冷餐酒会

冷餐酒会多为西式宴席，常用于正式的官方活动，有时也用于隆重的宴请活动。这种宴席一般人员较多，人们的就餐时间并不是特别一致。举办场地既可在室内，也可在户外，酒店或花园中都可举行，场地布置比较灵活，一般不设席位，无固定的座位。食品放在长桌或者小桌上，客人自行取用。可设置座椅，客人自由入座，也可不设座椅，站立就餐。菜点一般选择易于运送、存放和取食的食物，以冷食为主，也可配上部分热菜或热汤。菜肴、点心、酒水提前摆放在桌上，客人自行选择，可多次取食。冷餐酒会的举办时间一般在中午 12 点到下午 2 点，或下午 5 点到晚上 7 点。

3. 鸡尾酒会

鸡尾酒会也是一种西式宴席，盛行于欧美，是冷餐宴会的一种，其有别于其他宴席的明显特征为宴席以酒水为主，尤其是鸡尾酒等混合调制饮料，同时配以少量的小食，如布丁、三明治、薯条等。这种宴席形式非常自由，客人在宴席期间可随时到达或离开，不受约束。鸡尾酒会举行时间也比较灵活，中午、下午、晚上都可以，一般在请柬上注明宴席的持续时间，便于客人把握。这种宴席一般用于大中型中西餐宴席的前奏活动，也可用于举办记者招待会、新闻发布会、签字仪式等场合。参会者可以拿着酒杯随意走动，便于交谈。

4. 茶话会

茶话会是单位、部门、社团组织等在节假日或需要之时举行的一种聚会形式，席间以饮茶、品点心为主，菜肴较少。茶话会是商务宴席中最为简便的一种形式。其场地、设施要求简单，一般设在会议室或大厅，厅内设茶几、座椅，一般不排席位，有贵宾出席时可将主人与贵宾安排坐在一起，其他人随意就座。茶叶、茶具的选择会根据季节、宾客风俗和喜好选择。茶话会简便，气氛随和。

五、按地方菜肴风味分

经长时间的传承与发展，各地都形成了的各自独特的饮食文化和菜肴风味，以此也可将宴席按地方风味进行分类，如带有明显四川风味特色的川式宴席（川式火锅宴席、川式海参宴席等）、具有广东风味特色的粤式宴席（广东百鸡宴席、广东鲍翅宴席等）、江苏风味浓郁的苏式宴席（如淮扬宴席、长江水鲜宴席等）、流行在山东地区的鲁式宴席（如青岛海参宴席、烟台海鲜宴席等）和带有明显京都风味特色的京式宴席（如北京全聚德烤鸭宴席、北京仿膳宴席等）。

六、按办宴目的分

1. 主题宴席

主题宴席指办宴具有一定的主题，办宴目的非常明确的一类宴席，如婚礼宴席、欢迎宴席、欢送宴席、开业庆典宴席等。

2. 景致宴席

景致宴席指菜品名称以名胜古迹景致进行命名的宴席，此类宴席多为旅游景点的旅游部门和酒店共同设计开发的一类宴席，目的在于突出旅游景点特色，强化对外宣传。例如长安八景宴、西湖十景宴等。

3. 商务宴席

商务宴席指专门用于商务活动的一类宴席，宴席菜肴命名讲究口彩，以吉利、发财、友好为主，注重服务礼仪，宴会氛围隆重。例如商务协议签订庆祝宴席、年终分红宴席等。

思考题

1. 宴席的特点有哪些？
2. 宴席主要由哪几部分构成，各自又承担什么样的作用？
3. 中式宴席与西式宴席的主要差别是什么？

参考文献

1. 叶伯平．宴会设计与管理（第五版）［M］．北京：清华大学出版社，2017.
2. 吕建文．中国古代宴饮礼仪［M］．北京：北京理工大学出版社，2007.
3. 刘德枢．宴席设计实务［M］．重庆：重庆大学出版社，2015.
4. 王秋月．主题宴会设计与管理实务［M］．北京：清华大学出版社，2013.
5. 李登年．中国宴席史略［M］．北京：中国书籍出版社，2020.

第三章　宴席设计的程序

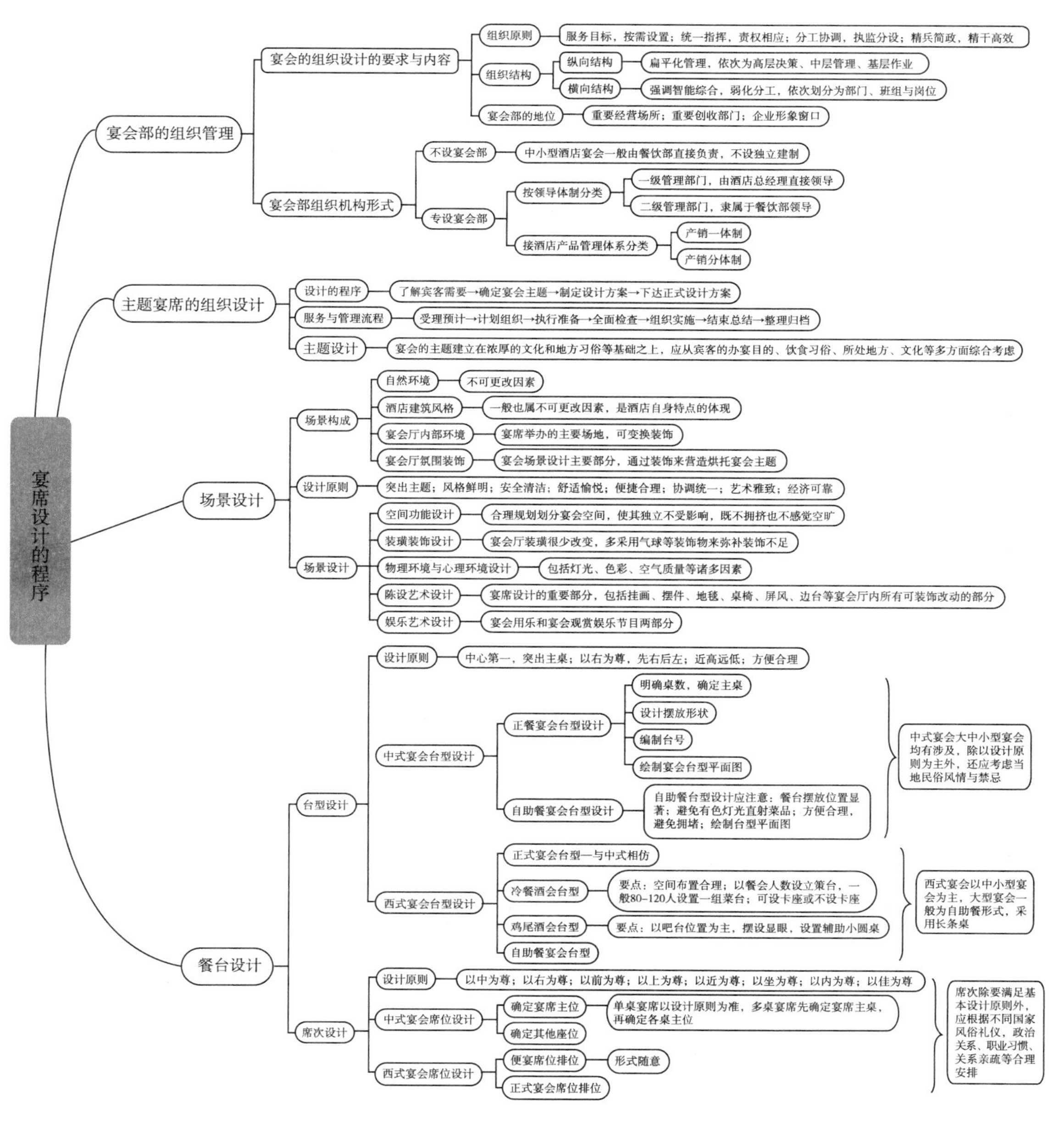
宴席设计的程序
宴会部的组织管理
宴会的组织设计的要求与内容
组织原则
服务目标，按需设置；统一指挥，责权相应；分工协调，执监分设；精兵简政，精干高效
组织结构
纵向结构
扁平化管理，依次为高层决策、中层管理、基层作业
横向结构
强调智能综合，弱化分工，依次划分为部门、班组与岗位
宴会部的地位
重要经营场所；重要创收部门；企业形象窗口
宴会部组织机构形式
不设宴会部
中小型酒店宴会一般由餐饮部直接负责，不设独立建制
专设宴会部
按领导体制分类
一级管理部门，由酒店总经理直接领导
二级管理部门，隶属于餐饮部领导
接酒店产品管理体系分类
产销一体制
产销分体制
主题宴席的组织设计
设计的程序
了解宾客需要→确定宴会主题→制定设计方案→下达正式设计方案
服务与管理流程
受理预计→计划组织→执行准备→全面检查→组织实施→结束总结→整理归档
主题设计
宴会的主题建立在浓厚的文化和地方习俗等基础之上，应从宾客的办宴目的、饮食习俗、所处地方、文化等多方面综合考虑
场景设计
场景构成
自然环境
不可更改因素
酒店建筑风格
一般也属不可更改因素，是酒店自身特点的体现
宴会厅内部环境
宴席举办的主要场地，可变换装饰
宴会厅氛围装饰
宴会场景设计主要部分，通过装饰来营造烘托宴会主题
设计原则
突出主题；风格鲜明；安全清洁；舒适愉悦；便捷合理；协调统一；艺术雅致；经济可靠
场景设计
空间功能设计
合理规划划分宴会空间，使其独立不受影响，既不拥挤也不感觉空旷
装璜装饰设计
宴会厅装璜很少改变，多采用气球等装饰物来弥补装饰不足
物理环境与心理环境设计
包括灯光、色彩、空气质量等诸多因素
陈设艺术设计
宴席设计的重要部分，包括挂画、摆件、地毯、桌椅、屏风、边台等宴会厅内所有可装饰改动的部分
娱乐艺术设计
宴会用乐和宴会观赏娱乐节目两部分
餐台设计
台型设计
设计原则
中心第一，突出主桌；以右为尊，先右后左；近高远低；方便合理
中式宴会台型设计
正餐宴会台型设计
明确桌数，确定主桌
设计摆放形状
编制台号
绘制宴会台型平面图
自助餐宴会台型设计
自助餐台型设计应注意：餐台摆放位置显著；避免有色灯光直射菜品；方便合理，避免拥堵；绘制台型平面图
中式宴会大中小型宴会均有涉及，除以设计原则为主外，还应考虑当地民俗风情与禁忌
西式宴会台型设计
正式宴会台型—与中式相仿
冷餐酒会台型
要点：空间布置合理；以餐会人数设立策台，一般80~120人设置一组菜台；可设卡座或不设卡座
鸡尾酒会台型
要点：以吧台位置为主，摆设显眼，设置辅助小圆桌
自助餐宴会台型
西式宴会以中小型宴会为主，大型宴会一般为自助餐形式，采用长条桌
席次设计
设计原则
以中为尊；以右为尊；以前为尊；以上为尊；以近为尊；以坐为尊；以内为尊；以佳为尊
中式宴会席位设计
确定宴席主位
单桌宴席以设计原则为准，多桌宴席先确定宴席主桌，再确定各桌主位
确定其他座位
西式宴会席位设计
便宴席位排位
形式随意
正式宴会席位排位
席次除要满足基本设计原则外，应根据不同国家风俗礼仪，政治关系、职业习惯、关系亲疏等合理安排

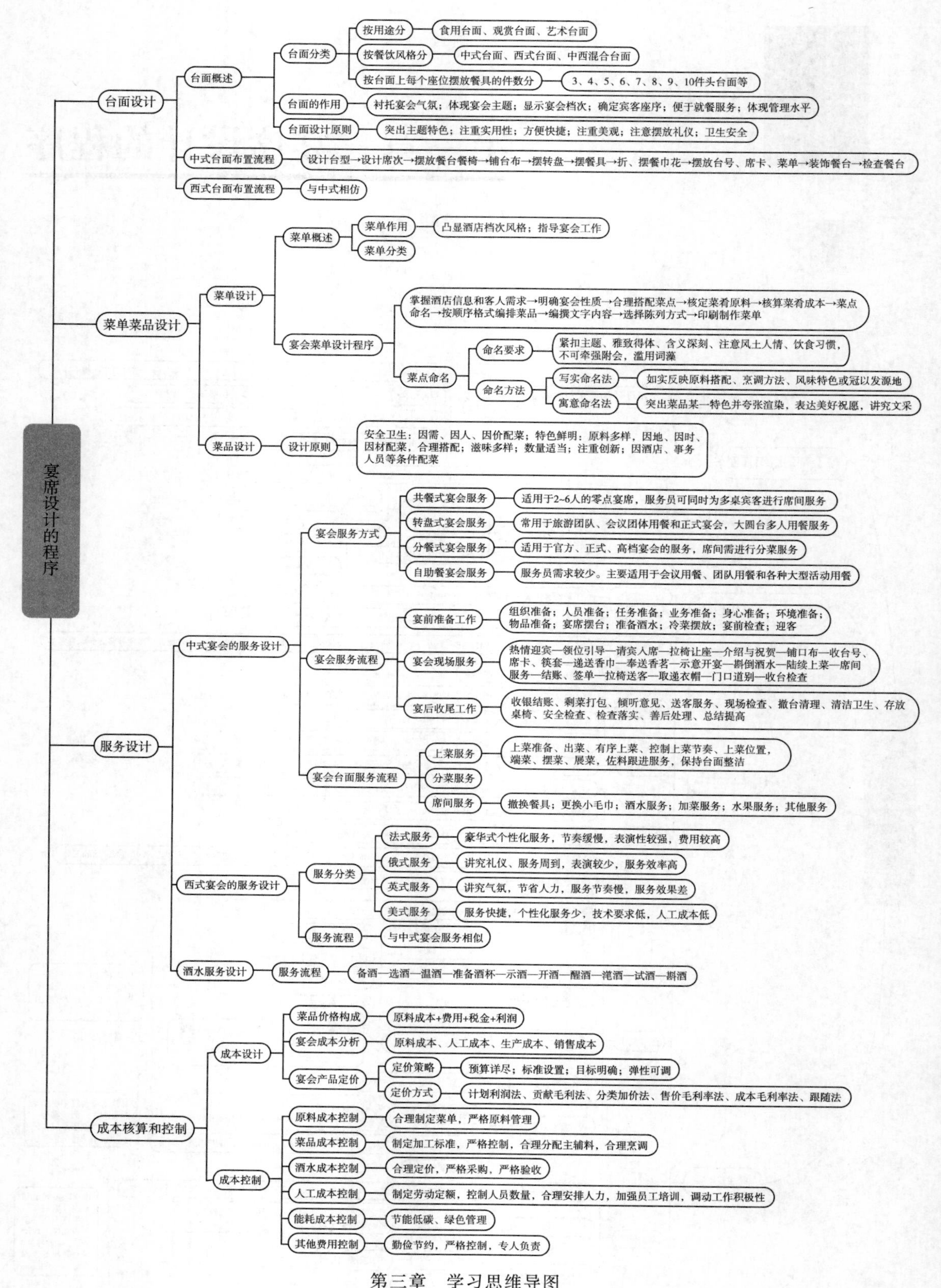

宴席设计的程序
台面设计
台面概述
台面分类
按用途分
食用台面、观赏台面、艺术台面
按餐饮风格分
中式台面、西式台面、中西混合台面
按台面上每个座位摆放餐具的件数分
3、4、5、6、7、8、9、10件头台面等
台面的作用
衬托宴会气氛；体现宴会主题；显示宴会档次；确定宾客座序；便于就餐服务；体现管理水平
台面设计原则
突出主题特色；注重实用性；方便快捷；注重美观；注意摆放礼仪；卫生安全
中式台面布置流程
设计台型→设计席次→摆放餐台餐椅→铺台布→摆转盘→摆餐具→折、摆餐巾花→摆放台号、席卡、菜单→装饰餐台→检查餐台
西式台面布置流程
与中式相仿
菜单菜品设计
菜单设计
菜单概述
菜单作用
凸显酒店档次风格；指导宴会工作
菜单分类
宴会菜单设计程序
掌握酒店信息和客人需求→明确宴会性质→合理搭配菜点→核定菜肴原料→核算菜肴成本→菜点命名→按顺序格式编排菜品→编撰文字内容→选择陈列方式→印刷制作菜单
菜点命名
命名要求
紧扣主题、雅致得体、含义深刻、注意风土人情、饮食习惯，不可牵强附会，滥用词藻
命名方法
写实命名法
如实反映原料搭配、烹调方法、风味特色或冠以发源地
寓意命名法
突出菜品某一特色并夸张渲染，表达美好祝愿，讲究文采
菜品设计
设计原则
安全卫生；因需、因人、因价配菜；特色鲜明；原料多样，因地、因时、因材配菜，合理搭配；滋味多样；数量适当；注重创新；因酒店、事务人员等条件配菜
服务设计
中式宴会的服务设计
宴会服务方式
共餐式宴会服务
适用于2~6人的零点宴席，服务员可同时为多桌宾客进行席间服务
转盘式宴会服务
常用于旅游团队、会议团体用餐和正式宴会，大圆台多人用餐服务
分餐式宴会服务
适用于官方、正式、高档宴会的服务，席间需进行分菜服务
自助餐宴会服务
服务员需求较少。主要适用于会议用餐、团队用餐和各种大型活动用餐
宴会服务流程
宴前准备工作
组织准备；人员准备；任务准备；业务准备；身心准备；环境准备；物品准备；宴席摆台；准备酒水；冷菜摆放；宴前检查；迎客
宴会现场服务
热情迎宾—领位引导—请宾入席—拉椅让座—介绍与祝贺—铺口布—收台号、席卡、筷套—递送香巾—奉送香茗—示意开宴—斟倒酒水—陆续上菜—席间服务—结账、签单—拉椅送客—取递衣帽—门口道别—收台检查
宴后收尾工作
收银结账、剩菜打包、倾听意见、送客服务、现场检查、撤台清理、清洁卫生、存放桌椅、安全检查、检查落实、善后处理、总结提高
宴会台面服务流程
上菜服务
上菜准备、出菜、有序上菜、控制上菜节奏、上菜位置，端菜、摆菜、展菜，佐料跟进服务，保持台面整洁
分菜服务
席间服务
撤换餐具；更换小毛巾；酒水服务；加菜服务；水果服务；其他服务
西式宴会的服务设计
服务分类
法式服务
豪华式个性化服务，节奏缓慢，表演性较强，费用较高
俄式服务
讲究礼仪、服务周到，表演较少，服务效率高
英式服务
讲究气氛，节省人力，服务节奏慢，服务效果差
美式服务
服务快捷，个性化服务少，技术要求低，人工成本低
服务流程
与中式宴会服务相似
酒水服务设计
服务流程
备酒—选酒—温酒—准备酒杯—示酒—开酒—醒酒—滗酒—试酒—斟酒
成本核算和控制
成本设计
菜品价格构成
原料成本+费用+税金+利润
宴会成本分析
原料成本、人工成本、生产成本、销售成本
宴会产品定价
定价策略
预算详尽；标准设置；目标明确；弹性可调
定价方式
计划利润法、贡献毛利法、分类加价法、售价毛利率法、成本毛利率法、跟随法
成本控制
原料成本控制
合理制定菜单，严格原料管理
菜品成本控制
制定加工标准，严格控制，合理分配主辅料，合理烹调
酒水成本控制
合理定价，严格采购，严格验收
人工成本控制
制定劳动定额，控制人员数量，合理安排人力，加强员工培训，调动工作积极性
能耗成本控制
节能低碳、绿色管理
其他费用控制
勤俭节约，严格控制，专人负责

第三章　学习思维导图

学习目标

1. 熟悉宴席设计的程序，掌握宴席设计的总体思路、原则。
2. 掌握宴席设计的具体方法，合理设计、创新符合宴会主题的宴席。
3. 培养宴会服务意识、服务技能等职业素养和创新精神。

一般酒店内宴会的举办由宴会部进行负责，宴会部的人员分工情况直接影响宴会业务的开展，因此需要有统一的组织和领导。宴会部需要按照岗位职责进行相关工作人员的配备、培训和绩效考核等，实施全面管理。

第一节　宴会部的组织管理

宴会部负责宴会的预订、策划、环境布置、宴会服务管理等业务。综合性酒店的宴会部拥有举办大型宴会的环境设施和实际能力，在宴会业务比较多的情况下，宴会部即为独立部门。宴会部拥有多个规格的多功能厅，为各类宴会的举办提供场地。宴会部一般承接国宴、商务宴、公务宴会、会议宴会、欢迎宴、答谢宴、乔迁宴、婚宴、满月宴、寿宴、亲友聚会宴、丧宴、庆典庆功宴会、祝贺宴会、纪念宴会等。每个宴会具体包括宴会预订、宴会服务、宴会菜品生产三项工作。

一、组织设计的要求与内容

1. 组织设计原则

宴会部组织机构的设计有四项基本原则，具体见表 3 - 1 所列。

表 3 - 1　组织设计原则

原则	要求
服务目标，按需设置	根据酒店的档次和规模、经营目标、工作性质、人员素质、设施设备、厨房布局等实际情况，合理进行宴会部机构的组织，做到逐级授权、分级负责，责权分明
统一指挥，责权相应	责任是权力的基础，权力是责任的保证。形成有序的指挥链，不得越级指挥与多头指挥。各级管理者要在放手让下属履行职权的同时加强督导
分工协调，执监分设	明确各岗位的工作职责与职权范围可提升专业素养，提高团队精神、合作意识和工作效率。执行机构与监督机构分设，可有效防止权力滥用
精兵简政，精干高效	组织机构的规模、形式和内部结构必须精简，确保每位员工工作量饱满，工作效率高，应变能力强。职责明确，精于高效，减少内耗，提高效益

2. 组织结构的设计方式

建立合理组织机构的结构设计、明确各级组织的职能任务、明确经营管理职能等的职能设计、解决各级组织的分工与协作问题的协调设计。宴会部的组织结构的设计方式有 2 种，其特点与优势见表 3－2 所列。

表 3－2　宴会部组织结构的设计方式及其特点、优势

设计方式	特点与优势
纵向结构设计	管理层次可分为高层决策、中层管理、基层作业。各管理层次的权责明确，分工清晰，适当集权与适当分权相结合
横向结构设计	管理层次划分为部门、班组与岗位。分工与合作相结合，强调职能综合，弱化分工，简化管理程序和手续，管理效率高

3. 宴会部的地位与作用

（1）酒店经营的重要场所

宴会部不仅是宴饮场所，更是各种会议、培训、展销、演出、洽谈等活动举办的场所。宴会厅面积大，宴会厅房数量多，舒适美观，设备齐全，能根据宾客的不同需求开展多种多样的经营活动。

（2）增收创利的重要部门

宴会部营业面积大，接待人数多，消费水平高，营业利润与毛利率高于餐饮其他部门，是酒店收入的重要来源之一。

（3）企业形象的重要窗口

酒店举行的产品推销、新闻发布、业务洽谈、合同签订、客人招待、会议举行等大型宴会活动，接待人数多，宾客地位高，服务要求高，活动影响大，是新闻媒体宣传报道的焦点，可扩大酒店的知名度与美誉度，吸引顾客前来消费。

二、宴会部组织机构形式

1. 按独立建制分类

1）不设宴会部。中小型酒店只有接待零点的餐厅和包间，没有大型宴会厅，一般不专设成建制的宴会部，宴会的销售、出品、服务等生产与管理均由餐饮部负责。

2）专设宴会部。大型酒店有一至若干个宴会厅以及众多包间，经营面积大、餐位数量多、工作要求高、营业额与利润高、与其他部门联系广，可专设成建制的宴会部。

2. 按领导体制分类（专设宴会部）

1）一级管理部门。宴会部由酒店总经理领导，是与餐饮部平级的一级管理部门。它适合于宴会场所面积大、宴会任务多、接待规格高的大型酒店。其内部组织结构较为复杂，有 3～4 个部门，如销售预订部门、宴会厅服务部门与宴会厨房部门；管理层级有 3～4 个层次，如部门经理、主管、领班与服务员，有二十多个工作岗位。

2）二级管理部门。宴会部隶属于餐饮部领导的二级管理部门，适宜于一般的大型酒店，宴会部内部组织结构较为简单。

3. 按酒店产品管理体系分类（专设宴会部）

1）产销一体制模式。该模式为餐饮部门统一领导宴会销售和宴会生产部门，有三部制和二部制两种。三部制指餐饮部下设宴会销售部、宴会服务部、宴会厨房部。二部制指餐饮部下设宴会部与厨房部。

2）产销分体制模式。酒店分别成立餐饮部与市场营销部。

各种组织结构各有利弊。各酒店的规模、档次、市场目标、营运模式等不同，选用的组织结构也不同，应结合酒店实际情况规划宴会管理部门。

第二节　宴席的组织设计

主题宴会活动的策划是打造企业品牌、创造餐饮业优势的一项营销活动。餐饮企业在组织策划各种主题宴会营销活动时，应根据时代风尚、消费导向、地方风格、客源需求、社会热点、时令季节、人文风貌、菜品特色等因素，选定某一主题作为宴会活动的中心内容。然后根据主题收集整理资料，依照主题特色设计菜单，吸引公众关注并调动客人的就餐欲望。

宴会设计必须根据宾客的要求突出宴会主题，同时利用酒店的现有物质条件和技术条件突出酒店在菜点、酒水、服务方式、娱乐、场景布局或台面方面的特色，为宾客营造安全舒适、美观温馨的就餐环境。同时，宴会设计还要符合现代宴会发展的趋势，并考虑酒店的经济效益。

一、主题宴会设计的程序

1. 了解宾客需要

通过宾客的宴会预订，获取有关宾客的姓名、联系电话，宴会的举办时间、地点、规模、类型、形式、标准菜品口味，酒水选择，有无特殊要求、宴会场景要求、宴会设备要求等信息；并对这些信息进行整理，记录在宴会预订日记簿上。

2. 确定宴会主题

根据在预订时获得的信息分析宾客的心理需求。对于一些细节问题还需要宾客到宴会厅实地考察，酒店应将举办宴会的一些规定和政策告知宾客，双方相互沟通达成意见一致后，酒店销售部应与宾客签订宴会合同。宾客交纳一定数额的定金后，意味着酒店正式承办这次宴会并确定了此次宴会的主题。

3. 制定设计方案

根据宾客的要求和酒店宴会厅的各种条件，宴会部对宴会全过程进行设计，并针对宴会的流程和环节设计一个草案，上交宴会部主管领导审核，同时征求主办方负责人的意见，经过修改后，最终制定出正式的宴会设计方案。

4. 下达正式设计方案

宴会部以宴会通知单的形式将正式设计的流程方案下发给有关部门各一份。一般情况下，与宴会有关的部门主要有餐饮部、市场销售部、工程部、厨房、管事部、保安部、客房部、财务部、花房、人力资源部、前厅部、酒吧等，并呈送给主管宴会部的酒店副总经理。

二、主题宴会服务与管理流程

主题宴会服务与管理流程包括 7 个步骤。

1）受理预订。包括了解信息，人员的安排，签订宴会合同。

2）计划组织。包括人员组织配备，设计策划主题宴会并形成方案。

3）执行准备。包括下达宴会设计方案，进行人、财、物的组织准备。

4）全面检查。包括宴会前各阶段的大量准备工作的全面检查。

5）组织实施。包括宴会开始时的宾客接待，宴会现场的服务督导，宴会结束后的结账送客。

6）结束总结。包括宴会撤台整理，总结、整理此次宴会的有关资料。

7）整理归档。建立主题宴会客史档案，包括此次宴会的预订资料，菜单，宴会厅台型图、台面图、席次图，宴会场景设计说明书，宴会议程、服务流程设计方案，服务人员名单，宴会营业收入及分类，服务人员对宴会的反馈意见，客人对宴会的反馈意见，特殊情况及处理总结，领班或主管对宴会的书面总结等。

三、宴会主题设计

宴会主题是整个宴席活动要表达的中心思想，它决定了宴席活动对市场的吸引力。在策划宴会主题时，离不开“文化”二字，每一个宴会主题，都是文化铸就。如地方特色餐饮离不开地方文化渲染，不同地区有不同的地域文化和民俗特色；如以某一类原料为主题的餐饮活动，应突出某一类原料的个性特点，从原料的使用、知识的介绍，到食品的装饰、菜品烹制特点等，这是一种“原料”文化的展示；还有如将饮食文化与戏曲结合起来的“贵妃醉酒”“出水芙蓉”“火烧赤壁”“打龙袍”等菜品。

宴会主题的确定，建立在浓厚的文化和地方习俗等基础之上。一般宴会主题可以分为以下 9 种类型，见表 3－3 所列。

表 3－3　不同主题宴会

宴会类型	特点
地域、民族类	以地方风味为特征，菜品纯正，风味地道，乡情浓烈，环境布置具有地域特色、餐具摆设个性鲜明，体现博大精深、品种繁多、风味各异的中国饮食文化特色。著名的地方风味宴有川菜风味宴、粤菜风味宴等。每种风味又可细分，如川菜可分为成都菜席、重庆菜席、自贡菜席等
人文、历史类	依据古今名人命名，如西施宴（无锡水秀饭店）、东坡宴、包公宴（合肥梅山迎宾馆）、板桥宴（江苏兴化宾馆）等；依据名著设计，如红楼宴、三国宴、水浒宴、金瓶宴、随园宴、射雕宴等；依据名城命名，如荆州楚菜席、开封宋菜席、洛阳水席、成都田席等

（续表）

宴会类型	特点
原料、食品类	宴席以某种或某类原料为主料，采用不同烹饪方式制作而成，如镇江江鲜宴、安吉百笋宴、云南百虫宴、西安饺子宴、海南椰子宴、东莞荔枝宴、漳州柚子宴等
节日、庆典类	在特定节假日举行的主题新颖、风格各异的宴席。如除夕宴（又称团年饭、年夜饭）、元宵花灯宴、情人宴、迎春宴、端午粽子宴、中秋赏月宴、欢度国庆宴、圣诞平安宴等
纪念、庆贺宴	民间宴。婚宴有百年好合宴、龙凤呈祥宴、珠联璧合宴、金玉良缘宴、永结同心宴、山盟海誓宴、花好月圆宴等；乔迁之喜等庆祝宴；纪念×××大学建校100周年宴、纪念×××120周年诞辰宴等。 公务宴。国家、政府重大节日或事件举办的国庆招待宴，如G20峰会国宴、冬奥会欢迎宴会等
营养、养生类	如美颜宴、药膳宴、养生宴等
生日宴	如满月喜庆宴、百天庆贺宴、周岁快乐宴、十岁风华宴、二十成才宴、花甲延年宴，百岁高寿宴等。生日宴主要突出喜庆祝贺、健康长寿、延年益寿。菜名典雅吉祥，如全家福、满堂春、龙凤配、罗汉斋，讲究菜品掌故、席面铺设和装潢美化
商务宴	出于商务目的而举办的宴会，已成为我国酒店的主营业务之一
酬谢感恩宴	为了表示感谢而举行的宴会。宴会要求高档、豪华，环境优美、清静，如谢师宴、答谢宴、升迁宴等

第三节　宴席的场景设计

场景是指一定环境中给予人们某种强烈感觉的景象与精神表现。宴会场景设计直接影响着宴会对来宾的吸引力与感受，关系到宴会活动的成败。宴会的场景可分为外部气氛与内部气氛、有形气氛与无形气氛。合理的场景选择与布置可以创造出一种理想的宴会气氛，以清晰地表达主办人的意图，体现宴会的规格标准，也便于宾客就餐和服务员进行宴会席间服务。

一、宴会场景概述

1. 宴会场景构成

宴会场景是客人赴宴就餐时宴会的外部环境和内部厅房场地的陈设布置而形成的氛围情境。一般按照层次的不同可将宴会场景分为四个部分，分别为宴会所处的自然环境、宴会酒店的建筑环境、宴会厅内部环境、宴会厅氛围装饰。

(1) 自然环境

举办宴会场地所处的自然环境，如海边、山巅、游船、街边、草原蒙古包等。每个宴会举办的场地都融于特定的自然环境中，良好的自然环境会对宴会主题、氛围、就餐者的心理感受、宴会预期的效果等带来积极的影响，起到“锦上添花”的作用。但宴会所处的自然环境属于不可装饰改变因素，要靠人去合理地选择和利用，名山胜水的景观、古风犹存的市肆、车水马龙的街景、别具一格的建筑群等，都可成为“借用”的宴饮环境。

(2) 建筑环境

建筑环境体现了宴会举办酒店的自身特点，包括建筑风格和装修风格，不同的酒店建筑环境多样。常见的宴会建筑环境有以下 7 种类型，见表 3 - 4 所列。

表 3 - 4 常见的宴会建筑环境

类型	特点
宫殿式	以中国特有的古代皇家建筑风格为模式，外观雄伟庄严，金碧辉煌，富丽堂皇。色彩多以金黄、古铜色为基调，斗拱飞檐、雕梁画栋、彩绘宫灯，甚是精美。如北京仿膳饭庄、天津登瀛楼龙宴厅
园林式	宴会厅与园林风格协调，多融合在亭台楼阁、假山飞瀑之中，讲究借境扬境、突出幽雅僻静。如皇家园林，富丽堂皇、金碧辉煌。如江南私家园林，小桥流水、曲径通幽、清淡优雅。如岭南商界园林，琳琅满目、五颜六色
民族式	结合各地域、各民族不同文化习俗元素，突出民族特色，体现地域特征。北方突出浑厚质朴，南方多富乡间情趣。如以楚文化、吴文化、齐鲁文化等为主题的餐厅
现代式	以几何形状和直线条为主，色彩鲜艳、线条流畅、简洁明快，符合现代人，尤其是年轻人的审美需求，适用于中式、西式、中西结合式等宴会
乡村式	也称农舍式，以天然材料装饰，装潢风格富有乡土特色，布置简洁，充满乡土气息
西洋古典式	突出西欧风格，富有异域风情。如西方古典的罗马式、哥特式、文艺复兴式、巴洛克式、英国式、法国式、意大利式和西方现代风格的新艺术风格、现代主义风格、后现代主义风格等
特殊式	为满足客人的猎奇心理和情感体验而设计的具有独特魅力的宴会厅房，如高空旋转餐厅、空中餐厅、石头餐厅、列车餐厅、冰屋餐厅、鬼屋餐厅、监狱餐厅、恐怖餐厅、绿林好汉餐厅等

(3) 宴会厅内部环境

1) 固定不变部分。包括宴会厅空间面积的大小、形状和虚实，天花板、墙壁、地板与宴会厅整体色彩，场地布置格局，室内家具陈设，灯具和灯光，工艺品装饰等。这些装饰和陈设一旦完成，短期内不可能发生变化，不会因宴会主题的需要而随意改变。在建造、装饰宴会厅前，要根据酒店经营风格与目标市场精心设计。

2) 可变部分。由室内清洁卫生、空气质量、温度高低、灯光明暗、艺术品与移动绿化等因素构成。这是宴会场地布置的重点部分，要充分利用大型花卉、绿色植物的点缀作用对活动舞台、背景花台以及展台进行布置。

（4）宴会厅氛围装饰

宴会厅内部气氛的设计比外部气氛的设计要具体得多、重要得多，是宴会气氛设计的核心部分。其可分为物与人两个方面。

1）物品装饰（有形氛围）。客人感官能感受到的宴会厅各种硬件条件，如宴会厅的位置、外观、景色、厅房构造、空间布局、内部装潢，以及光线、色彩、温度、湿度、气味、音响、家具、艺术品等多种因素，依靠设计人员的精心设计与员工的精心维护和日常保养。有形气氛与季节、节假日、营销活动等有密切关系，如在圣诞节时，在餐厅门口布置圣诞老人像或圣诞树，在橱窗上贴上雪花、气球等烘托节日气氛，增强宴会厅的吸引力。

2）人员服务（无形氛围）。员工的服务形象、服务态度、服务语言、服务礼仪、服务技能、服务效率与服务程序等，构成了动态的宴会人际氛围，专业、细致、周到、贴心的服务可使客人心理愉悦、满意。

二、宴会场景设计原则

场景设计不仅是一个美化概念，同时还包括宴会厅房的合理性、经济性、创造性、适应性、可行性等概念。宴会场景设计是建立在四维时空概念基础上的、综合了科学技术和工艺美术的室内环境设计，强调的是艺术与科技的相互渗透，以及人与空间、人与物、空间与空间、物与空间、物与物之间的相互关系，需要突出高效率、高物质文明的设计特色，使室内装饰在物理形态和心理感受上达到最佳的综合效果。

良好的宴会场景设计要有利于酒店产品舒适度的提升，有利于酒店氛围整体性的形成，有利于酒店管理与服务的提供，有利于客人舒适的感知与美的享受，有利于酒店经营成本的控制，有利于环境保护和可持续发展，并具有艺术性、文化性。宴会场景设计原则包括以下8个方面。

1）突出主题。根据客人的设宴意图、宴会主题展开设计。如婚宴场景设计，要求气氛吉庆祥和、热烈隆重，环境布置要喜庆、热闹，色彩以中国红为主色，通过大红“喜”字、龙凤呈祥雕刻、鸳鸯戏水图等布置来起到画龙点睛、渲染气氛、强化主题意境的作用，而说明会、培训会等只需要一般桌椅陈设及视听器材即可。

2）风格鲜明。设计宴会场景时要突出异域情调、民族风情与乡土风格等，充分渲染地方文化精髓、弘扬乡土文化特色，显示独特的魅力和吸引力，营造出一种巧夺天工、浑然天成、幽静雅致的宴会环境。

3）安全清洁。设计宴会场景时，要确保客人与员工的人身财产安全、消防安全、建筑装饰及场地安全等，要确保宴会环境清洁卫生，窗明几净，家具一尘不染，地面光洁明亮，餐具洁净、没有水迹和指痕，员工服饰干净，手部、脸部清洁等，使客人在身体感官上产生安全感、舒适感与美感。

4）舒适愉悦。创造安静轻松、舒适愉快的环境氛围，可颐养性情、松弛神经、消除疲劳、增进食欲。舒适愉悦的感官包括眼观美、耳听乐、鼻闻香、体触适 4 个方面，这些对宴会厅的硬件和软件有较高的要求，具体见表 3－5 所列。

表 3－5　宴会厅氛围舒适愉悦的感官要求

	硬件要求	软件要求
眼观美	①形态：各种设施设备的造型、结构必须符合人体构造规律，形态美观；②色彩：丰富和谐；③光照：灯光明亮，造型美观；④清洁：一尘不染	员工要长相美、服饰美、妆容美（淡妆上岗）、举止美、语言美和心灵美，让客人获得美感与愉悦感
耳听乐	①杜绝噪声：各种设施设备杜绝嘈杂音；②增加乐音：播放优雅的背景音乐，背景音乐要轻，内容符合宴会主题	①员工上岗要做到“四轻”：说话轻、走路轻、操作轻和关门轻；②要使用柔声语言与礼貌用语
鼻闻香	①杜绝异味：重点做好公共卫生间、厨房、下水道、垃圾桶、库房等处的清洁卫生；②增加香味：空气清新、流通，略带香味，可以适当喷洒空气清新剂，多种一些绿植	①员工上岗前做好个人清洁卫生，不能有浓重的体味；②尽量不吃有刺激味的食物，若吃过要漱口
体触适	①空间：宽敞，便于顾客站、坐、行；餐桌、座位摆设适宜，如过密、拥挤会使人感到不舒服；②温湿度：室温适当，符合人体的要求；③接触面：客人使用的家具所接触皮肤的面积要多	员工为客服务时要掌握正确的人际距离，既有亲切感，又不侵犯客人的隐私

5）便捷合理。环境布置要保证实用性与功能性的和谐统一。人—物关系：在处理人与物之间的关系上，要以人的需求为主，如餐桌之间的距离要适当，桌、椅的间距要合理，以方便客人进餐、敬酒和员工穿行服务。人—人关系：在处理人与人之间的关系上，应扬主抑次，如席位、台型布置要突出主位与主桌，其他餐桌摆放要对称、均衡，如一厅之中有多场宴会，要让每一家相对独立，以屏风或活动门相隔，避免相互干扰或增添麻烦。绝对不能在同一包房里安排两个不同单位（或客人）共同设宴。

6）协调统一。整体空间设计与布局规划要做到统筹兼顾，合理安排，和谐、均匀、对称。酒店的形象设计，如名称、标识、标语、文字、标准色、广告文案等必须规范统一，宴会厅内部的空间布局、装潢风格与外观造型、门面设计、橱窗布置、招牌设计要内外呼应，浑然一体。内部各部分之间要格调统一，从天花板、墙面、地毯、灯具到壁画、挂件等艺术品的陈设要与经营特色协调一致。

7）艺术雅致。从环境布置、色彩搭配、灯光配置、饰品摆设等方面营造出一种浑然天成、优雅别致的用餐环境，体现宴会文化的主题和内涵。

8）经济可靠。用较少的投资获取最大的收益，设备、设施要及时保养，降低损耗；最大限度地用自然采光或采用高效节能照明设备；与酒店大堂共享喷泉流水等室内景观，以充分利用宴会厅营业空间；充分利用餐厅面积，各种设计布置既要能为顾客提供舒适的环境，又不应占据太多营业空间，以免影响到接待能力和营业收入等。

三、主题宴会场景设计

宴会场景设计也称为宴会布展。在进行宴会布展时，首先必须根据宴会厅现有的条件状况来进行设计，并写出宴会环境设计说明书。在宴会厅中，天花板、窗户、门、墙壁、灯具、家具、宴会厅的柱子等的形状、装饰、颜色和款式是不能轻易改变的，通过这些部位可以看出宴会厅的装饰风格，可以通过改变灯光、色彩、装饰物、音乐等要素来营造宴会的环境，烘托宴会的气氛；还可以通过变换挂画、壁画、挂件、窗帘、背景墙、帷幕、餐桌椅、台布、椅套、地毯、屏风、边台、讲台、花台、装饰花、摆件、大型绿色植物、指示牌等物品色彩、款式来营造宴会的气氛，烘托主题等。

1. 空间功能设计

宴会厅的空间大小都是有上限的，即最大容纳量，将有限的宴会厅空间合理地分为舞台、桌次、过道、装饰摆件等若干区域，在完成空间最大化利用的同时，使各个区域相互协调共存，以满足宴饮的实用功能。一般酒店内宴会厅的空间大小都具有一定的灵活性，平时多采用屏风、假体墙面等将宴会厅分割为若干个小型包间，在举办大型宴会时可将这些隔断撤离，这种设置方便为不同人群或不同主题的宴会进行服务，在设计时应合理利用。

2. 装潢装饰设计

酒店及酒店内宴会厅的整体装潢设计除在酒店建设之初进行整体设计规划外，一般很少改变。一是因为装潢改造工程量大，需要耗费资金；二是装修需要一定的时间进行，装修之后遗留的气味还可能会影响酒店的营业效果。对宴会场景设计多采用装饰物（如红毯、鲜花、气球等）来营造主题氛围，弥补整体装潢的不足。

3. 物理环境与心理环境设计

可通过调节宴会厅室内的灯光、色彩、空气质量等营造人们在宴会厅里的舒适感、愉悦感等物理与心理方面的感受。

（1）灯光

不同光线会产生不同的氛围效果，不同的宴会厅场景需要不同的光线，除满足照明需求外，还可以突出其优雅、幽静、明亮、豪华等不同的特色，使各式宴会厅更具有吸引力。应根据宴会的主题和宴会议程的不同阶段变换灯光的明暗、色彩及光线的分布，创造适合不同场景的各种光线组合，以增强舞台和演出的效果，从而营造不同的宴会气氛。

（2）色彩

色彩是营造主题宴会气氛的重要因素，我们将宴会厅的色彩装饰分为主与辅两部分。宴会厅主色调由厅房、布草、家具与餐具等因素综合构成。主色调应以暖色为主，避免使用墨绿色、暗紫色、灰色及黑色，色泽种类控制在两种以内，多了给人以凌乱的感觉；辅助色应是主色调同一色系的深浅变化，或在色谱中相包的颜色。

主辅色调的搭配要与餐厅的主题相吻合，如海味餐厅用冷色的绿、蓝和白，能巧妙地表现航海的主题。若要想延长顾客的就餐时间，就应该使用柔和的色调、宽敞的空间布局、舒适的桌椅、浪漫的光线和温柔的音乐来渲染气氛。另外，在进行色彩选配的同时，还要注意酒店餐厅所处的位置，如在纬度较高的地带，餐厅应该使用暖色，如红、橙、黄等，给顾客一种温暖的感觉；而在纬度较低的地带，使用绿、蓝等冷色的效果最佳。家具的形状与色调不宜与宴会厅基色太接近，不然颜色会“同化”，颜色对比也不能太突出。餐具以选用中间色调为宜，加上白色台布，显得明亮，并能衬托出桌面上的菜点的色泽。宴会厅内的装饰物，如盆景、艺术画、窗帘、花卉等饰品，色彩也不可太刺眼。

（3）室内空气质量

温度、湿度、气味是宴会环境气氛中的组成部分，直接影响宾客的舒适度和心情。一般来说，宴会厅适宜的温度为21℃～24℃，相对湿度为40％～60％。宴会厅的气味要清新，保持室内通风良好，开宴前要开窗换气和通风，可适当喷洒些空气清新剂。

4. 陈设艺术设计

宴会厅内的装饰陈设是宴会氛围营造的主要部分。在宴会布置中，可通过变换挂画、壁画、挂件、窗帘、背景墙、帷幕、餐桌椅、台布、椅套、地毯、屏风、边台、讲台、花台、餐台台面上的装饰花、摆件、大型绿色植物、指示牌等物品的色彩款式来营造宴会的气氛，达到烘托主题、点缀主题的作用。

1）挂画、壁画。挂画、壁画是宴会厅墙面装饰布置的重要部分，能为宴会厅环境增添几分雅兴。宴会厅里的挂画品种多种多样，有国画、油画、水彩画、装饰画、剪纸画、字画等。有的表现山水花鸟，有的表现人物肖像，还有的表现抽象的图案。围绕宴会主题选择字画，会给客人带来无限的联想。

2）挂件、摆件。用古董、陶瓷挂盘、民间手工艺品、挂毯、盆景、假山石、刺绣、木雕画、花瓶等来装饰墙面，或将一些小的水晶工艺品摆在工艺品架上，能够增强宴会厅的美感。

3）窗帘。窗帘的颜色和质地应与宴会主题相匹配。窗帘挂吊褶子的疏密要适中，自然悬垂，无脱钩。如果是落地窗，窗帘悬垂离地面约5cm。窗帘一般分内外两层，内层一般较厚，外层一般较薄。可用蝴蝶结、彩带在窗帘上进行装饰，有时用窗花来装饰窗户。

4）背景墙、帷幕。背景墙装饰是宴会装饰最为重要的一部分，在背景墙上一般都有宴会主题字或表示宴会主题的图案、徽章、标语、横幅等，并在周围使用鲜花或彩色气球来装饰。背景墙的上方和两侧可设帷幕，也可使用电视幕墙、幻灯背景、大型屏风背景、大型绿色植物背景、大型造型背景、可变灯光背景来进行宴会背景墙的装饰。

5）餐桌椅、台布椅套。中式宴会餐桌一般使用圆桌，餐椅为原木制的靠背椅。台布一般用单一色或花式，白色调可在任何情况下使用，选用其他色调时要与宴会全场的色彩保持协调。为了突出主桌或主宾席区，主桌可用其他颜色台布，并围上台裙，台裙悬垂离地面2cm。西式宴会一般采用长方桌，桌布由几块桌布拼成，要骨缝对齐，椅套应与台布颜色相协调。用彩带在椅背后面打上蝴蝶结来装饰餐椅，以营造不同风格的气氛。

6）地毯。在宴会厅中，通常使用暖色调地毯，质地以纯毛与锦纶混纺为好，有的也用带有花色或图案的地毯。为了突出主通道，在主通道位置一般使用颜色比较醒目的地毯，主通道两边放置中型绿色植物，也称为路引花，以显示宴会区域的划分。

7）屏风。使用屏风，可以将宴会厅的不同区域隔开，使不同区域的活动互不干扰，有时运用雕刻屏风还能起到扩大宴会厅空间的作用。

8）边台、接待台、讲台、花台。边台也称服务台，一般设置在墙边，用来存放为宴会服务准备的一些备用餐具用具，一般是由长90cm、宽45cm的长方桌拼成的。边台上的物品摆放应整齐有序，边台的台布也应与餐桌的台布颜色保持协调。接待台一般设置在客人入口处右手边，用来放置签名册或发放礼品。接待桌一般铺台布围桌裙，桌上摆放装饰花、签名簿等。讲台一般设置在主席台的右侧或中央，讲台上面放置装饰花和台式麦克风，供点缀环境和宾主讲话用。花台是用鲜花、雕塑、果品、茶点堆砌而成的、具有一定艺术造型的、供客人观赏的台面。虽然它缺少食台的实用性，但在高档宴会中必不可少。

9）绿色植物。餐台面上的装饰花一般都插在花瓶里，选择的花要适合宾客的审美爱好，整体造型美观大方，不能有枯枝败叶。装饰花的高度以不遮挡对面座的宾客的脸为宜，宴会厅中的大型绿色植物一般是盆栽，通常摆放在宴会厅门两侧、厅室入口处、楼梯进出口、厅内的边角或中间，在摆放的过程中应注意植物的高低对称。绿色植物、花草可以营造回归自然、郁郁葱葱、生机盎然的气氛。一般结合宾客的审美爱好选用竹子、绿萝、铁树、芭蕉树、橡树、棕榈树等。

10）指示牌。各式各样的指示牌既能为客人指引方向又能营造宴会的气氛。通常情况下，指示牌应做两个，一个摆放在酒店进大门的前厅位置，另一个摆放在宴会厅的正门旁。

5. 娱乐艺术设计

宴会厅内的娱乐设计主要分为两部分，一是宴会音乐，包括背景音乐和席间音乐；二是娱乐节目。

（1）音乐

音乐能给人以美的享受，在宴会厅中播放适宜的旋律，能让宴会厅的环境变得柔和亲切，使客人心情安定轻松或欢快热烈；也可以使服务员精力充沛，使其能心情舒畅地投入到宴会的紧张工作中，提高工作效率。

1）背景音乐。背景音乐是贯穿宴会始终的乐曲，包括西洋乐曲和中国乐曲，风格各不相同。选择适合宴会主题的背景音乐可以烘托宴会气氛，营造欢快热烈或幽静安逸的氛围。背景音乐的声音一般不超过40分贝。在选择背景音乐时，需考虑宴会主题、宾客欣赏水平、宴会的环境等因素。

2）席间音乐。在宴会期间，如在主宾讲话、歌舞表演、进行抽奖活动时，利用简短的席间音乐可以掀起宴会的一个又一个高潮，把宴会的气氛推向高峰。对席间音乐的要求是演奏既有时间限制又能表现活动的内容。席间音乐播放和演奏需注意先后顺序的安排。

（2）娱乐节目

在宴会开始或进行过程中，安排适当的娱乐节目可以增加宴会的趣味性和可回味性，加深宾客对酒店的印象，使宴会更加难忘，如主题宴会——诈马宴中的蒙古舞等。

第四节　宴席的餐台设计

一、宴会台型设计

主题宴会台型包括会议和宴席两种台型。会议台型主要有课桌式、U形、回形、鱼骨式、圆桌式、剧院式、会见式等，宴会厅台型主要有中式普通宴会、中式VIP分餐宴会、西式坐式自助餐、西式VIP分餐宴会、西式站式自助餐、酒会、茶歇等。

宴会台型布局是根据宴会主题、接待规格、赴宴人数、习惯禁忌和宴会厅的结构、形状、空间、光线、设备等情况综合布局的。

（一）宴会台型布局原则

1）中心第一，突出主桌或主宾席。主桌是供宴会主宾、主人或其他重要客人就餐的餐桌，通常称为一号台，在台型图上标出“主”字，是宴请活动的中心部分，一般主台只设置一个。

2）以右为尊，先右后左。按国际惯例，以右为上，两桌台席，主台靠右；两桌以上，主台居中，副桌排列以主台右手边为上。

3）近高远低。离主桌近的席位高于离主桌远的席位。

4）方便合理。台型排列布局合理美观，整齐划一，间隔适当，左右对称。所有的桌脚、椅脚、桌布、花瓶、席号都要成一条线，横竖成行，呈几何图形美。餐桌间距方便穿行与服务，主、副通道方便客人进出和员工操作，大型宴会设VIP通道。

（二）中式宴会台型设计

1. 中式正餐宴会台型设计

中式正餐宴会台型设计首先要明确桌数，确定主桌。根据用餐人数和宾客需求，确定餐桌数量和台面形状。单桌宴席自身即为主桌，两桌及以上宴席要根据宴会厅的环境结合台型布局原则确定主副桌的位置。一般中餐宴会多用圆形台面或环形台面，而主桌台面应比其他餐桌的台面大。

（1）摆放形状

宴会台型摆放根据宴会桌数进行设计，不同桌数的台型设计有所差异，具体摆放形状如下所述。

1）桌数为1桌时，餐桌应置于宴会厅房的中央位置，屋顶顶灯要对准餐桌中心。桌数为2桌时，餐桌应根据厅房形状和门的方位来定，摆成横“一”字形或竖“1”字形，主桌在厅房的正面上位，如图3-1所示。

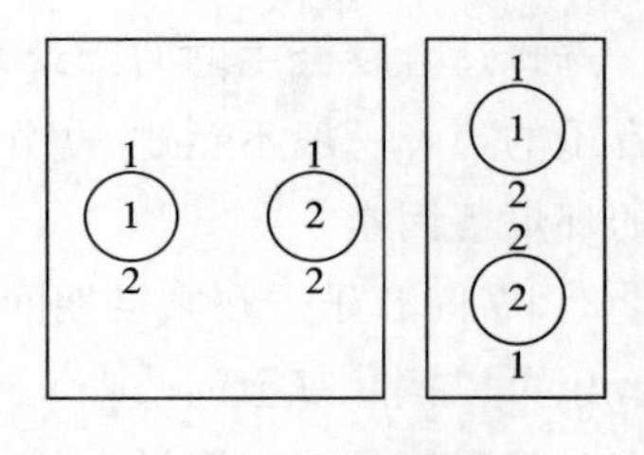

图3-1　2桌宴会台型

2）桌数为3桌时，正方形厅房可摆成“品”字形，长方形厅房可摆成“一”字形，主桌面对门，背靠背景墙。其他桌的排列，要先排主桌右边再接左边，如图3-2所示。

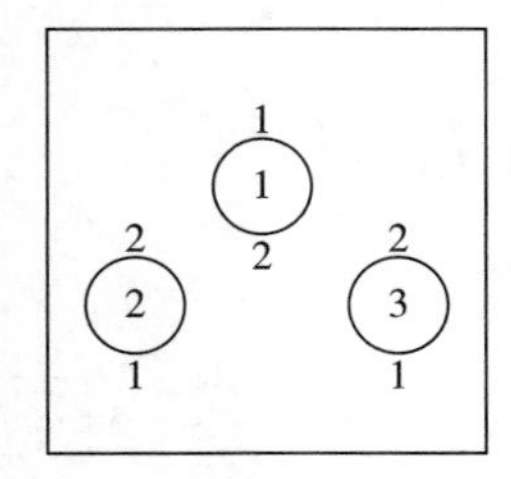

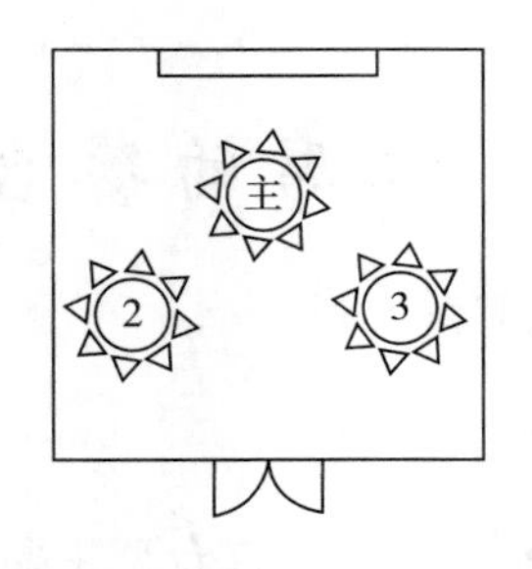

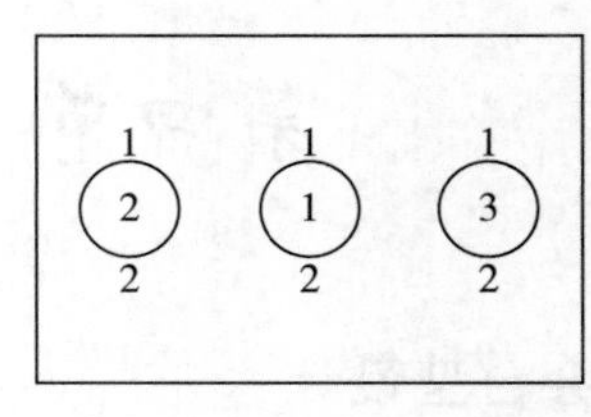

图3-2　3桌宴会台型

3）桌数为 4 桌时，正方形厅房可摆成正方形，长方形厅房可摆成菱形，背靠主题墙面且面对大门的一桌为主桌，如图 3－3 所示。

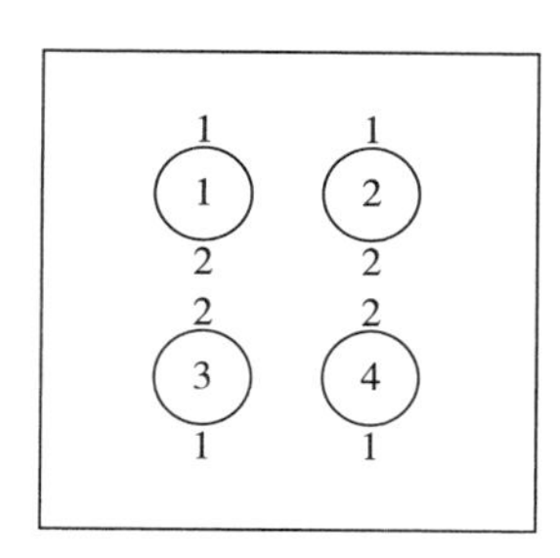

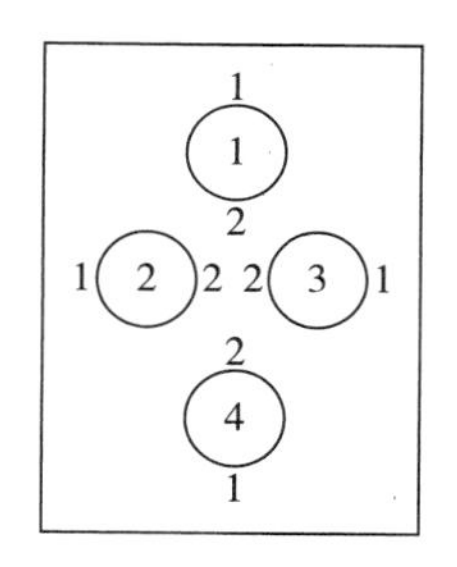

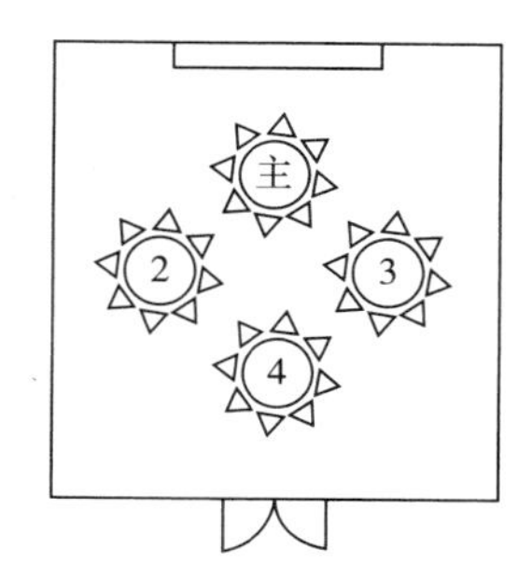

图 3－3　4 桌宴会台型

4）桌数为 5 桌时，正方形厅房可摆成“器”字形，厅中心摆主桌，四角方向各摆一桌，也可摆成梅花瓣形；长方形厅房可将主桌摆放于厅房正上方，其余 4 桌摆成正方形，如图 3－4 所示。

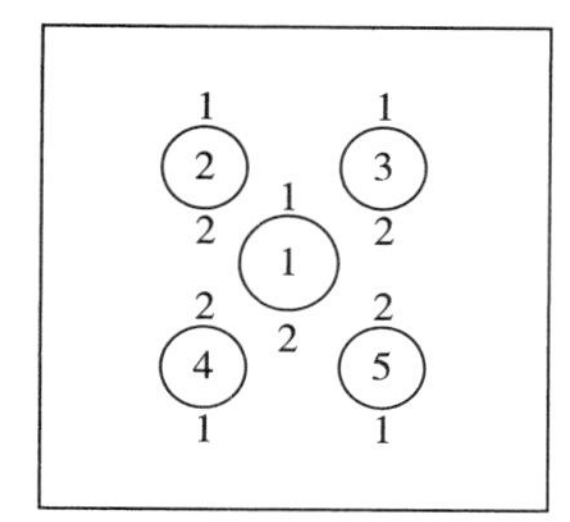

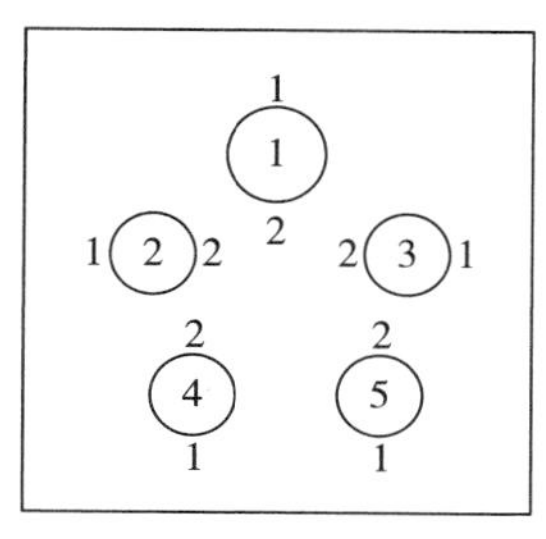

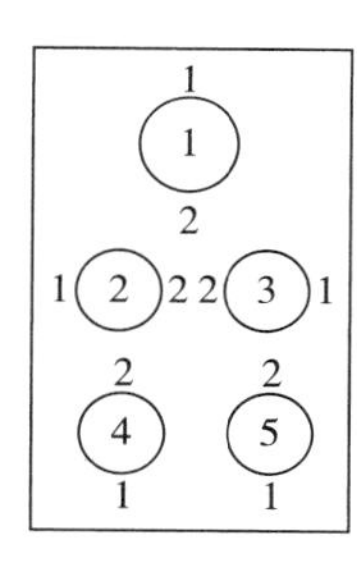

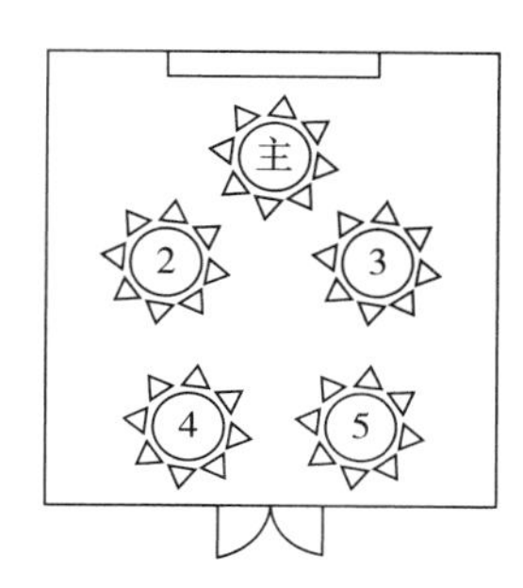

图 3－4　5 桌宴会台型

5）桌数为 6 桌时，正方形厅房可摆成梅花瓣形，或金字形。长方形厅房可摆成菱形、长方形或三角形，如图 3－5 所示。

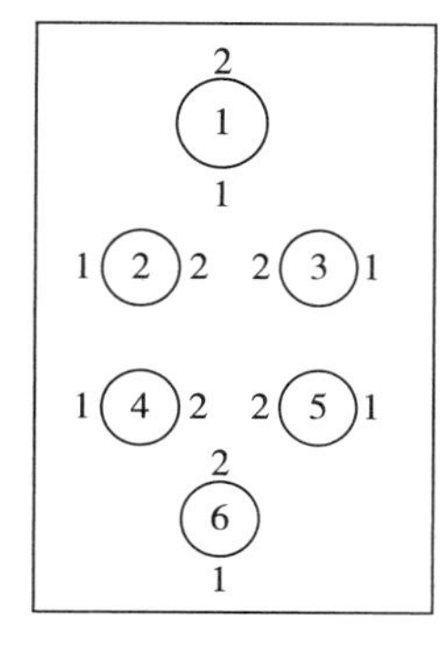

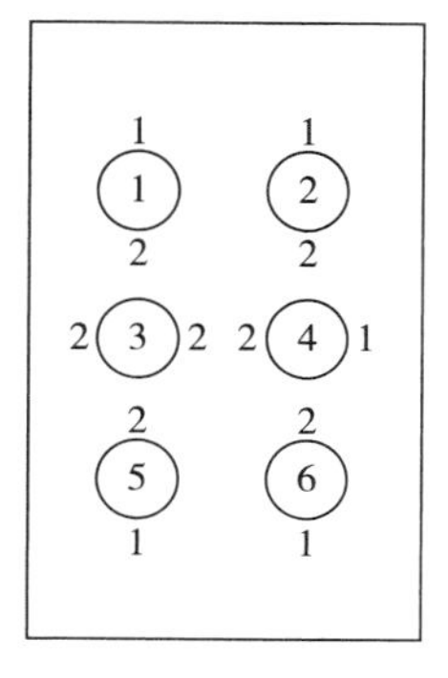

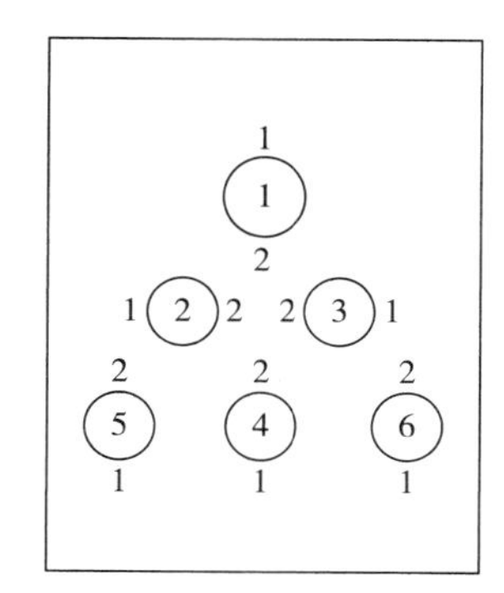

图 3－5　6 桌宴会台型

6）桌数为 7 桌时，正方形厅房可摆成 6 瓣花形，中心为主桌，周围摆 6 桌；长方形厅房可摆成主桌在正上方，其余 6 桌在下，呈竖长方形；如图 3－6 所示。

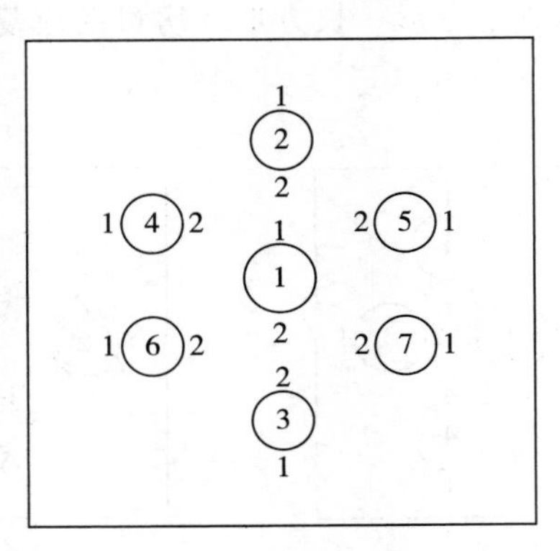

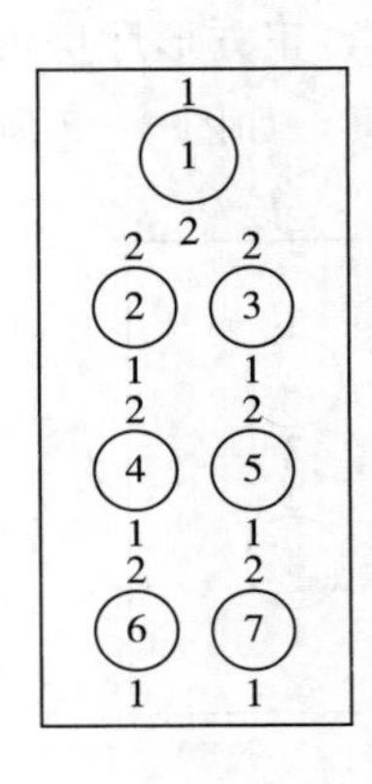

图 3-6　7 桌宴会台型

7）桌数为 8～10 桌时，主桌在厅堂正面上位或居中，其余各桌按顺序排列，或横或竖，或双排或 3 排，如图 3-7～图 3-9 所示。

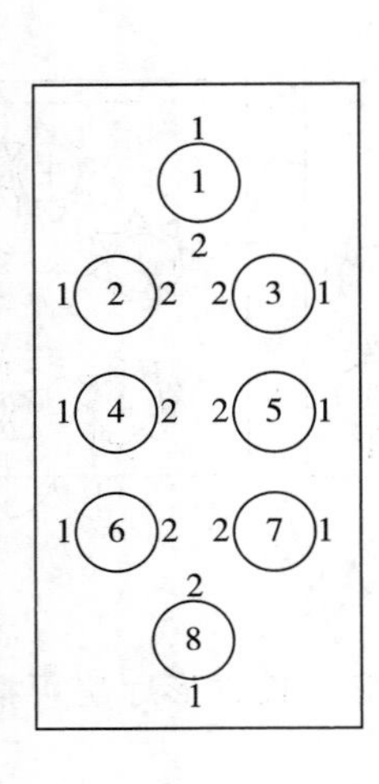

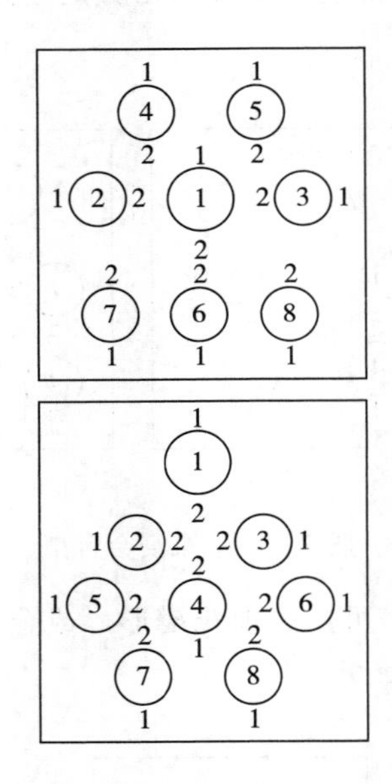

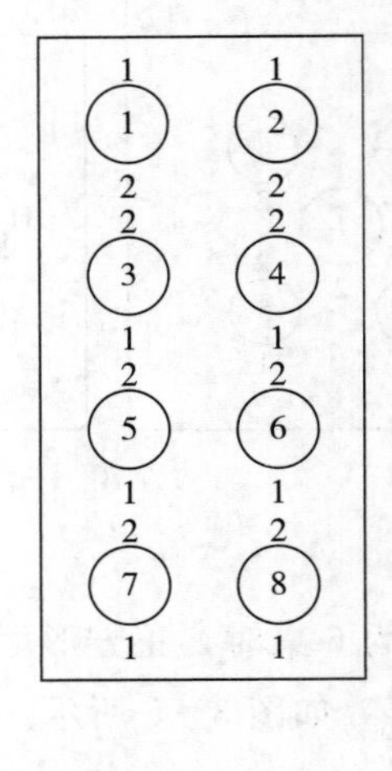

图 3-7　8 桌宴会台型

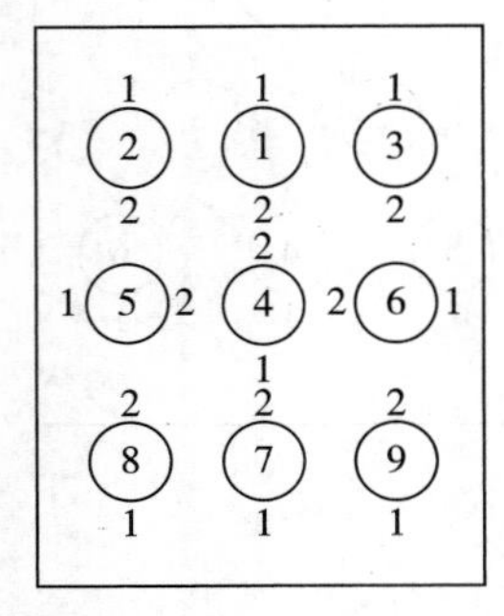

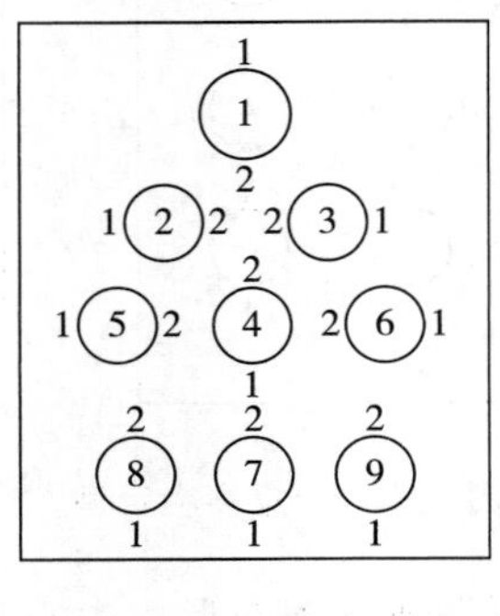

图 3-8　9 桌宴会台型

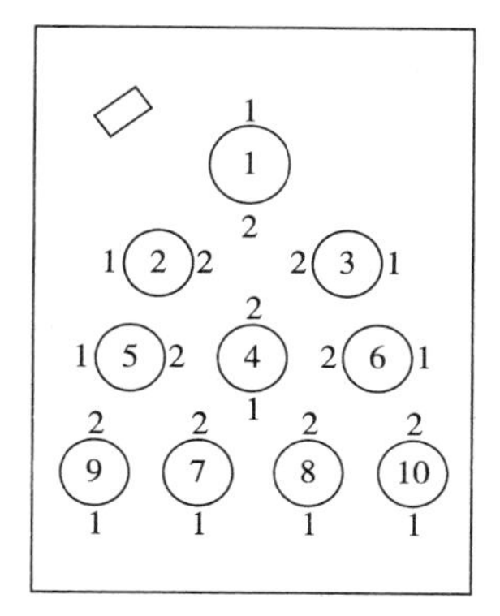
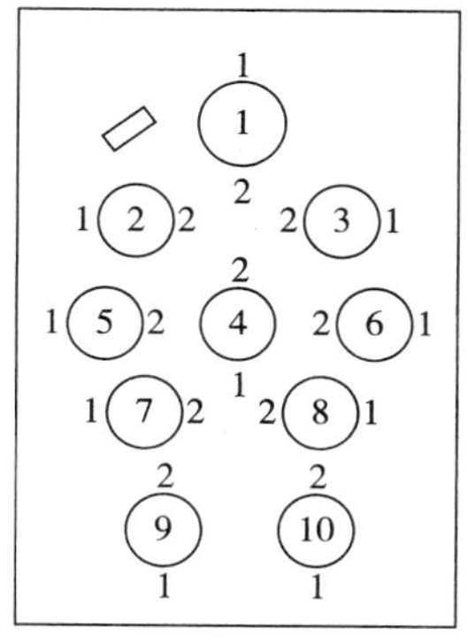
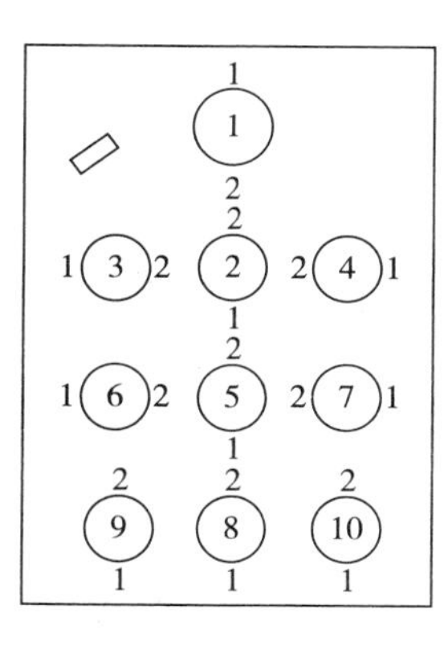

图 3－9　10 桌宴会台型

8）中型宴会台型摆放需要设计主桌区域，由 3 桌组成，1 个主宾桌、2 个副主宾桌，如图 3－10 所示。其余台型参考 8～10 桌宴会台型设计。如宴会厅很大，也可摆设成别具一格的台型，可设置背景墙，装饰看台。在主桌的后侧面设讲话台和话筒。根据宴会厅面积，可将餐桌摆放成各种形状。如桌数为 12 桌时，可按如图 3－11 所示的摆放形式摆放，主宾席区为两桌，包括 1 个主桌 1 个副桌；若贵宾多，可设置 1 个主桌、2 个副桌。

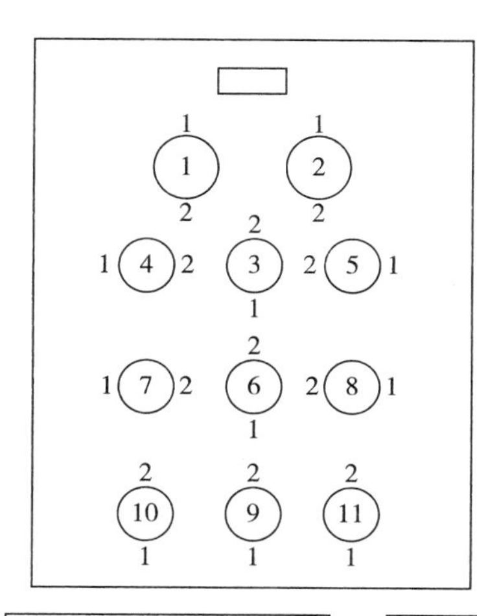
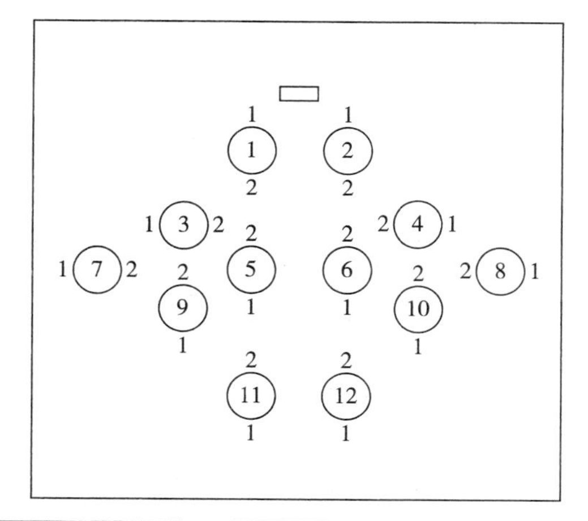
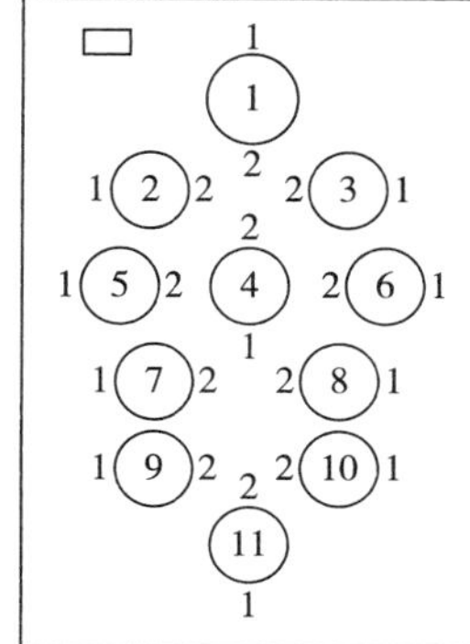
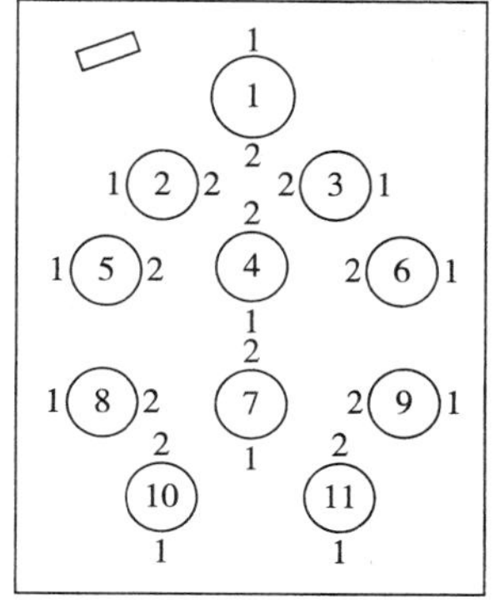
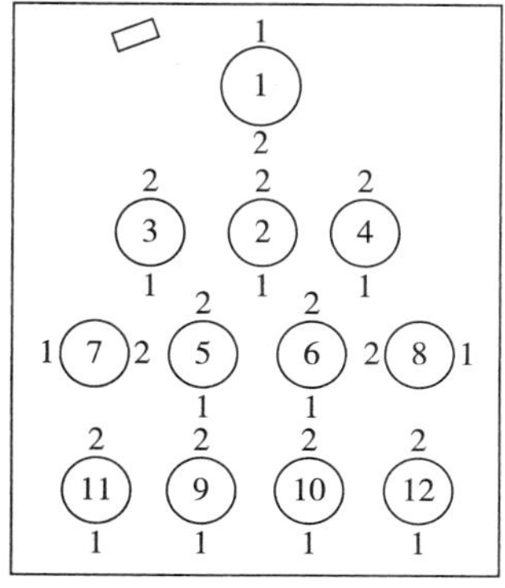

图 3－10　中型宴会台型

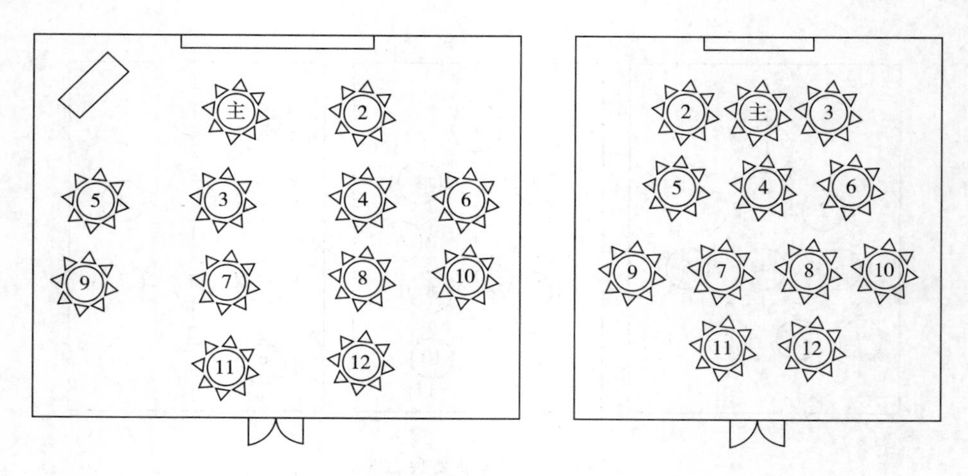

图 3-11　12 桌宴会台型

9）大型宴会餐桌一般都呈“主”字形摆放。主桌（主宾席区）可参照“主”字形排列，其他桌则根据宴会厅的具体情况排列成方格形即可，也可根据舞台位置设定主桌的摆设位置。主宾席区一般设 1 个主桌、2 个副桌，或 1 个主桌两边各有 2 个副桌。其他来宾桌可分为来宾一区、来宾二区、来宾三区。主宾区与来宾席区之间应留有一条通道，宽度为 2m 以上，在舞台的右侧设立讲台，如有乐队可安排在舞台两侧或主宾席区对面的宴会区外围。大型宴会 35 桌台型如图 3-12 所示。

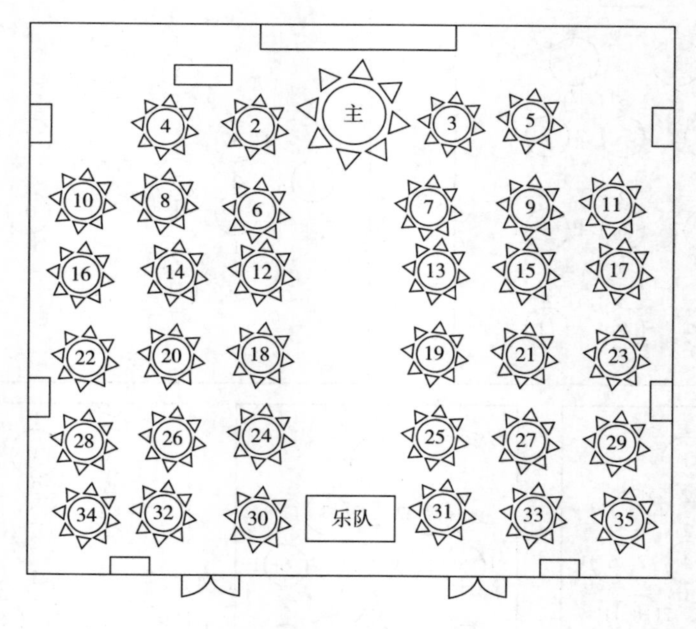

图 3-12　35 桌宴会台型

（2）编制台号

完成台形摆放设计后，要编排台号。宴会主桌为 1 桌（不标“1”而标“主桌”），将主桌右侧的中间餐桌标示为“2 号”，将主桌左边的中间餐桌标示为“3 号”。然后将 2 号桌的右边餐桌标示为“4 号”，将 3 号桌左边餐桌标示为“5 号”，以此类推。如宴会设主桌 1 桌，副桌

1 桌，主桌应安排在舞台前至少距舞台 2m 以上的右边中间位置，主桌左边为副桌。来宾桌仍然按照先排主桌右手位距主桌最近的右边中间位置，然后排副桌左边距副桌最近的左边中间位置的顺序，依次排号。如果主桌为 1 桌，副桌为 2 桌，主桌在中间，其右边的副桌为 2 号桌，左边的副桌为 3 号桌，遵循“以右为尊、中心第一”的原则排来宾餐桌的台号。

台号的设置必须符合宾客的风俗习惯和生活禁忌，如有欧美宾客参加的宴会避免使用台号“13”；台号牌一般高 40cm，一般用镀金、镀银、不锈钢等材料制成，放于显眼处。

（3）绘制宴会台型平面图

根据宴会台型摆放，画出台型平面图，要求标识明确，排列合理，方便宴会主人安排客人座位。宴会管理者划分员工工作区域以便协助客人查找餐桌号码。台型图内容主要有宴会厅主席台、餐桌编排位置与台号，服务台、装饰台、乐队表演、植物摆放、宣传品展示的摆放位置，卫生间、出入口与安全通道以及当前所在地的位置等。内容较为简单的台型图可用文字标明，内容复杂的则另列清单说明。宴会前，将台型图放大，在客人入口的显眼处展示。

2. 中式自助餐主题宴会台型设计

在自助餐主题宴会中，通常在宴会厅中间位置摆放一个中心自助餐菜台和几个分散的食品陈列桌、现场制作菜台和临时吧台。菜台上分区摆菜，便于客人围绕菜台四周取菜。宴会厅场地的四周摆放客人的餐桌，菜台与餐桌之间应留出一定宽度的通道。在实际操作中，应根据宴会厅场地条件选择自助餐菜台的形状。常见的菜台台面形状有长方形、圆形、椭圆形、半圆形和梯形。自助餐菜台的中央一般布置一个较大的花篮，用雕塑、烛台、鲜花、水果、冰雕等饰物点缀。自助餐菜台上铺台布，在四周围上台裙，会显得更加华丽、整洁，也更受客人的欢迎。中式自助餐主题宴会台型摆放的要点主要有以下 3 点。

1）餐台摆放位置显著。在宴会厅中，自助餐菜台要布置在显眼的地方，使客人进入宴会厅后第一眼就能看到。

2）避免有色灯光直射。可以用聚光灯照射台面，但要切记勿用彩色灯光，以免使菜肴颜色改变。

3）方便合理，避免拥堵。在设计自助餐菜台和客人餐桌的摆放位置时，应以方便客人取菜为出发点，确定菜台的大小时要考虑客人人数和菜肴品种的多少，也要考虑客人取菜时的人流走向，避免客人取菜时出现拥挤和堵塞的现象。

自助餐宴会台型设计完毕后要画出台型平面图。

（三）西式宴会台型设计

西式宴会以中小型为主，中小型宴会一般采用长台型，大型宴会采用自助餐形式。西式宴会餐桌为长条桌，多是由小方台拼接而成的。

1. 西式正式宴会台型设计

西式宴会的台型设计流程与中式的相一致，但因饮食习惯和餐桌形状不同，其台型设计与中式略有差异，但同样遵循台型布局原则。西式正式宴会台型大致分为以下 6 种。

1）“一”字形。设在宴会厅的中央，与四周距离大致相等。餐台两端留有充分余地，一般应大于 2 米，便于服务操作，长桌两端可分为弧形与方形。方形长桌，如图 3 - 13 所示，适用于欧式古典大型宴会厅或大型宴会的主桌，主人与主宾坐在长桌的中间；弧形长桌，如图 3-14 所示，适用于豪华型单桌的西式宴会，为体现尊贵、与众不同，正、副主人坐在长桌两端弧形处，其他客人坐在长桌两边。

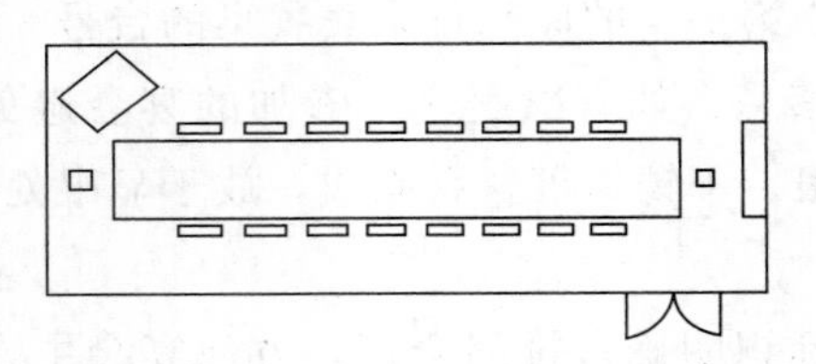

图 3-13 “一”字形两头方形台型

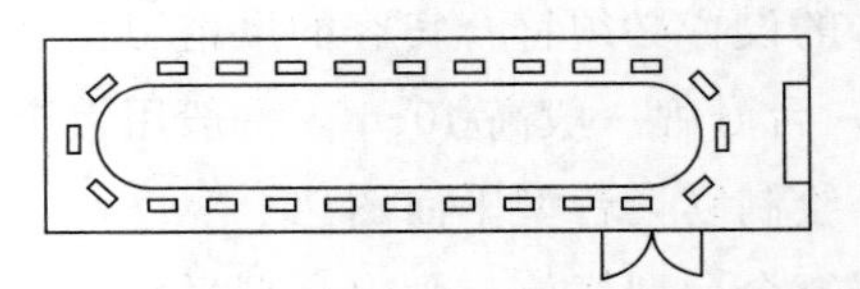

图 3-14 “一”字形两头圆弧形台型

2）“U”形。当来宾超过 36 位时，宜采用“U”形台型，中央部位可布置花草、冰雕等饰物。横向长度比竖向尺度短一些，桌形凸处有圆弧形与正方形两种形式，圆弧形摆放 5 个餐位，正方形摆放 3 或 5 个餐位。U 形桌出口是法式服务的现场表演处，便于主客的观看，如图 3-15、3-16 所示。

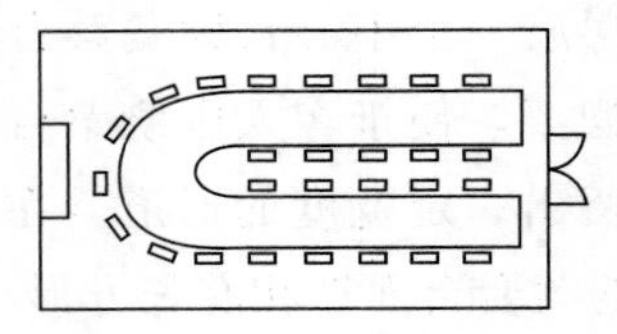

图 3-15 “U”形圆头台型

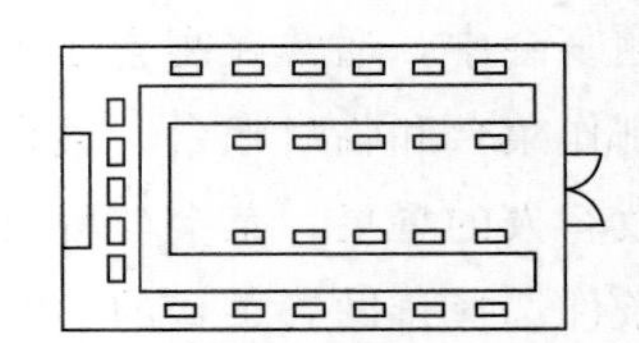

图 3-16 “U”形方头台型

3）“T”形或“M”形台型。适用于人数较多的单桌，如图 3-17、3-18 所示。

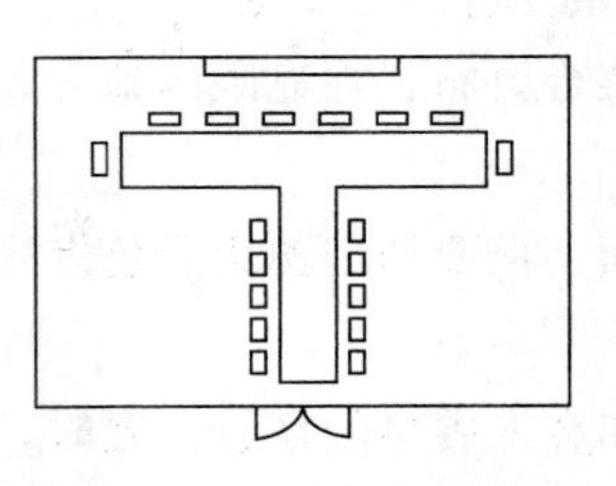

图 3-17 “T”字形台型

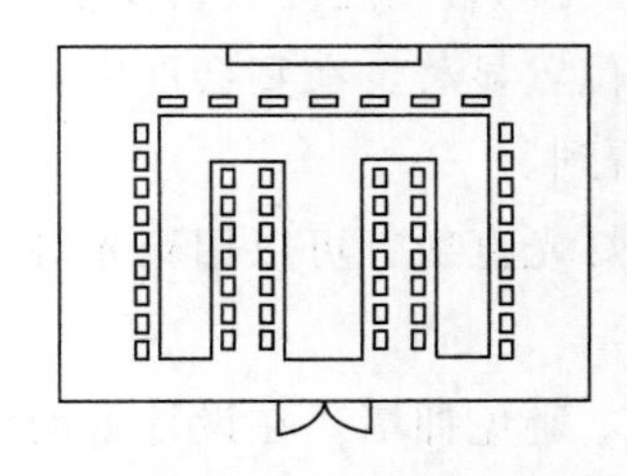

图 3-18 “M”形台型

4）“口”字形或“回”字形台型，如图 3-19、3-20 所示。

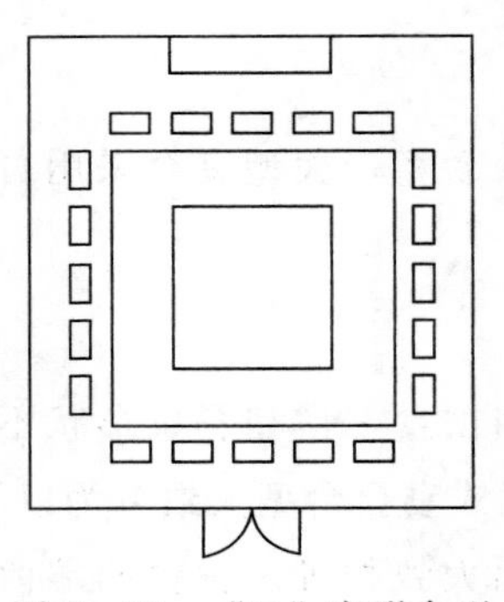

图 3-19 “口”字形台型

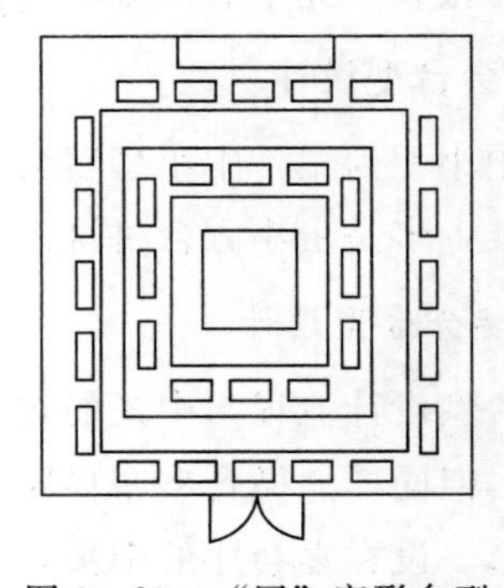

图 3-20 “回”字形台型

5）鱼骨刺形或梅花形台型，如图 3-21、3-22 所示。

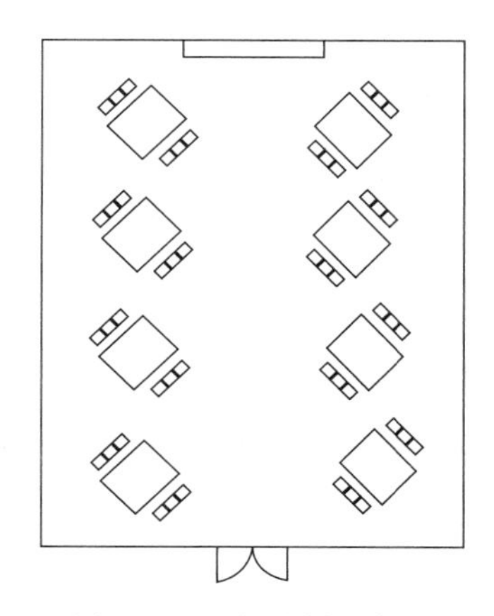

图 3-21　鱼骨刺形台型

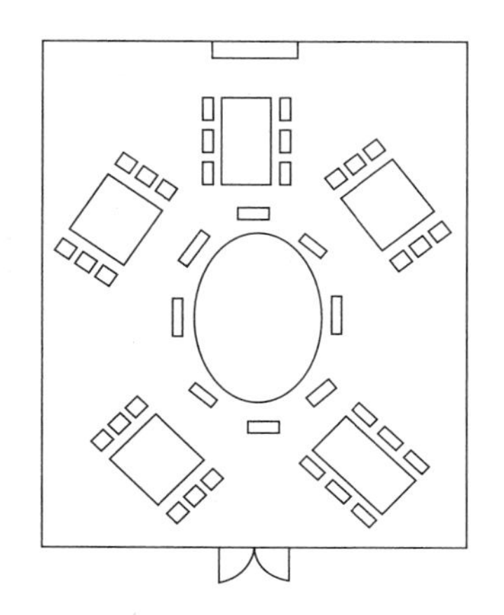

图 3-22　梅花形台型

6）课桌式台型或鸡尾酒会课桌式台型。可方便主桌贵宾观看舞台上的节目，如图 3-23 所示。

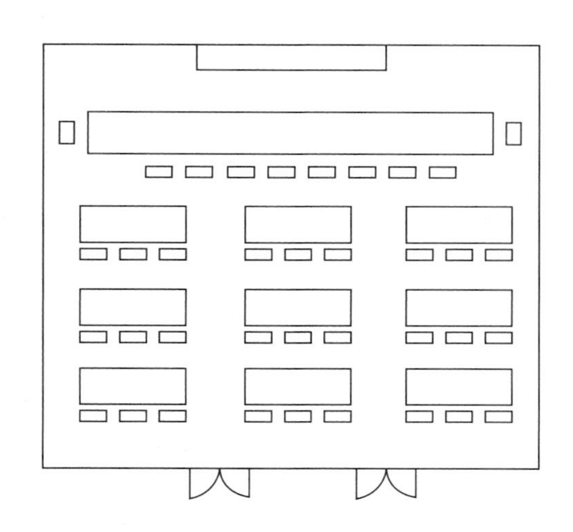

图 3-23　课桌式台型

西式宴会台号的标注与中式宴会相似。主桌标“1”号，以主位面朝全场的方向为基准，按“右高左低，近高远低”的原则确定其他桌的台号。

近年来，许多西餐宴会也使用圆桌设计台型。应根据宴会规模、宴会厅形状及宴会举办者的要求灵活设计。

2. 西式冷餐酒会台型设计

1）布局要点：保证有足够的空间布置餐台，餐台数量需充分考虑客人取菜速度，以免让客人等候时间过长。一般 80～120 人设一组菜台，来宾人数达 500 人以上时，可每 150 人设一组菜台。餐台面积应根据装菜盘的大小与数量、餐桌布置装饰物的大小与多少来确定。若服务时间长，为了避免拥挤，现场操作的菜品（如烤牛排等较受客人欢迎的菜点）应该设置独立的供应摊位。为了突出主题，可在厅房的主要部位布置装饰台，一般为点心水果台。西式冷餐酒会分为设座与不设座两种形式，台型设计形式各不相同。人流的交汇处应在取菜口上，而不能是取菜处的尾部，以免因客人手持盛满菜肴的菜碟穿过人群时发生安全事故。客人取菜路线应与加菜厨师的线路分开。

2）菜台形式：冷餐会菜台拼搭的各类桌子尺寸必须规范，桌形的变化要服从实际需要。餐台分布匀称，餐桌可组合成各种图案进行摆放。

U 形长条类主菜台（如图 3-24）。中间的空隙可以站服务员，为客人提供分菜服务，提高客人的流速。

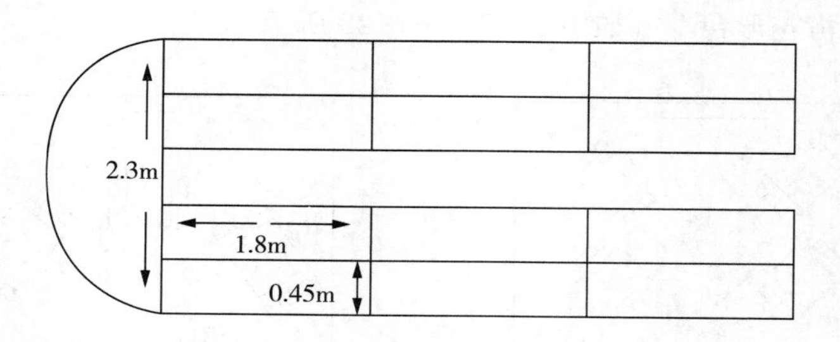

图 3－24　U 形长条类主菜台

步步高形长条类主菜台（如图 3－25）。在相同的占地面积下拉长了桌子的周长，方便更多客人同时取菜，从而减少了客人的等候时间。

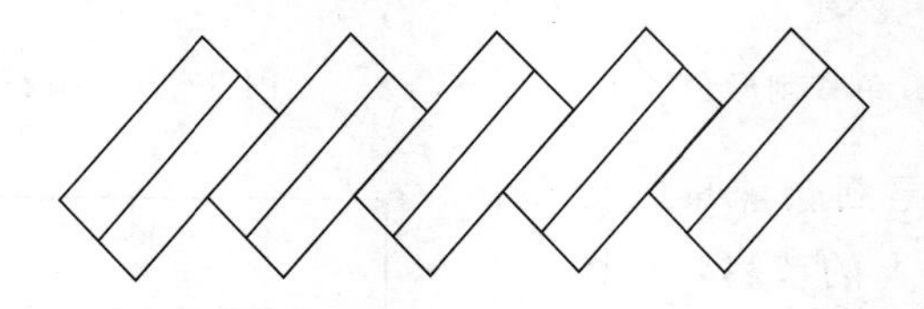

图 3－25　步步高形长条类主菜台

V 形长条类主菜台（如图 3－26）。从中间开始取菜的客人取菜后顺着台型分散开，可避免拥挤。

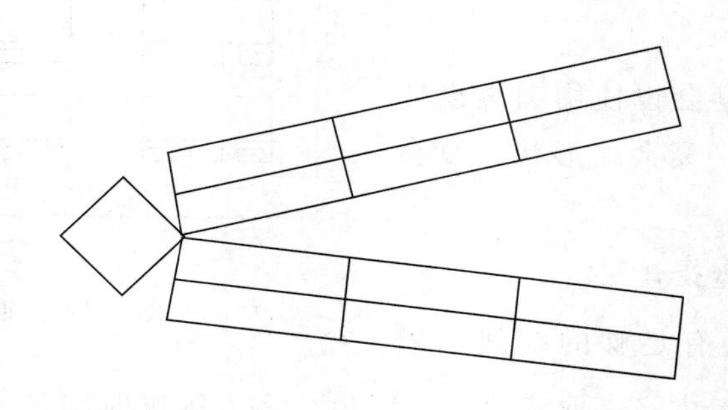

图 3－26　V 形长条类主菜台

还有其他各类菜台设计形式，可满足不同客人需求，在菜台中心摆放冰雕、绿色植物等，以更好地突出宴会主题。

3）台型布局：冷餐酒会台型分设置座位和不设置座位两种。

不设座冷餐会的台型设计：由于人数较多，一般无座式自助餐只在主桌设置座位。常见的设计形式有很多，如图 3－27 所示。

设座冷餐会的台型设计：①形式以小圆桌为主，每张桌边摆 6 把椅子，在厅内布置若干张菜台。②10 人桌，摆 10 把椅子，将菜点和餐具按西餐用餐的形式摆在餐桌上。③主桌可按出席人数，用 12～24 人大圆桌或长条桌进行布置。无论是何种台面，菜台摆放在宴会厅四周为佳，在人少厅大的情况下，菜台也可摆放在中间，并在一角设置酒吧台。常见的设座冷餐会的台型设计如图 3－28 所示。

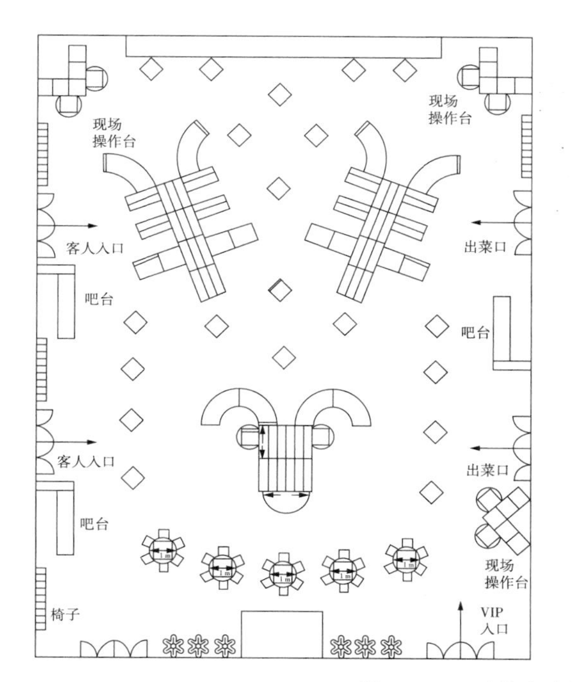

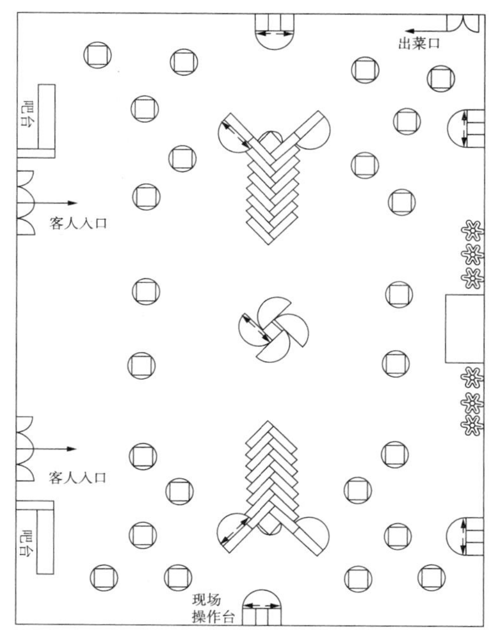

图 3－27　不设座冷餐会的台型设计

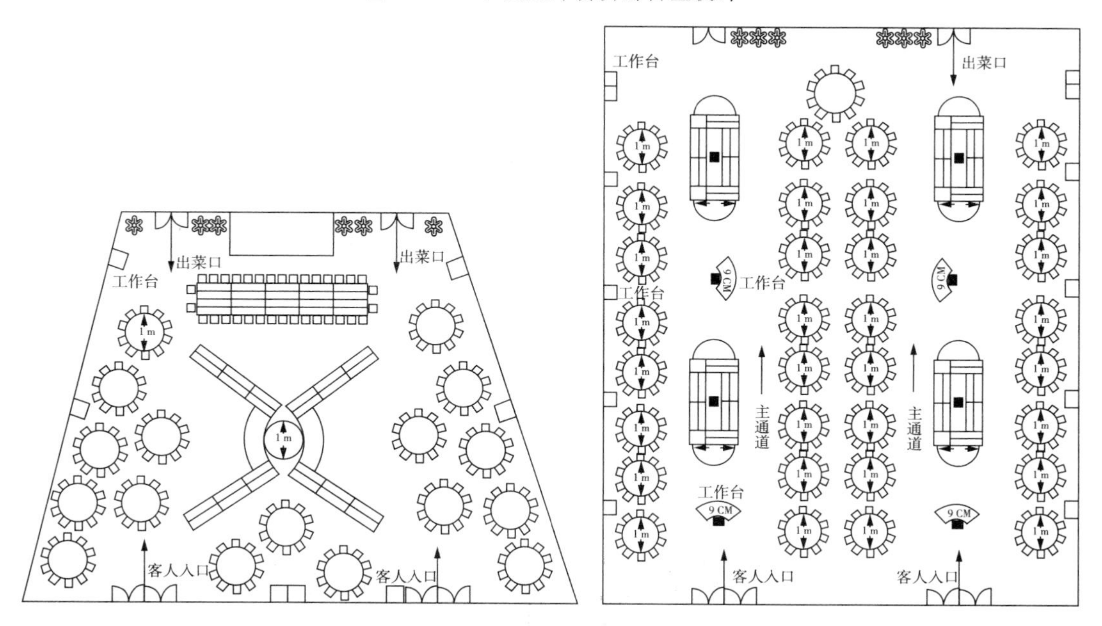

图 3－28　设座冷餐会的台型设计

3. 西式鸡尾酒会台型设计

鸡尾酒会可在不同时段举行，使用不同品种、数量的食品，选用各种不同饮料、酒水，参加酒会的人数不固定，地点随意，台型设计也无定式。

设计要点：在酒会中，餐台的摆设方式主要取决于酒吧台的位置，酒会通常采用活动式的酒吧台，摆设以尽量靠近入口处为原则，并且摆放一些辅助桌以放置酒杯。餐台的布置，不仅需配合宴会厅的大小，还应摆设在较显眼的地方，一般都摆设在距门口不远的地方，让客人一进会场就可清楚地看到。如果参加酒会的人数很多，应尽可能在会场最里面另设 1 个酒吧台，并引导部分客人进入该吧台区，以缓解入口处人潮拥挤的状况。在摆设餐台时，可用银架垫高，使鸡尾小点摆设呈现立体效果。

酒会会场除了放置餐台及酒吧台之外，还需摆设一些辅助用的小圆桌，供客人摆放餐盘、酒杯等。桌上可放置一些花生、薯片、腰果等食品，供客人取用。桌中间可摆一盆点燃的蜡烛花，以增添酒会的气氛。西式鸡尾酒会布局多样，可设计成图 3 - 29 所示的布局。

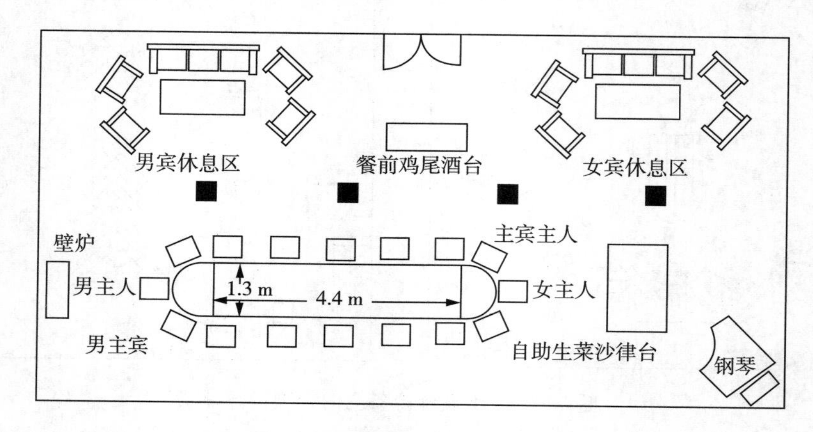

图 3 - 29　鸡尾酒会的台型设计

4. 西式自助餐主题宴会台型设计

在餐台的设计布置方面，通常需选定某一主题。如以节庆为主题（如以营造圣诞节欢乐气氛为出发点来布置），或取用主办单位的相关事物（例如产品、标识等）来设计装饰物品（如冰雕等），均可使宴会场地增色不少。自助餐菜台要布置在显眼的地方，使宾客进入餐厅就能看见。自助餐菜台一般铺台布并围上桌裙或装饰布使桌腿不显露出来。西式自助餐宴会的台型如图 3 - 30 所示。

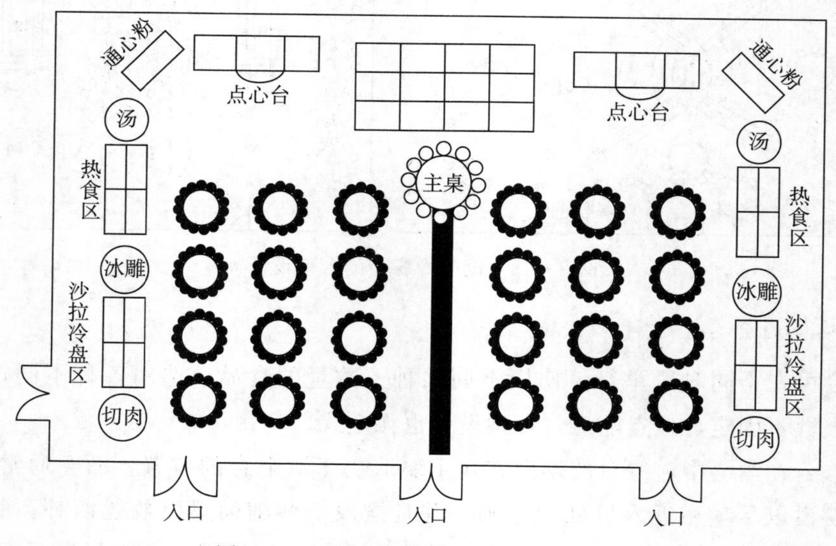

图 3 - 30　西式自助餐宴会的台型设计

菜品摆设合理。冷盘、沙拉、热食、点心、水果等分类摆放。如宴会场地够大，可再细分成沙拉冷盘区、热食区、切肉面包区、水果点心区等。

自助餐菜台须设在客人进门便能找到，方便厨房补菜且不阻碍通道的地方。

在来宾人数较多的大型宴会中，可以采用一个菜台两面同时取菜的方法。最好是每150～200位客人可共享一个两面取菜的菜台，这样可以节省排队取菜的时间，以免客人等太久。

设计自助餐菜台的大小要以宾客人数及菜肴品种的多少为出发点，并考虑宾客取菜的人流方向，避免拥挤和堵塞。

餐台的灯光须配合现场气氛，可用聚光灯照射台面，但切忌乱用灯光，以免改变菜品颜色，影响宾客食欲。

二、宴会席位设计

席位安排是宴会服务的一项重要工作，席位安排是否得当不仅关系礼节，而且也关系到服务质量。在预订宴会时，如果客人没有提出要宴会部服务员安排宾主席位的要求，可由主人自行安排，但应在签订宴会合同时，主动征询客人的意见，事先加以确定。如果需要服务员安排座次，服务员要事先了解首席主人、副主人、主宾、副主宾以及其他宾主的名单，并按照各桌的座次，及时制定各宾主席位的排列方案，然后送主办人过目，经主办人同意后填入席次卡，放在席位上。

1. 宴会席位排位原则

宴会席位的安排应遵循如下8项原则。

1）以中为尊。左右横向排列时，中央高于两侧，突出主位、主人和主宾区。

2）以右为尊。左右横向排列时，右高左低，主人边的右席位置高于左席位置。

3）以前为尊。前后纵向排列时，前高后低，前排位置高于后排位置。

4）以上为尊。空间上下排列时，上高下低，上面位置高于下面位置。

5）以近为尊。近高远低，靠近主位的位置高于离主位远的位置。

6）以坐为尊。站立或坐下时，就座位置高于站立位置。

7）以内为尊。内高外低，房间靠里面的位置高于离房门近的位置。

8）以佳为尊。面门为上、观景为佳、靠墙为好。宴席座位面对正门、面对景观、背靠主体背景墙面为上座。

2. 中式宴会席位设计

（1）确定宴席主位

宴席主位又称主座、宴会第一主人，即宴会主办人的席位。

1）单桌宴席主位。按照席位排位原则选择主位，主位一般面对宴会厅入口处，背靠有特殊装饰的主体墙面。若有些宴会厅不是正开的门，主位以背靠主体墙面的位置为准；如是正门，但装饰特殊的主体墙面不与正门相对，也以主体墙面的位置来确定主人席位。

2）多桌宴会主位。两桌以上的多桌宴会，按照台位排位原则确定主桌，然后再确定各桌宴席主位。每桌宴席主位与主桌主位要保持朝向相同或朝向相对。如用长桌，主桌只一面坐人，并面向分桌，主要人物居中而坐。

3）副主位，即第二主人（主陪）的席位。位于主位正面相对的席位，正、副主人位与餐桌中心呈一条直线相对，即处于台布的中缝线的两端。

（2）确定其他座位

其他席位的排位原则是以离主人座位远近而定，近高远低、以右为尊、主客交叉。主人（主位）右侧坐主宾，左侧坐第二宾客，主陪（副主位）右、左侧分别坐第三、第四宾客。其他座位是主客双方翻译与陪同、次宾。其他排法还有：主位右侧坐主宾，副主位右侧坐第二主宾，使主宾位与副主宾位呈相对式；第三宾客位与第四宾客位分别在主人位与副主人位的左侧，呈相对式，如主宾、副主宾均带夫人出席时，此席位则分别为夫人席位；主宾位与副主宾位的右侧分别为翻译席位；第三宾客位与第四宾客位的左侧分别为陪同席位。如图 3－31 所示。

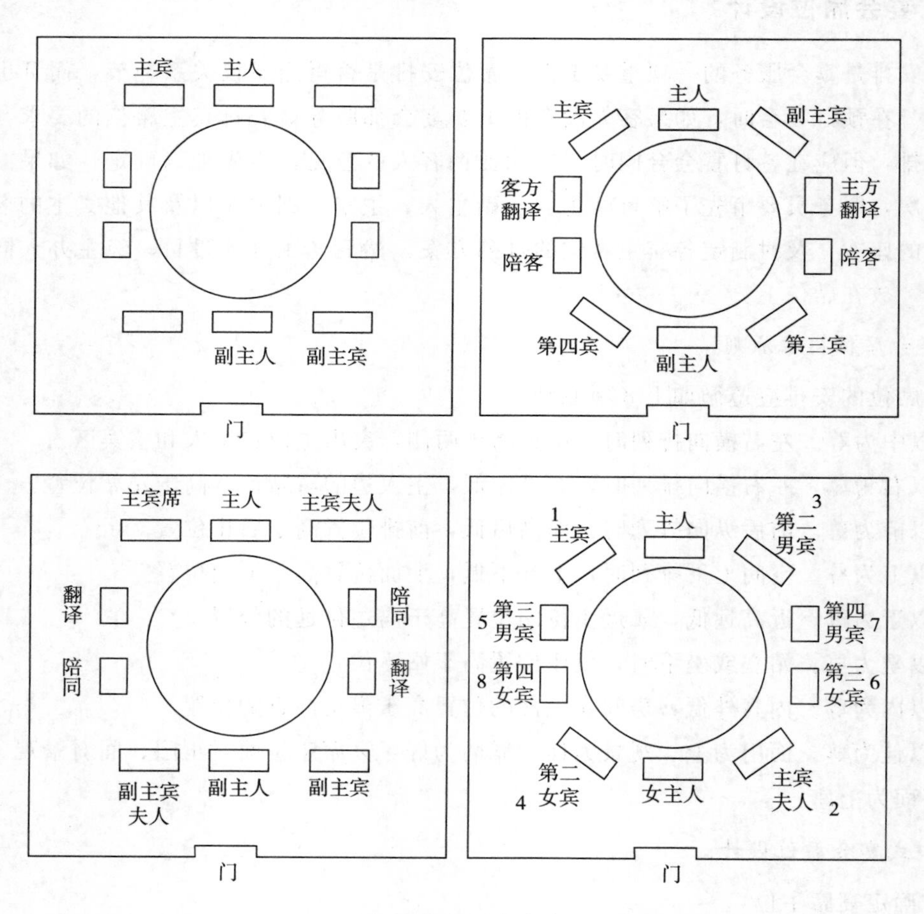

图 3－31　圆桌席次

对于多桌宴会的座次安排，其重点是确定各桌的主人位。以主桌主人位为基准点，各桌第一主人位与主桌主人位朝向相同或与主桌主人位置朝向相对。台型左右边缘桌次的第一主人位相对，并与主桌主人位形成 90°角；台型底部边缘桌次第一主人位与主桌主人位相对，其他桌次的主人位与主桌的主人位相对或朝向相同。如图 3－32 所示。

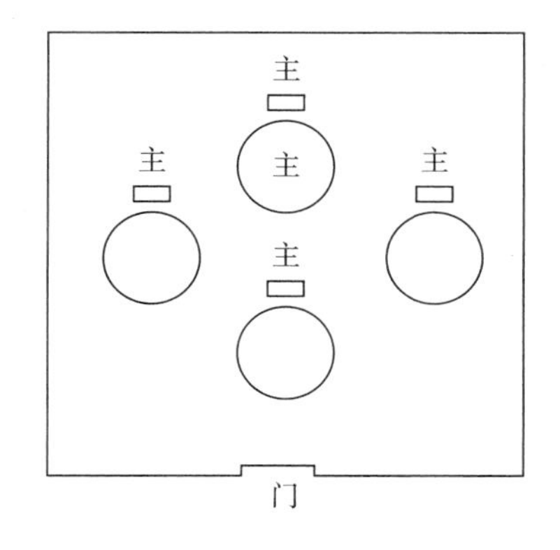

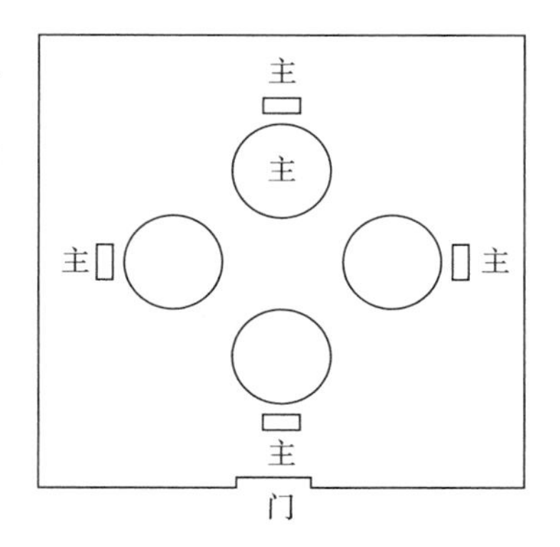

图 3-32 多桌宴会各桌主人位席位

3. 西式宴会席位设计

(1) 便宴席位排位

在餐厅或家中举办的家庭、朋友式宴会，气氛活跃，不拘形式。席位安排只有主客之分，没有职务之分，便于宾客席上交谈即可。男女宾客穿插落座，夫妇穿插落座。主宾在女主人右上方，主宾夫人在男主人右上方就座；也可根据宾客习惯，将主宾夫妇安排在一起。

(2) 正式宴会席位排位

正式宴会在宴会厅举行，氛围严肃，礼仪规范。安排席位时，需考虑的因素较多。

双方各有几位重要人物。若各有两位，第一主宾坐在第一主人的右侧，第二主宾坐在第二主人的右侧。次要人物由中间向两侧依次排开。

双方携夫人。法式（欧陆式）坐法：主人席位在餐台横向面向门的上首正中，副主人席在主人席对面，即背对门的下首中间。主宾夫人坐在第一主人右侧，主宾坐在第一主人夫人的右侧。其他宾客则从上至下、从右至左依次排列，如图 3-33 所示。英美式坐法：主人夫妇各坐两头，主宾夫人坐在男主人右侧的第一位，主宾坐在女主人右侧的第一位。其他人员男女穿插，依次坐在中间。这种安排可提供两个谈话中心，避免客人坐在末端，如图3-34 所示。

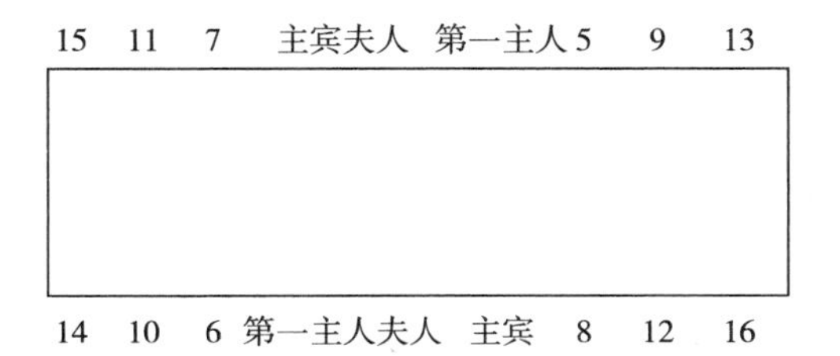

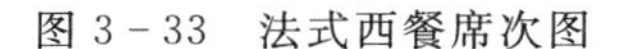
图 3-33 法式西餐席次图

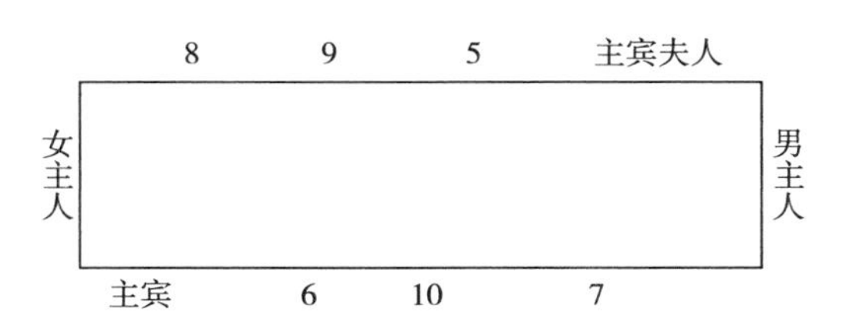

图 3-34 英美式西餐席次图

双方各自带有译员，主人翻译坐在客人左侧，客人翻译坐在主人左侧。

主客穿插落座。当双方人数不等时，应尽量做到主要位置上主客穿插，其他位置不必在意。

长桌西餐、方桌西餐、T 形台型、N 形台型、M 形台型席次图如图 3-35 至图 3-39 所示。

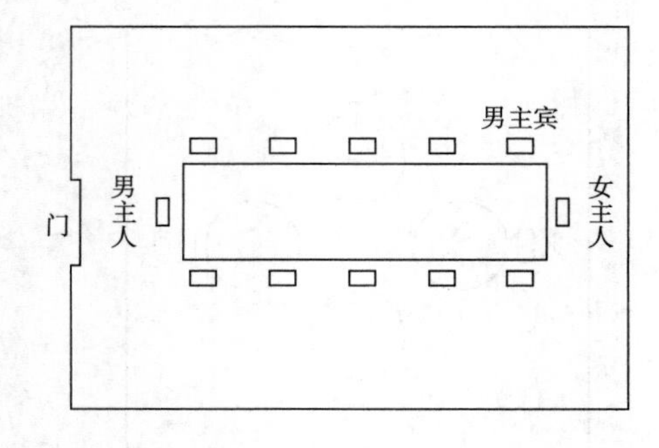

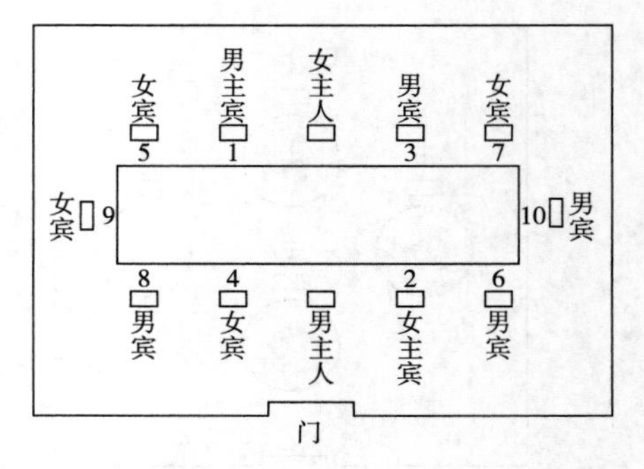

图 3－35　长桌西餐席次图

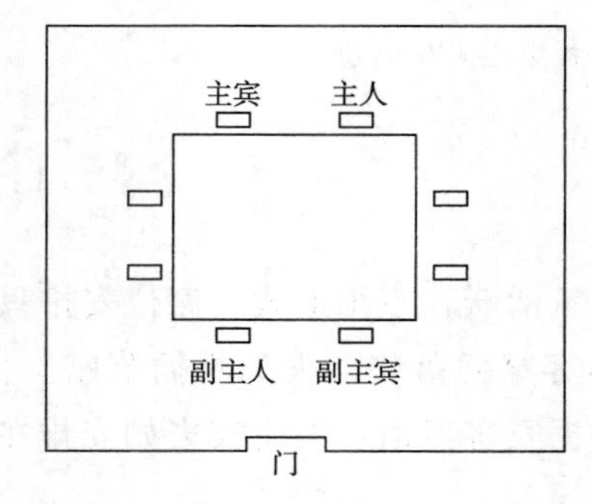

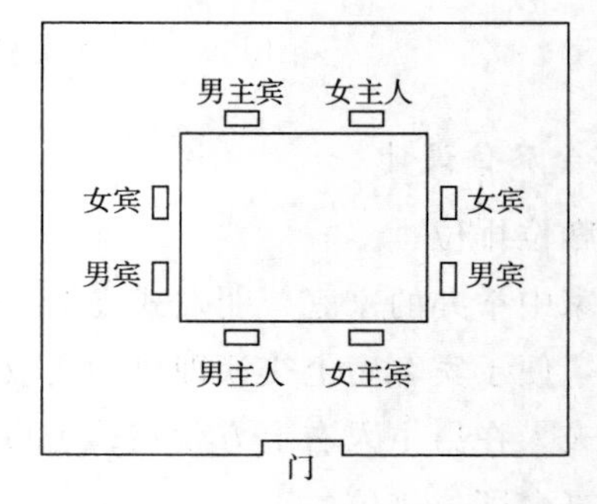

图 3－36　方桌西餐席次图

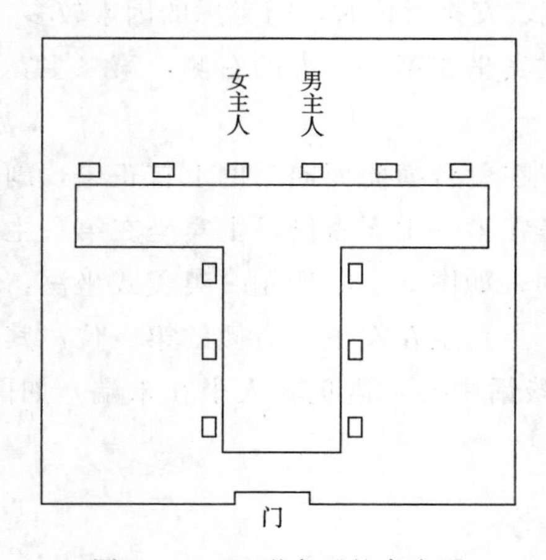

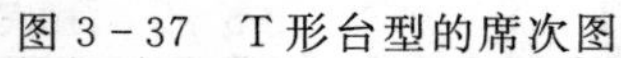

图 3－37　T形台型的席次图

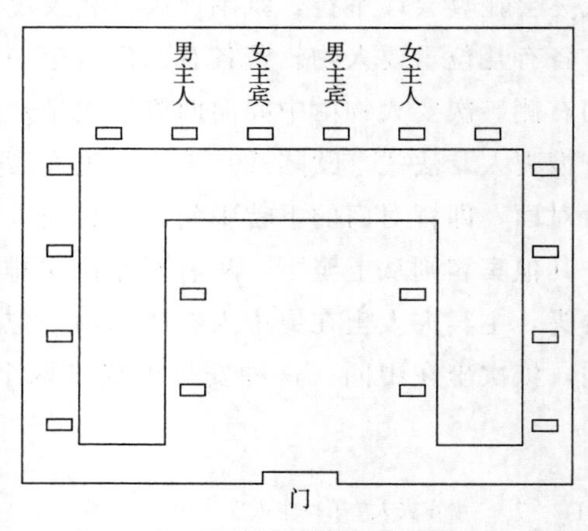

图 3－38　N形台型的席次图

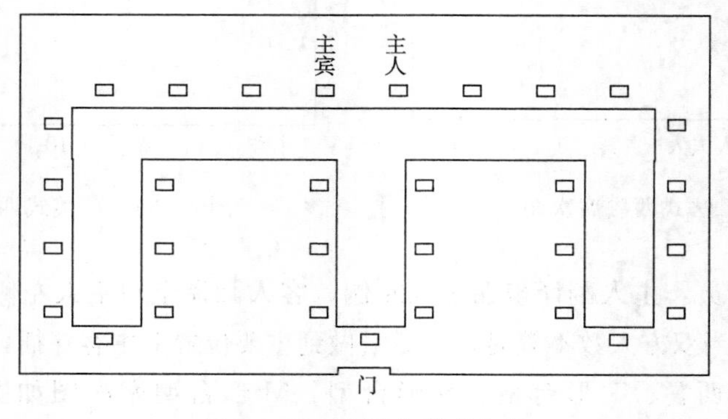

图 3－39　M形台型席次图

4. 席位排位要求

礼宾次序是安排席位的主要依据。席位安排没有统一的标准，因不同国家、地区和民族，不同宴会对象等各有所异。

1）外交宴请。根据主、客双方出席名单，按礼宾次序设计。同时要考虑其他一些因素，如宴请多个国家的客人时，要注意客人之间的政治关系，政见分歧大或两国关系紧张者，尽量避免排到一起。尽量将从事职业相近，使用同一种语言者，安排在一起。译员一般安排在主宾的右侧。

2）国内宴请。宾客座次，尤其是主桌座次要征求主办单位意见。国宴与政府公务宴由礼宾部门、外事部门或办公室安排。我国习惯按职务排列座次。当主宾身份高于主人时，为表示尊重，可把主宾安排在主人位置上，主人则安排在主宾位置上，第二主人坐在主宾的左侧。如主宾携夫人出席，通常把女方安排在一起，即主宾坐在男主人右上方，夫人坐在女主人右上方。赴宴人员不分宾主时，如学术会议宴会，席位安排以学术地位、职务职称高低为依据，确定主人席后，依次安排。民间私人宴会，埋单者坐主人席位，其他人员根据埋单者意图安排。家庭宴会，由年长者或辈分高者坐主人席位，其他依年龄大小或辈分高低依次排列。

3）操作规范。正式宴会应事先安排席位，有的只安排部分宾客席位，其他人员可自由入座。大型宴会可事先将宾客席位打印在请柬上，让宾客心中有数。主席区或主台设置座次席位卡。姓名书写要端正、清晰、正确，不可出错。若中方宴请外宾，应将中文写在上方，外文写在下方；外方宴请则将外文写在上方，中文写在下方。席位卡要摆放端正，每个席位卡置于个人的餐具前。不设个人席位卡的台面只需设置一桌宴席客人名单卡，写明 10 人姓名，平放或立放于餐桌号旁即可。

第五节　宴席的台面设计

一、宴席台面概述

台面是客人就餐的餐桌餐台。台面设计是根据宴会主题，采用多种艺术手段，对宴席台面的餐具等物品进行合理摆设，以及宴会厅房内多桌宴席台型的布局，使餐台及宴会形成完美的组合艺术形式。

1. 台面种类

（1）按用途分类

宴会台面按照用途可分为食用台面、观赏台面、艺术台面三种。

1）食用台面也称餐台、素台、正摆式。服务成本低、经济实惠，多用于中档宴会。餐具用具简洁美观，公共用品摆放比较集中，各种装饰物摆放较少，四周设座椅。

2）观赏台面也称看台，是专门供客人观赏的一种装饰台面。在举办高档宴会时，为了营造宴会气氛，常在宴会厅大门入口处或宴会厅中央显眼的位置，用花卉、雕刻物品、盆景、果品、面塑、口布、餐具、彩灯、裱花大蛋糕等在台面上造型，用来突出宴会主题。如婚宴的“龙凤呈祥”、寿宴的“福如东海寿比南山寿桃”、饯行宴的“鲲鹏展翅”、洗尘宴的“黄鹤归来”，庆功宴的“金杯闪光”。观赏台面一般不摆餐具，四周也不设座椅。中式看台一般使用圆台，用吉祥的图案和动植物形态来反映宴会主题，一般用龙、凤、鸳鸯、仙鹤、孔雀、燕子、蝴蝶、金鱼、青松、蟠桃等造型。西式宴会看台一般用装饰花来造型。

3）艺术台面也称花台，是目前酒店最常见的一种台面形式。它是用鲜花、绢花、盆景、花篮以及各种工艺品和雕刻品等点缀台面中央，在外围摆放公用餐具，并作造型供客人在就餐前欣赏的台面。在开宴上菜时，需先撤掉桌上各种装饰物，再配备座椅和餐具。这种台面是食用台面与观赏台面的综合体，多用于中高档宴会。

（2）按照餐饮风格分类

1）中式主题宴会台面。餐桌为圆桌，在台面餐具中，配备筷子及配套的筷子架、筷子套。台面造型以中国传统文化中具有吉祥寓意的动植物造型居多，如图 3-40 和图 3-41 所示。

2）西式主题宴会台面。餐桌为直长台，在台面餐具中，配备餐刀、餐叉，台面造型简洁，如图 3-42～图 3-44 所示。

图 3-40　中式宴会台面图 1

图 3-41　中式宴会台面图 2

图 3-42　西式宴会台面

图 3-43　西餐宴会台面餐位餐具图 1

图 3-44　西餐宴会台面餐位餐具图 2

3）中西混合式主题宴会台面。一般用中式圆桌，台面餐具既有中式的筷子又有西式的餐刀、餐叉、餐勺等，用餐形式以分餐为主，台面造型采用中西合璧形式。

（3）按照台面上每个座位摆放餐具的件数分类

按照餐具的件数，台面分为3件头台面、4件头台面、5件头台面、6件头台面、7件头台面、8件头台面、9件头台面、10件头台面。我国南方地区宴会的餐位餐具多为10件头餐具，如图3－45所示。北方地区宴会的餐位餐具多为9件头餐具，如图3－46所示。

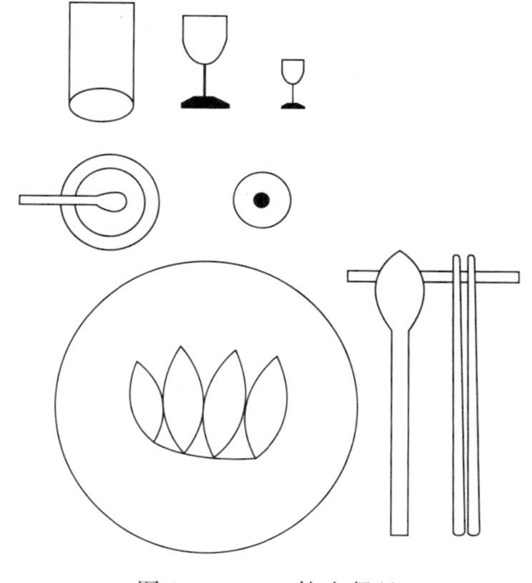

图3－45　10件头餐具

2. 台面的作用

1）衬托宴会气氛。宴会具有社交性和隆重性，讲究进餐气氛。餐桌上造型别致的餐具摆放、千姿百态的餐巾折花、玲珑鲜艳的餐桌插花共同营造了隆重、高雅、洁净、轻松的气氛。

2）体现宴会主题。通过台型、口布、餐具、中心饰物的摆设和造型，将宴会主题和主人愿望再现在餐桌上。如“孔雀迎宾”“喜鹊登梅”“青松白鹤”“和平鸽”等台面，分别反映了“喜迎嘉宾”“佳偶天成”“庆祝长寿”“向往和平”的宴会主题。

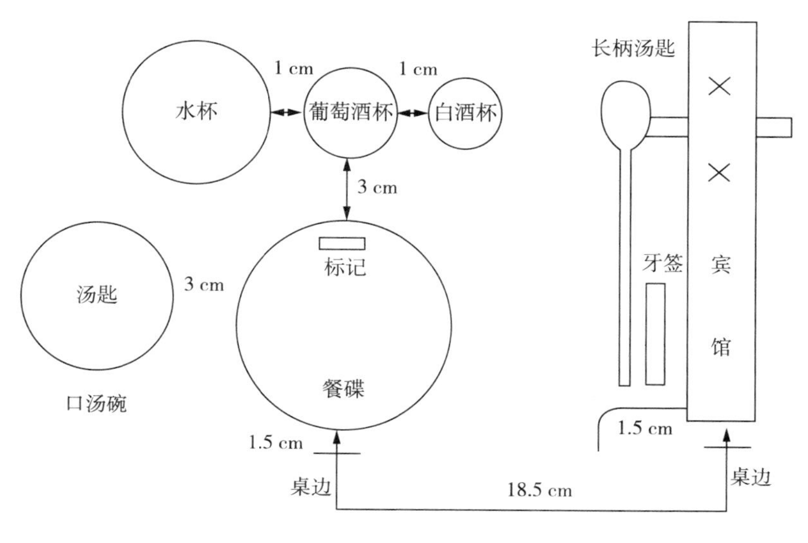

图3－46　9件头餐具

3）显示宴会档次。宴会档次与台面设计档次成正比。一般宴会台面布置简洁、实用、朴素；高档宴会台面布置复杂、富丽、高雅。

4）确定宾客座序。按照国际礼仪，通过对餐桌用品的布置来确定宾客座序，确定主桌与主位，如用口布的造型来确定主人与其他客人的席位；多桌宴席，通过台型来明确主桌。

5）便于就餐服务。合理的台面设计便于客人进餐，易于员工服务。

6）体现管理水平。精美的席面既反映出宴会设计师高超的设计技巧和造型艺术，也反映了酒店的管理水平和服务水准。

3. 台面设计原则

1）特色原则。突出宴会主题，体现宴会特色，如婚庆宴席摆设“喜”字、百鸟朝凤、龙凤呈祥、蝴蝶戏花等台面；用烛台、生日蛋糕装饰生日宴会台面；接待外宾摆设友谊席、和平席等。

2）实用原则。重点考虑餐桌间距、餐位大小、餐桌椅子高度与摆放距离，餐具摆放，台面大小与服务方式，儿童椅的尺寸型号，是否方便残疾顾客出入等问题。

3）便捷原则。在实用、美观的前提下，做到方便、快捷。每个客位所占有的桌边小于0.5米，餐位间距便于客人就餐、活动与员工服务。

4）美观原则。台面装饰符合宴会厅整体风格，与主题呼应，与宴会规格档次匹配。餐台布局合理，餐椅摆放整齐划一。台面大小与进餐者人数相匹配，席位安排有序，台面上的布件、餐具、用具、装饰品配备协调、洁净卫生与宴会厅环境融合。

5）礼仪原则。摆台要根据各国、各民族的社交礼仪、生活习惯、宴饮习俗、就餐形式和规格而定。主人与主宾的餐位应面向入口，处于突出或中心位置。

6）卫生原则。保持就餐环境以及工作服务人员良好的卫生条件，操作规范。

二、中式宴席摆台程序与操作规范

台型设计→席位安排→摆餐台→摆餐椅→铺台布→摆转盘→摆餐具→折餐巾花、摆餐巾花→摆台号→摆席卡→摆菜单→美化餐台→检查餐台

1. 摆餐台、餐椅

餐台。中餐宴席一般选用木制圆台，根据宴会规格、人数多少、场地大小选择合适的餐台。

餐椅。选用高靠背的中式餐椅。从主位开始，按顺时针方向依次摆放餐椅。

2. 铺台布

1）确定站位。洗净双手，根据环境选用颜色和质地适宜的台布，根据桌子形状和大小选择合适规格的台布。检查台布是否洁净、有无破损。将座椅拉开，站在副主人位置上，把折叠好的台布放于铺设位的台面上。

2）拿捏台布。右脚向前迈一步，上身前倾，将折叠好的台布从中线处正面朝上打开，两手的大拇指和食指分别夹住台布的边，其余三指抓住台布。使其均衡地横过台面，此时台布成3层，两边在上，用拇指与食指将台布的上一层掀起，中指捏住中折线，稍抬手腕，将台布的下一层展开。

3）撒铺台布。将抓起的台布采用撒网式（或抖铺式、推拉式）的方法抛向或推向餐桌的远端边缘。在推出过程中放开中指，轻轻回拉至居中，做到动作熟练，用力得当，干净利落。

4）落台定位。台布抛撒出去后，落台平整、位正，做到一次铺平定位。台布平整无皱纹。台布中间的十字折纹的交叉点正好处在餐桌圆心上，中线凸缝在上，直对正副主人位，两条副线，雄线（凸缝）在主人位的右面，雌线在左。台布四角下垂均等，20～30厘米为

宜。下垂四角与桌腿平行，与地面垂直。

5）铺台布的方法：①推拉式，用两手臂的臂力将台布沿着桌面向胸前合拢，然后沿着桌面用力向前推出、拉回，铺好的台布十字取中，四角均匀下垂。适用于零点餐厅、空间较小的餐厅和快餐厅的餐桌。②抖铺式，身体立正，利用双腕的力量，将台布向前一次性抖开，然后拉回，平铺于餐台。适用于较宽敞的餐厅或在周围没有客人就座的情况下进行。③撒网式，抓住多余台布提拿起至左肩后上身向左转体，下肢不动并在右臂与身体回转时，将台布斜着向前撒出去，当台布抛至前方时，上身同时转体回位，台布平铺于台面上。适用于宽大的场地或技术比赛场地。

6）铺台布垫、铺装饰布和装饰台裙。为了丰富美化台面，中高档宴席可增铺台布垫。根据需要选择与台布颜色不同的装饰布，铺放在台布上；选择颜色较深的装饰布做台裙。将台裙的折边与桌面平行，使用台裙夹或大头针将台裙从主客右手边，按顺时针方向固定在餐桌边缘上。

3. 摆转盘

选用规格、档次与台面配套的转盘。在餐台中心摆上转盘底座，将转盘竖起，双手握转盘，用腿部力量将盘拿起，滚放在台面中心。要求转盘圆心、圆桌中心、台面中心三点相重合，并检查转轨旋转是否灵活。

4. 摆餐具

确认宴席配置餐具、酒具与其他用品的品种与数量。

每客餐具摆放顺序原则：骨盘定位、先左后右、先里后外、先中心后两边。

席面餐具摆放流程与规范："五盘法"，将餐具按照摆台程序分五盘依次码放在有垫布的托盘内，用左手将托盘托起（平托法），从主人座位处开始，按顺时针方向依次用右手摆放餐具。宴席餐具摆放效果如图 3－47 所示。

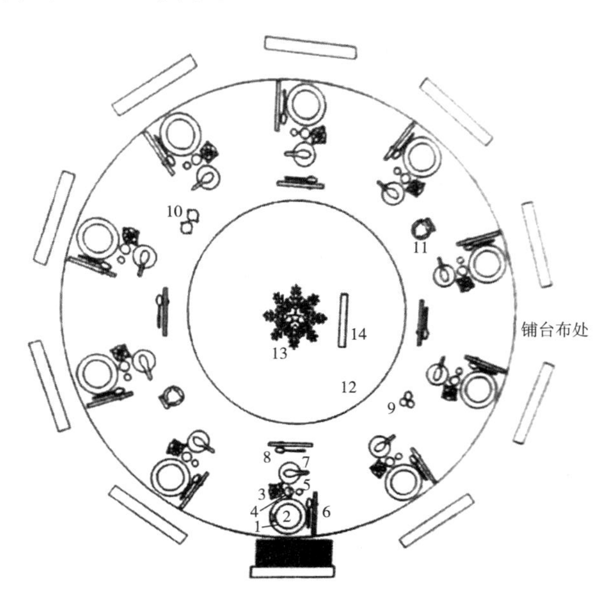

1. 看盘　2. 骨盘　3. 水杯、口布花　4. 红酒杯　5. 白酒杯　6. 筷子、筷架、银勺　7. 汤碗勺
8. 公筷勺架　9. 椒盐瓶、牙签盅　10. 酱醋壶　11. 烟灰缸　12. 转台　13. 中心花饰　14. 台号牌

图 3－47　宴席餐具摆放效果

第 1 盘：摆看盘、骨盘。一般宴会只需放骨盘：高档宴会下摆看盘，上放骨盘，两盘之间垫放垫子（一次性的纸质垫子或多次性的其他材质垫子），图案要对正。从主人位开始，顺时针方向依次摆放。看盘正对着餐位，盘边距离桌边为 1.5cm。盘间距离相等，盘中主花图案在上方正中间。正、副主人位的看盘，应摆放于台布凸线的中心位置。按上述方法依次摆放其他客人的看盘。

第 2 盘：摆筷架、筷子、银勺。筷架摆在骨盘的右上方，距骨盘 3cm。带筷套的筷子摆放在筷架的右边，筷子尖端距筷架 5cm，筷子后端距桌边 1.5cm，筷套图案向上。银勺摆放在筷架的左边，距盘边 1cm。

第 3 盘：摆酒具。一般使用水杯、葡萄酒杯和白酒杯。将葡萄酒杯摆在看台的正前方，居中，杯底距看盘边 1cm。白酒杯摆在葡萄酒杯的右侧，与葡萄酒杯的距离约为 1cm。水杯摆在葡萄酒杯的左侧，距离葡萄酒杯约 1cm。将折叠好的餐巾花插放在水杯中。3 只杯子要横向中心点，成一条直线。

第 4 盘：摆口汤碗、汤匙、公用餐具。将口汤碗放在葡萄酒杯的正前方，距离 1cm。将汤匙摆在口汤碗内，匙把向右。牙签摆法：牙签盘，摆放在公用餐具右侧；将印有本店标志的袋装牙签摆放在每位宾客看盘的右侧，要注意摆放方向。在正、副主人汤匙垫的前方 2.5cm 处及两边，各横放一副公筷架，摆放公筷、公匙。筷子手持端向右，公匙摆在公筷下方。椒、盐调味瓶放在主客的右前方，两副公筷的中间，对面放酱、醋壶，壶柄向外。

第 5 盘：摆菜单、台号牌、花瓶。全部餐具摆好后，再次整理，检查台面，调整椅子，最后放上菜单、台号牌、花瓶。

5. 折餐巾花、摆餐巾花

把口布折叠成栩栩如生的花草类、飞禽类、蔬菜类、走兽类、昆虫类、鱼虾类或其他造型的活动称为折餐巾花，简称折花，口布经艺术折叠后成为餐巾花，也称席花。

（1）选择花型因素

1）宴会性质。海鲜席用鱼虾，迎宾宴用迎春花篮、孔雀开屏，婚礼用玫瑰花、并蒂莲、鸳鸯、喜鹊等，祝寿用仙鹤、寿桃等，圣诞节用圣诞靴和圣诞蜡烛等花型。台面设计可充分发挥吉祥物的作用，突出宴会主题，满足人们求吉心理，见表 3-6 所列。

表 3-6 中式宴会台面设计常见吉祥物及寓意

吉祥物	寓意
龙	为“四灵”之一，万灵之长，中华民族的象征，最大的吉祥物，常与“凤”合用，誉为“龙凤呈祥”。寓意“神圣、至高无上”
凤凰	为“百鸟之王”，雄为凤、雌为凰，通称“凤凰”，被誉为“集人间真、善、美于一体的“神鸟”、“稀世之才”
鸳鸯	吉祥水鸟，雌为鸳，雄为鸯，传说为鸳妹鸯哥所化，故双飞双栖，恩爱无比。比喻夫妻百年好合，情深意长
仙鹤	又称“一品鸟”，为长寿的象征，吉祥图案有“一品当朝”“仙人骑鹤”
孔雀	又称“文禽”，具“九德”，是美的化身、爱的象征、吉祥的预兆

（续表）

吉祥物	寓意
喜鹊	古称“神女”“兆喜灵鸟”，象征喜事濒临、幸福如意
燕子	古称“玄鸟”，吉祥之鸟、春天的象征。古人考中进士，皇帝赐宴，“宴”谐音“燕”，故用以祝颂进士及第、科举高中。燕喜双栖双飞，用“新婚燕尔”贺夫妻和谐美满
蝴蝶	两翼色彩斑斓，又称“彩蝶”。彩蝶纷飞是明媚春光的象征。因民间有“梁山伯与祝英台”化蝶的故事，故“蝴蝶”又有夫妇和好、情深意长的寓意。又因“蝶”与“耋”谐音，“耋”指年高寿长，故蝴蝶图案还可表示祝寿
金鱼	有“富贵有余”“连年有余”的吉祥含义，因“金鱼”与“金玉”谐音，民间有吉祥图案“金玉满堂”
青松	为“百木之长”、长寿之树。宋王安石云：“松为百木之长，犹公也，故字从公。”“公”为五爵之首。“松”与“公”相联系，成为高官厚禄的象征。松树岁寒不凋，冬夏常青，历来是长生不老、富贵延年的象征，又为坚贞不屈、高风亮节的象征
桃子	最著名的是蟠桃，为传说中的仙桃。民间视桃为祝寿纳福的吉祥物，多用于寿宴席

2）宴会规模。大型宴会选用简单、快捷、挺括的花形，种类不宜过多，每桌只用主位花型和来宾花型两种；小型宴会可在同一桌上使用多种花型。

3）风俗习惯。根据客人的喜好，投其所好、避其所忌。如，美国人喜欢山茶花，忌讳蝙蝠图案；日本人喜爱樱花，忌讳荷花、梅花；法国人喜欢百合，讨厌仙鹤；英国人喜欢蔷薇、红玫瑰，忌讳大象、孔雀。

4）宗教信仰。信仰佛教，宜选植物类、实物类造型花，不用动物类造型花。

5）宾主席位。主花高于其他席位花，造型更为精美。

6）时令季节。春天选迎春花，夏天选荷花，秋天选枫叶、海棠、秋菊，冬天选冬笋、仙人掌、企鹅等花型。

7）冷盘图案。花色冷盘宴席搭配花类折花，营造百花齐放的氛围；海鲜为主的宴会搭配鱼虾造型的餐巾花。

8）宴会环境。开阔高大的厅堂宜用花、叶形体高大的品种，小型包厢宜选小巧玲珑的品种。

9）工作状况。时间充裕可折叠造型复杂的花形；客人较多、时间紧时，折叠造型简单的花型。

（2）餐巾折花手法

餐巾折花手法有五种基本手法，即折叠、推折、卷、翻拉和捏，经过创新可折出多种多样美观大方的餐巾花。

（3）餐巾花摆放方式

餐巾花摆放方式：①杯花，餐巾花插入水杯或酒杯中，用杯口加以约束，取出后即散形；②盘花，餐巾花平放在看盘上，因有较大的接触面，成型后不会自行散开，适用范围广；③环花，将餐巾推卷或折叠成一个尾端，套在餐巾环内，平放在骨盘上。盘花和环花折制快捷、造型简单、清洁卫生、高雅精致，常用于中高档中式宴会和西式宴会。

（4）餐巾花摆放要求

1）主花鹤立鸡群。主桌或主位的餐巾花比其他桌面或餐位的餐巾花更加突出、精美。主位摆最高花，副主位摆次高花，其他席位摆一般花，花形高低起伏、错落有致。

2）插入深度恰当。采用杯花摆放方式要保持花形完整不散形、对称均衡、线条清楚整齐。插花时动作要缓慢，顺势而插，插入深度恰当。

3）整齐对称均衡。摆正摆稳，整理成形，使之挺立。席花间距一致。不同花型同桌摆放时，要错开对称摆放。西餐长台上的席花要摆成直线。

4）便于观赏识别。适合正面观赏的席花看面正对客人，如孔雀开屏，白鹤、和平鸽等要将头部朝向客人；适合侧面观赏的餐巾花，如金鱼、三尾鸟等要将头部朝向右侧。席花摆放不能遮盖餐具。

6. 摆台号、席卡、菜单

1）摆台号牌。放在中心花饰的左边或右边，并朝向大门入口处。

2）摆席卡。重要宴会每位宾客席位的正前方摆放席位卡。大型婚宴一般将席卡与桌次卡（台号牌）合并在一起放在桌子的中间，上方是台号，下方为此桌每位宾客的姓名。

3）摆菜单。一般宴席放 1 份菜单，摆在主人筷子旁；中档宴席放 2 份，摆在正、副主人筷子右侧；12 人以上餐台放 4 份，另 2 份摆在正、副主人之间位置居中的宾客旁成“十”字形；高档宴会每位宾客席位右侧都摆放 1 份。菜单下端距桌边 1 厘米。菜单也可竖立摆放在水杯旁边。

7. 美化餐台

1）鲜花装饰。它是餐厅和餐桌台面布置中最贴近大自然的艺术之作。宴席台面鲜花造型趣味盎然，艳丽多姿，令人赏心悦目，可烘托宴会隆重、热烈、和谐、欢快的气氛。具体造型有插花花瓶、花篮、花束、盆花、花坛、花簇。

2）雕塑造型。果蔬雕，通过雕刻技术，把南瓜、萝卜、土豆、冬瓜、西瓜等食材雕刻成各种艺术造型；黄油雕、冰雕，把黄油、冰块等材料雕刻成各种形状；面团塑，采用捏塑技术，用面团塑造各种图物，或用蛋糕奶油塑造各式形状，用于主宾席台面或展台，进行台面装饰。

3）台布造型。选用颜色、图案、材质与主题相融洽的印花、刺绣、编织台布或口布等布件来装饰餐台，如中国传统节日常用的红色台布，四川宴席可用蓝底白花的土布做台饰，圣诞节可用印有圣诞树和圣诞老人的餐巾等。以特制的台面中心图案（如金鱼戏莲、岁寒三友、松柏迎宾、春燕双飞等）作为台面的主题，再辅以餐具造型，简单明了，寓意深刻，使整个台面协调一致，组成一个主题画面。台布要因宴会主题的不同而更换。

4）餐具造型。中式宴席以筷子和各式瓷制、银制餐具为主；西式宴席则以金属的刀、叉、勺和瓷制的餐具以及各式玻璃杯具为主。利用不同形状、不同色彩、不同质地的各种杯、盘、碗、碟、筷、匙等席面餐具，摆成互相连续的金鱼、春燕、菱花、蝴蝶、折扇、红梅等纹饰图案，环绕于桌沿，可形成具有一定主题意境的宴席席面。

饰品造型采用鲜花、果蔬雕、面团塑装饰可有效彰显宴席主题，但成本较高，摆放时间不长，易造成浪费；有的客人对花粉过敏，且鲜花中易藏着很多小飞虫，上菜时飞虫从花丛中飞出，影响食品卫生和就餐环境。因此，很多酒店采用台布造型及餐具造型等来装饰、创新、丰富台面文化。

8. 检查餐台

确保开宴前1小时按照宴会标准摆台完毕，要求台面美观典雅；台衬、台布铺设平整、美观；餐具、茶具、酒具、餐巾、台号、菜单、席卡等摆放整齐、规范、无损坏；餐巾花挺括、形象逼真，全场整洁一致；转台旋转灵活；酱油、醋等调料倒在调料碟中；席卡信息正确；花草鲜艳，清洁卫生、无异味。

三、西式宴席摆台程序与操作规范

西式宴席的摆台流程与中式宴席的摆台流程基本相同。

1. 摆餐台

一般情况下，1～2人适宜选用正方形餐台，3～8人适宜选用长方形餐台，9～10人适宜选用“二”字形餐台，也可采用方形、半圆形、长方形、1/4圆形餐台。人多时餐台可拼接，台子的大小和台型的排法可根据人数、宴会厅形状和大小、服务的组织、客人的要求拼成一字形、T形、U形、圆形等台型；大型西餐宴会中，也可选用圆形餐台。

2. 铺台布

1）选布。先铺设防滑、吸音、吸水和触感舒适的，大小与餐桌面积相等的法兰绒桌垫，后将白色、香槟色、浅灰色或淡咖啡色等素洁颜色的台布铺在垫布上，也可根据西方节日选用与节日主题吻合的颜色，如圣诞节的金色、感恩节的黄色等。

2）铺法。铺长台时，服务员站立于餐台长边一侧，双手将台布横向打开，使中缝凸面朝上；捏住台布一侧边，将台布送至餐台另一侧，轻轻回拉至中缝居中，使四周下垂部分均等。其他台型需要多块台布拼铺时，要求所有台布中缝方向一致，连接的台布边缘要重叠，台布下垂部分应平行相等，有整体感。

3. 摆餐椅

选用带扶手的沙发椅，宽敞舒适，摆放在餐位正前方。赴宴人数如是偶数，可采用面对面式方法摆放餐椅；如是奇数，可交错摆放餐椅，使每位客人前面视野开阔。椅子之间距离相等，不得少于20cm，椅子与下垂台布距离1cm，每个餐位最小宽度为60cm。

4. 摆餐具、饮具

按照一底盘、二餐具、三酒杯、四调料用具、五艺术摆设程序进行，如图3-48所示。

1）摆底盘（也称看盘、装饰盘、服务盘、展示盘）。从主人（使用长台时，主人安排在长台正中或长台顶端；使用圆桌时，与中式宴会安排相同）位置开始，按顺时针方向摆放。摆放在每个餐位的正中，图案端正，盘边距桌边约1.5cm。摆台时不用托盘，左手徒手垫一块接手布，托好看盘，右手四指轻轻抬起看盘，伸直拇指用拇指近掌的部位拿起看盘，尽量

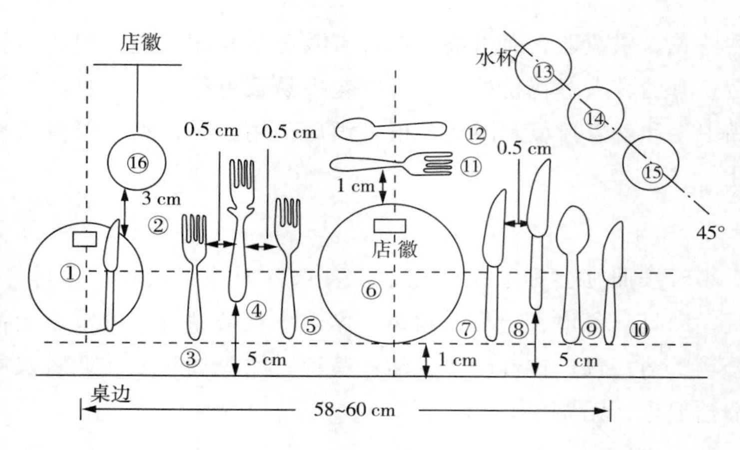

图 3-48　宴席餐具摆台

减少对盘边的接触。

2）摆刀、叉、匙。用托盘托起刀、叉、匙，拿餐具手柄，餐具上勿留手指印。摆放顺序从餐盘的右侧由里往外依次摆放正餐刀（大餐刀）、鱼刀、冷菜刀（小刀），从餐盘的左侧依次摆放主菜叉（大餐叉）、鱼叉、汤匙、冷菜叉（小叉）。餐刀与餐台垂直，刀口朝左，刀柄向下；餐叉的叉面向上，叉把与刀平行。看盘、刀、叉、匙间距 0.5cm。

3）摆面包盘、黄油刀和黄油碟。面包盘摆放在餐叉的左侧，面包盘的中心与看盘的中心连线平行摆放，面包盘距餐叉 0.5cm，黄油刀置于面包盘右 1/3 处，刀刃向左，柄端向下，悬空部分相等。黄油盘摆放在面包盘的上方，黄油盘的左侧与面包盘的中心线在一条直线上，距黄油刀 3cm。

4）摆甜品叉、匙。甜品叉、匙摆放在看盘前方，平行摆放，甜品叉靠近看盘，叉柄向左，距看盘 1cm。甜品匙摆在甜品叉外侧，匙柄向右，距甜品叉 1cm。

5）摆饮具。先摆冰水杯，摆在主餐刀顶端（只用一种杯时位置也在此），相距约 5cm，红葡萄酒杯与白葡萄酒杯可根据台型和距离，从左到右依次摆放。如有第四只酒杯，将白葡萄酒杯下移 1～2cm，在其上放置酒杯，各酒杯之间距离 1cm。

5. 摆用具

1）摆花瓶（插花）。摆于餐台中心位置。

2）摆烛台。两个烛台分别摆放于花瓶（插花）左右两侧，距花瓶 20cm。

3）摆牙签筒。两套，分别放在烛台两侧，距离烛台 10cm 的中线上。

4）摆椒盐瓶。两套，分别放在烛台两侧，距离烛台 12cm，分别置于中骨线两侧，左盐右椒，间距 1cm。

5）摆菜单。放于正、副主人餐具的右侧，距桌边 1.5cm。

6）摆咖啡用具、水果刀叉。用完菜点撤除全部餐具后，再摆放所需的咖啡用具、水果刀叉等用具。

7）摆餐巾花。将折叠好的盘花摆放于看盘内，餐巾花要求形象逼真、折叠挺括。

6. 检查餐台

检查餐台上各种餐具、用具是否齐全，每套餐具间距是否合适，餐具是否清洁无破损，座椅是否整齐干净，台布是否符合标准。

四、自助餐宴席摆台程序与操作规范

（1）摆放装饰物品

宴席中央摆放一个黄油雕塑品、大型盆景等装饰物。选用鲜花植物、面粉制品、小工艺品等小型的装饰品，巧妙地安插在菜肴之间，要求饰物摆放高低错落，有层次感。

（2）摆放菜肴

1）归类摆放。可根据冷菜类、热菜类、点心水果类分类放置。汤汁、调味品等摆放在相应的菜肴旁边。

2）摆放顺序。先摆冷菜，用保鲜膜封好，用冰块保持其凉度；再摆成本较低的热菜，用保温锅保温。

3）选用盛器。使用银盘、镜盘、竹篮等盛器盛装不同的菜肴，注意色彩搭配，做到美观整齐。在每盘菜肴前都应放置一副取菜用的公用叉、勺或餐夹，供客人取食时使用。

（3）摆放餐具

摆放数量充足的餐盘、口碗、水杯、筷子、汤勺、餐巾纸或刀叉等餐具，以供宾客取菜用。小型宴会可在自助餐台的两头各码放一摞餐盘，大型宴会可分几处摆放餐具，起到分散客流的作用。如供应酒水，还应专设酒吧台，提供葡萄酒、啤酒、果汁饮料、汽水等。鸡尾酒会中还应为宾客现场调制酒水饮料。

（4）摆放餐桌椅

座式自助餐。高级座式自助餐宴会需根据宾客的人数安排餐桌和座椅，台面形状与台型可以中西式灵活选择。

立式自助餐。采用站立式用餐方式。宴会厅不设餐桌椅，只需分区域设立小型的服务台，台上摆放纸巾等简单用品，也可在大厅四周摆放若干座椅，供宾客使用。

第六节 宴会的菜单和菜品设计

一、宴会菜单设计

宴会菜单又称简式菜单、提纲式菜单。按客人预订菜式制定，按照宴席的主题、结构和要求，将凉菜、热菜、羹汤、席点、水果与酒水等食品按一定比例和程序编制成菜点清单。一般用文字标注菜点名称，置于宴席桌上供客人就餐时浏览或销售宣传时使用，简洁明了，外观漂亮。

（一）宴会菜单概述

（1）菜单作用

1）餐饮经营方面：凸显酒店档次风格，反映餐厅经营方针，突显菜肴特色水准。菜单是餐饮产品销售的品种、工艺方法、制作说明和价格等信息的一览表，反映了酒店的产品特色、

管理风格和规格档次。菜单是连接顾客与酒店的桥梁，菜单在向顾客传递酒店经营、销售、生产、服务等信息的同时，也将顾客的口味喜好等信息反馈给了经营者。菜单既是实用品，也是一种艺术品和宣传品。重要宴会的菜单，制作精美，读起来赏心悦目，看起来心情舒畅，可供欣赏和收藏。

2）餐饮管理方面：菜单是宴会管理工作的指南。宴会菜单是宴会活动安排的关键性聚焦点，是开展宴会工作的基础与核心，特别是大型宴会工作量大、涉及面广、工作环节复杂，必须紧紧围绕菜单来有条不紊地进行指挥。菜单是原料采购储存的重要依据，选聘员工、确定服务规格要求的依据，它影响设备选配布局，影响出品成本控制，是控制产品质量的重要工具。

（2）菜单类型

1）按使用周期分：①固定菜单，能够长期使用的、菜式品种相对固定的菜单，按国际惯例，更新周期一般为一年。②变动菜单，一类是根据某时期原料供应情况而制定的菜单，如每日菜单、每周菜单、会议菜单、节日菜单；另一类是根据某一特定宴会设计的菜单，如宴席即席菜单、宴会订单。③循环菜单。按一定天数周期循环使用的菜单，一套各不相同的菜单按周期循环使用。

2）按作用分：①销售菜单，又称零点菜单、固定菜单，是酒店根据市场定位，面向目标顾客人群，设计组合的菜点结构完整、菜式品种限定、口味烹法多样、价格档次明确，能体现酒店设计经营风格、形式精美的系列菜单。②宴会定制菜单，高规格宴会或重要宾客宴会菜单，由酒店按照宴会主办者的宴请标准、宴请主题、宴请客人特点等为客人“量身定制”的个性化菜单。③宴席席面菜单，又称桌面菜单、即席菜单，置于宴席桌面供客人就餐时使用的菜单。④生产或教学菜单，又称繁式菜单、表格式菜单，以表格形式展示菜肴的名称、用料、味型、色泽、上菜顺序、刀工成型、烹调方法、工艺流程、菜点特色等内容。⑤宴席菜单，又称简式菜单、提纲式菜单，是置于宴席桌面上的菜单。

3）按出品组合分：零点菜单、套餐菜单，又称公司菜单。

4）按页码数目分：单页式菜单、多页式菜单、活页式菜单、杂志式菜单。

5）按版式形状分：单页式菜单、折叠式菜单、杂志式菜单、多姿多彩式菜单。

6）按产品类别分：狭义菜单，特指各类菜肴单、点心单、饮料单、餐酒单。

7）按饮食风格分：中餐菜单、西餐菜单、其他风味菜单等。

8）按用餐时间分：早餐菜单、正餐菜单、宵夜菜单。

9）按使用地点分：餐厅菜单、酒吧菜单、茶座菜单、楼面菜单（用于客房用餐，也称门把菜单）等。

10）按使用对象分：对外菜单和对内菜单。

11）按使用材质分：纸质菜单、实物菜单、电子菜单等。

12）按消费对象分：儿童菜单、家庭菜单、女士菜单等。

菜单的设计，取决于酒店的性质、风格与经营模式、设施数量及种类、餐饮服务项目，以及各餐厅每天开餐次数与时间等因素。酒店档次越高，经营范围越广，餐饮服务设施越齐全，服务项目也越丰富，使用的菜单种类和数量越多。

（二）宴会菜单设计程序

1. 掌握酒店信息和客人需求

酒店信息主要包括：①酒店的经营方针、组织机构、管理风格、生产条件等；员工素质、技术水平、团队精神；②出品构成、菜点种类、营养搭配、时令季节；③接待能力、服务方式与技能；④原料性质、货源供应、价格水平、酒店储备等。

客人信息：①掌握开宴时间、出席人数（或宴会桌数）、宴席标准、宾主身份、宴会主题、宴会流程、菜式品种及出菜顺序、服务要求；②了解宾客饮食习惯、风俗忌讳、特殊要求等信息。

2. 明确宴会性质

明确宴会主题，根据主题设计菜单；明确宴席价格，明确宴会消费总额、人均消费额。高档宴会以精、巧、雅、优等菜品为主体，中低档宴会菜肴组配讲究经济、适口、量足。

3. 合理组配菜点

根据酒店经营风格、设施设备、菜品特色、厨师技术水平、宴席成本及菜品数目，依据用餐对象、宴会类型、就餐形式、饮食需求等要求，明确宴席的菜点风格特色，确定宴席的大菜以及主菜，以大菜和主菜为中心配备辅佐菜点（一般核心菜品与辅佐菜品数量比为1：2或1：3，辅佐菜点档次可稍低于核心菜品，但不能悬殊太大）。全部菜点初步确定之后，要遵循出品设计原则，统筹兼顾，平衡协调。

4. 核定菜肴原料

1）保证原料质量。根据宴会标准选择原料，如考虑原料的产地、品种、价位、质量等，确保菜肴的质量与规格标准相符。

2）控制食材总量及食材的具体种类与数量。根据参宴人数确定菜肴的食材总量，宴会菜肴总净料量一般按人均500克左右净食材准备；根据食材的总量、各原料价格、拆净率及宴会售价，确定每道菜点所用的主料、配料、调料的比例、质量及数量。

5. 核算菜肴成本

1）计算宴席毛利率。宴席售价和毛利率是宴会成本控制的关键，不同类型的宴席其毛利率有差异，特色宴席比普通宴席毛利率高，高档宴席比低档宴席毛利率高，工艺复杂和技术性较强的宴席比工艺相对简单的宴席毛利率高，名师主厨的宴席比普通厨师主厨的宴席毛利率高。

2）控制菜点成本。对各种原料的市场价格、拆净率、涨发率、成本毛利率、售价的核算应该烂熟于心。对每道菜点进行细致的成本核算，根据毛利率制定合理的销售价格。选择、组合较高利润的菜品，对整套宴席菜品进行成本核算，将成本控制在规定的毛利范围之内。

6. 艺术菜点命名

（1）菜点命名要求

菜肴命名要紧扣宴会主题，烘托宴会气氛；要求文字优美，雅致得体，含义深刻，顺口易读，好听易记。菜名字数以4～5字为宜，不宜超过7个字，同一份菜单中每道菜的名字字数最好相同，如有外文翻译，应准确贴切。如贺寿宴常命名松鹤延年、八仙过海、鸿运高照、福如东海、万寿无疆；婚庆宴常命名吉祥如意、百年好合、鸳鸯戏水、子孙饺子、双喜临门等，要结合宴会主题巧妙命名。命名时要结合各地的风土人情、饮食习惯的差异，客人的消费心理，设计满足人们求平安、求发财、求安康的美好愿望的菜名，但不可牵强附会，滥用辞藻，更不能庸俗下流。

（2）菜点命名方法

1）写实命名方法。菜名如实反映原料产地、原料搭配、烹调方法、风味特色等。写实命名法强调主料，通俗易懂，名实相符，菜品崇尚朴实，菜名趋向自然。写实命名方法适用于餐厅零点菜单、宴会销售菜单和厨师生产、员工服务的生产菜单。见表3-7所列。

表3-7　写实性菜品命名方法

命名方法	特点及实例
配料加主料	展现菜点主、辅料的构成特点，刺激食欲，如龙井虾仁、腰果鸡丁、芦笋鱼片、松仁鳕鱼、西芹鱿鱼等
调料加主料	用特色调料烹制菜点，突出口味，如黑椒牛排、茄汁虾仁、蚝油牛柳、豆瓣鲫鱼、椒麻鸡、葱油饼等
烹法加主料	突出菜点的烹调方法及主要原料，如小煎鸽米、大烤明虾、清炒虾仁、红烧鲤鱼、黄焖仔鸡、拔丝山药等
色泽加主料	突出菜点主要原料及艺术特性，如碧绿牛柳丁、虎皮蹄髈、芙蓉鱼片、白汁鱼丸、金银馒头等
质地加主料	突出菜点质地特性，给人美的享受，如脆皮乳猪、香酥鸡腿、香滑鸡球、软酥三鸽、香酥脆皮鸡、酥饼等
外形加主料	突出菜点美观外形，如寿桃鳊鱼、菊花鱼、葵花豆腐、松鼠鳜鱼、琵琶大虾等
味型加主料	突出菜点味型特性，给人美的享受，如酸辣乌蛋羹、糖醋鲤鱼、酸辣粉、鱼香肉丝等
器皿加主料	突出盛装器具及烹调方法，如小笼粉蒸肉、瓦罐鸡汤、铁板牛柳、羊肉火锅、乌鸡煲等
人名加主料	冠以创始人名，具有纪念意义和文化特色，如东坡肉、宫保鸡丁、麻婆豆腐等
地名加主料	突出菜点起源与历史，具有饮食文化和地方特色，如北京烤鸭、西湖醋鱼、千岛湖鱼头、黄山烧饼等
特色加主料	体现菜点特色，如空心鱼丸，千层糕、京式烤鸭、响淋锅巴等
数字加主料	富有语言艺术性，如一品豆腐、八珍糕等
调料加烹法加主料	展现菜点所用的主、辅料及采取的烹调方法，如豉汁蒸排骨、芥末拌鸭掌等
可食用原料作为盛器	将蔬果、粉丝等做出食物盛器形状，装盛菜点，如西瓜盅、雀果鸡球、渔舟晚唱等
中西结合	采用西餐原料或西餐烹法制成，吃中餐菜点，体验西餐文化，如西法格扎、吉力虾排、沙司鲜贝等

2）寓意命名方法。其菜名突出菜品某一特色并夸张渲染，赋予诗情画意，表达希望、祝愿寓意，讲究文采，耐人寻味，起到引人入胜的效果。此命名法适用于宴席即席菜单和宴会定制菜单。寓意命名法适用于宣传推销、顾客纪念与量身定制的宴会菜单，可在菜点名称后面附上写实菜名。寓意性菜品命名方法，见表3－8所列。

表3－8　寓意性菜品命名方法

命名方法	特点及实例
模拟实物外形	强调造型艺术，形象法，如金鱼闹莲、孔雀迎宾
借用珍宝名称	渲染菜品色泽，借代法，如珍珠翡翠白玉汤、银包金
镶嵌吉祥数字	表示美好祝愿，修辞法，如二龙戏珠、八仙聚会、万寿无疆
谐音寓意双关	讲究寓意双关，谐音法，如早生贵子（红枣桂圆）、霸王别姬（鳖鸡）
引用典故传说	巧妙进行比衬，拟古法，如汉宫藏娇（泥鳅钻豆腐）、舌战群儒等
赋予诗情画意	强调菜点艺术，文学法，如百鸟归巢、一行白鹭上青天等
寄托深情厚谊	表达美好情感，寄情法，如全家福、母子会等

7. 菜单菜品的顺序格式编排

（1）排列顺序

中餐菜单菜品类别排列顺序一般按冷菜、热菜（海鲜、河鲜、肉类、禽类、锅仔、煲仔类与蔬菜类等分类排列）、汤羹、点心、饮料等大类名称排列。

西餐菜单菜品类别排列顺序一般按主菜（海鲜、鱼虾、牛猪羊肉、禽）、开胃菜、汤、淀粉食品及蔬菜、色拉、甜点、饮料等大类名称排列。

零点菜单应把重点推销的菜点放在菜单的首、尾部分，易引起客人注意，提高点菜率。主菜排在最醒目的位置，用粗大的字体和最详尽的文字介绍。特色菜点的设计和排版要区别于一般菜点，可用粗大黑体字排印，附详尽的文字介绍和彩色实例照片等，特色菜数量一般占菜单上菜肴总数的20％～25％。

（2）书写格式

1）提纲式。此格式最常用，只写菜名，简便明了。

2）排列式。多用于广告宣传、纪念菜单。

3）表格式。以表格的形式列出菜肴的名称、用料、味型、色泽、上菜顺序、刀工成型方法、烹调方法、餐具规格、各菜成本及售价等内容。

（3）文字格式

①菜单的字体要与餐厅风格协调。常用工整端庄的楷书和行云流水的行书字体，正文一般使用仿宋体、黑体等字体；同一张宴会菜单可选择两至三种不同的字体，用于区别标题、分类提示与正文菜单等；各类菜的标题字体应与其他字体有区别，既美观又突出，字体大小、行间距等要适当。②菜单篇幅应留有50％左右的空白。空白过少、字数过多会使菜单显得拥挤，让人眼花缭乱，读来费神；空白过多则给人以菜品不够，选择余地太少的感觉。③需用阿拉伯数字排列编号和标明价格。④涉外菜单要有中英文，拼写方式要统一规范，符合文法。

8. 编撰文字内容

1）宴会菜单。宴席席面菜单主要包括宴会名称，宴请时间，菜品名称。菜名按菜品上席顺序排列，不分类、不提示，突出热菜、大菜。菜名讲究文采，多用排比句。若菜名寓意含蓄，需在菜名旁边注上写实菜名。宴会销售菜单的内容可比宴席席面菜单稍详细些，可加上酒店的营销内容。宴会定制菜单一般详细说明宴会设计思路与菜单内容。

2）零点菜单是酒店向客人展示本酒店所有菜点的说明书，供客人零点就餐或宴会点菜来使用，文字内容较为详细。

菜品类别。菜品品种的具体数量视餐饮规模和经营需要而定。菜品按一定标准、规律分类排列，方便客人选择点菜。

菜点名称和价格。菜点的名称和价格是菜单设计的主体，需符合顾客的阅读习惯，具有真实性，是客人选择菜肴的决定因素。

菜点特色说明。如某菜肴特别辣、某点心特别脆、某汤羹特别烫等。

菜品制作描述。主辅料及分量、烹法、份额、浇汁、调料、主要营养成分、服务方法、需等候的时间等。名牌菜、特色菜、时令菜等需着重介绍，如“叫花鸡”的介绍：“内含肉丁、火腿、海鲜、香料的童子鸡，外裹荷叶和特殊焙泥烤制而成。”

酒店相关信息。宴会厅名称（在菜单封面）、风味特色（在宴会厅名下列出其风味）、餐厅地址（酒店所处地段的简图，附交通方式等）、预订电话（在菜单封底下方）、营业时间（列在封面或封底）、接受的信用卡类别、二维码、电子支付方式、加收费用、使用币种等告知性说明，还可附上酒店的历史背景、宴会厅的特点与设施、知名人士对本餐厅的光顾及赞语、权威性宣传媒体对本餐厅报道的妙语选粹等介绍。

彩色照片。印制特色菜、名牌菜、受顾客欢迎的菜和形状美观、色彩丰富的彩色精美照片，再配以菜名、介绍性文字，是展示出品及宣传促销的极好手段。

3）酒水单、甜品单。在规模不大的餐厅里也作为菜单的一部分列在菜单的后面。档次高、规模大的酒店将酒水单与菜单分开设计制作。甜品单多用于西餐服务中，标准和要求较高。

9. 选择陈列方式

（1）纸质菜单

1）平放式。传统的陈列方式，菜单平放于餐台之上。一般宴席每桌上放一份，中档宴席每桌在正、副主人前各放一份。

2）竖立式。装帧精美的折叠式菜单，折页打开，立放于餐台上，立体感十足。

3）卷筒式。豪华宴会菜单卷成筒状，用缎带捆扎，或放或立于每个餐位正前方，人手一份，可供客人带走留念。

4）悬挂式。常用于高星级酒店客房用膳的早餐零点菜单，又称门把菜单，悬挂于客房门把手的内侧。

（2）实物菜单

①实物模型展示。在餐厅门口或通道中，陈列出品的实物模型、张贴产品图片、招贴画、

布告牌等，对客人进行感官刺激，激发消费欲望。②原料展示。在酒店进门处设置海鲜池，观赏性强，又可当着客人的面称取海鲜，使客人对海鲜分量与质量放心。③半成品展示、推车（成品）展示。

（3）电子菜单

电子菜单品种齐全，分类明细，操作简单、快捷，可灵活搭配，可操作性强。顾客可对各种菜点进行实时组合和调整，个性化强。电子菜单能有效展示菜点的价格、主辅材料、烹调方法、成品图片等，让客人在明确、轻松的环境中点菜。电子菜单能突破时空限制，可在不同场所、不同时间向客人展示和推介菜肴，接受客人异时异地的网络预订，实现预订的多向性。电子菜单具有自动生成，简便高效的功能。只需录入宴会标准及宴会主题，即可自动生成多份同等档次及内容的宴会菜单，供客人选择；还可以灵活替换同价位或同类别的其他菜点。

10. 印刷制作菜单

（1）宴会菜单制作

1）宴席席面菜单（一次性菜单）。一般宴席菜单多选轻巧的纸质材料；高档宴席菜单多用底色为粉红色或深棕色的薄型胶版纸或铜版纸、花纹纸。酒店多采用正面印有店名、店徽或酒店建筑外貌的菜单封皮，内为空白的菜单卡，有重大宴会或应顾客需要时，书写或印刷菜单后粘贴在菜单卡上。

2）宴会定制菜单（一次性菜单）。在深圳、广州、香港、澳门等地的酒店较为流行，多用于婚宴、寿庆席、开业庆典等喜庆宴席的特色宴席或VIP宴席。选纸讲究，印刷精美，成本较高，也可选用其他材质载体当菜单，但要与宴会台面布置风格相吻合。如，满汉全席用仿清式的红木架嵌大理石菜单、西北风情宴用仿古诏书式菜单、竹园春色宴用竹简式菜单、药膳宴用竹匾式菜单、红楼宴用线装古书式菜单、商务宴用印章式菜单、满月宴用玩具形菜单、豪华商务宴用中式扇面菜单、中餐西吃用油画架式菜单或小挂件菜单等。

3）宴会销售菜单（耐用性菜单）。因需长久使用，应采用质地精良、厚实且不易折断的重磅涂膜纸、防水纸或过塑重磅纸质，其特点是图文并茂、印刷精美、美观高雅、手感舒适、防污耐磨、经久耐用，但成本较高。

（2）零点菜单制作

1）外观装帧。封面材料选用经久耐用且不易沾油污的重磅纸、塑料或优质皮革做封面。封面内容包含酒店和宴会厅的名称和标志等信息，封面风格要与酒店整体装饰、宴会主题、情调、颜色等酒店主题色吻合。要有视觉冲击力，色彩要突出、简单，要有视觉中心、图像清晰；表达内容要准确无误，菜单封底要印上饭店与宴会厅的有关信息。

2）菜单形状。菜单形状根据餐饮内容、宴会厅规模以及陈列方式，用不同方法折叠成不同的形状，如长方形、正方形及心形、刀形、手风琴形、圆形、立体形等特殊形状，确保客人使用方便。尺寸太大不方便翻页和阅读，太小会使菜单显得拥挤，视觉效果不佳。

3）色彩搭配。较好的色彩搭配是白（或浅黄色、浅粉色）底黑字；而深黄色底上印黑字、橘红色底上印黑字、黄底红字、红底绿字、绿底红字等搭配，其视觉效果不佳。菜单色彩有纯白、柔和、素淡、浓艳重彩之分，可用一种色彩加黑色，也可用多种色彩，视成本而定。不宜选择太深的底色，彩色文字不宜过多。菜单名称、类别标题、实例照片等宜选用鲜艳色调，背底色宜采用柔和轻淡的色彩，如淡棕色、浅黄色、象牙色、灰色等。

二、宴会的菜品设计

宴会的菜品设计涉及的内容广泛，设计时需要考虑的因素很多。宴会的菜品设计应充分考虑宴席的各种因素，遵循一定的设计原则和方法，才能设计出完美的宴会菜品。

1. 宴会菜品设计原则

（1）安全卫生原则

民以食为天，食以安为先。食品原材料及加工安全是最基本、最重要的一点。保证原料无毒、无病虫害、无农药残留，禁止使用一切含有毒素或在加工中容易产生毒素的食材。

（2）满足需求原则

1）因需配菜（办宴目的）。了解宴请目的，明确宴会主题，有针对性地设计菜点。如寿宴可安排“寿桃武昌鱼”“松鹤延年汤”“长寿伊府面”等菜点。

2）因人配菜（饮食习俗）。了解客人，尤其是主人、主宾的国籍、民族、宗教、饮食嗜好与忌讳，即“投其所好，避其所忌”。

3）因价配菜（价格预期）。价格标准是菜品设计的主要依据，要根据宴席价格合理安排菜品，调整冷热菜的比例与进餐方式。

（3）特色鲜明原则

1）突出地方名菜、名宴。充分利用本地特有的菜系，如安徽的“臭鳜鱼”、四川的“干煸牛肉丝”、山东的“奶油鲑鱼”等。

2）突出酒店特色菜、招牌菜。酒店招牌菜点越有特色，越易占领市场，如张生记靠风味独到的“笋干煲老鸭”菜肴广受宾客喜爱；小肥羊、小土豆、石磨豆花等餐饮企业靠特色原材料取胜。

3）突出主厨拿手菜。合理组配由身怀绝技的名厨、大师制成的菜肴。

（4）原料多样原则

1）食材多样。我国食材种类繁多，在设计宴会菜点时，应尽量丰富菜点的原料品种。粮食类可选择谷类、豆类、薯类及其制品；蔬菜类可选择根菜类、茎菜类、叶菜类、花菜类、果菜类、食用菌类、食用藻类等；果品类可选择鲜果类、仁果类、干果类、果品制品等；动物性原料可选择畜类、禽类、鱼类、甲壳类及相应制品；调料可选择咸味调料、酸味调料、麻辣味调料、香味调料及调味汁、调味粉、调味酱等；食用油脂可选择植物性油脂、动物性油脂等。

2）因地配菜（产地地域）。原料广泛性是形成菜点多样性的基础，是提供多种营养素的主要来源。原料因土壤、海拔、气候、光照等区域生长环境的不同，品质差别很大。

3）因时配菜（时令季节）。食物原料都有特定的生长周期和最佳食用期。“菜花甲鱼菊花蟹，刀鱼过后鲥鱼来，春笋蚕豆荷花藕，八月桂花鹅鸭肥，冬有萝卜鲫鱼肥。”从这首诗中我们可以看出，不同季节应选用不同原料，即按季配味。中医认为，“春多食酸，夏多食苦，秋多食辛，冬多食咸”。因时配菜的原则是“春夏偏于清淡，秋冬偏于浓重”。

4）因材配菜（食材部位）。原料的不同部位适宜做不同的菜肴。猪肉的上脑部分肥瘦参半，细嫩爽滑，宜作广东菜咕咾肉的原料；后腿肉中的坐臀肉，虽纤维粗糙，但香味足，是制作白切肉的首选。

5）合理搭配。主辅料搭配。丝类菜肴中，主副料的质地要一致，否则，硬的原料会盖过软的原料。不同档次的材料搭配。一桌菜品有两三道高档菜，即可显现整桌宴席的档次，若将鲍鱼、海参、燕窝、龙虾等高档原料全安排在同一桌宴席，势必造成中心不突出，还会增加制作难度。

（5）滋味纯正原则

菜点味道永远是宴席风味的核心，味必求纯正、清鲜。宴席菜品应注重咸、甜、酸、辣、苦五种基本味及酸甜、麻辣、咸香等由两种及两种以上的基本味混合而成的复合味。五味调和百味香，味的不同组合可调制出丰富的味型。如川菜有一菜一格、百菜百味之说。

强化原味，防止异味，追求美味。调味要拿准菜品口味，把握原料性质，注意季节变化，掌握调味与温度的关系。我国常见味型有三十多种，每桌宴席可设计十几种味型配置，以防口味单调。如满桌都是咸鲜味型的菜品，会让宾客感觉平淡乏味；而席上辣味、麻辣味等冲击力强的菜品过多，会过于刺激宾客味蕾。

“物无定味，适口者珍。”口味既要强调共性，更要兼顾个性。在同一时期、同一地域内，人们的口味需求大致相同。我国幅员辽阔、民族众多，因地理、气候、风俗、民情、经济等多种因素，每个地区形成了独特的饮食口味习惯与奇妙的烹饪方法。外宾口味差异更大，如日本人喜欢清淡、少油，略带酸甜；欧洲人、美国人喜欢略微带酸甜味；阿拉伯人和非洲人以咸味、辣味为主，不喜糖醋味；俄罗斯人喜食味浓的食物，不喜清淡等。

温度会改变菜点的外观、气味与口感。“一热三鲜”，温度对菜点的影响较大。如蟹黄汤包，热吃汤汁鲜香，冷后腥而腻口，甚至汤汁凝固；拔丝苹果，趁热食用，可拉出万缕千丝，冷后则糖丝凝成块，影响口感。凉菜要凉，热菜要烫，冷热反差大，品味感觉更好。人们夏秋喜食清淡爽口的菜品，需增加冷菜比例，选用热量较低的菜点；冬春喜食浓汤厚味，可适当安排富含蛋白质、热量较高的热菜、热点。据研究，甜味在37℃左右感觉最甜；酸味在10℃～40℃味道稳定；菜品温度越高，咸味和苦味越淡。冷食类菜点在0℃～6℃，凉食菜点在10℃左右，热菜、热点在60℃～65℃味道最好。菜点、饮品最佳出品温度见表3－9所示。

表3－9　部分菜点最佳出品温度

菜品、饮品名称	最佳出品温度	菜品、饮品名称	最佳食用温度
冷菜	15℃左右	凉开水	12℃～15℃
热菜	70℃以上	果汁	10℃
热汤	80℃以上	水果盘、西瓜	8℃
热饭	65℃以上	啤酒	夏季6℃～8℃；冬季10℃～12℃
砂锅、煲类菜	100℃	冰激凌	6℃
热咖啡	70℃	汽水	5℃
热牛奶、热茶	65℃	—	—

质地感觉是菜点与口腔接触时所产生的一种触感，有细嫩、滑嫩、柔软、酥松、焦脆、酥烂、肥糯、粉糯、软烂、黏稠、柴老、板结、粗糙、滑润、外焦内嫩、脆嫩爽口等多种类型。菜点需保持特有质感才适口，发软的脆饼、多筋的蔬菜等容易给宾客不适口的感觉。宾客对菜点质感的偏好各不相同，少年儿童多喜食酥脆的菜点；中青年人多喜食硬、酥、肥、糯的菜点；老年人多喜食酥烂、松软、滑嫩的菜点。菜点质感要丰富，如酥、脆、韧、嫩、烂等。

菜肴质感是由原料的结构和不同的烹调方法形成的。要随菜选料，因料而烹。主辅料配料一般“脆配脆，软配软”，如爆双脆，用形态大小一致的肚尖和鸡胗制作而成、剞刀深度一致。软嫩的锅煽豆腐，选用柔软的豆腐和鸡蛋制作而成；也有软脆相配情形，如冬笋肉丝，一硬一软，吃口别具风味。烹调时要注意调节火候，保持各种原料的特性。

(6) 数量适当原则

“数”指整桌宴席的菜品道数；“量”指构成每道菜点的各种原料数量、主料与辅料的投料比例以及整桌宴席菜点的总量。

控制菜点道数。宴会结束时菜点基本吃光的量最为适宜。一席宴席菜点道数越多，菜点总量就越大。影响宴席菜点总量的因素有宴会人数、宴会类型、宴会目的、宴会档次、宾客情况。

控制例盘菜量。标准食谱的例盘菜量，热炒为300～500克。菜量太多，会造成浪费，成本增加；菜量太少，宾客吃不饱。

控制出料比例。根据原料价格、拆净率及宴会售价，确定每道菜品所用的主料、配料、调料的比例、质量及数量。

控制主辅料比例。不同规格及档次的宴会，菜品主辅料比例不同。

(7) 创新发展原则

1) 挖掘。把已失传的传统菜点挖掘出来，使其重放异彩，如私家菜、官府菜、宫廷菜。发掘原材料的多种利用价值，如使用三文鱼的鱼头、带肉鱼骨等杂料做成炸三文鱼骨卷；利用野蔬杂粮设计药膳菜点；开发水果宴、茶宴等创新宴席。

2) 继承。四川冒菜变为毛血旺；“酱猪肉”“东坡肉”等经改良后，入口即化，油而不腻。

3) 引进。如粤菜蒸鱼先不放盐和佐料，只蒸10分钟，鱼刚断生，骨边还有点点血丝，肉质鲜嫩。可引入川菜的“鱼香肉丝”做法，将粤菜蒸鱼改成“鱼香鳜鱼丝”，别具风味。

4) 改良。①中西结合，如“酥皮海鲜”；②荤素结合，如扁豆撕筋去豆，夹入火腿、虾、笋菜制成的馅，蒸制、浇葱油，制作成“酥贴干贝”；③烹法改进，如借鉴法式客前烹制，使客人边吃美食边欣赏厨艺表演。

(8) 条件相符原则

宴会的菜品设计应考虑原料货源情况、厨房设备、菜肴制备时间及服务员的服务能力等。

1) 厨师技术能力。设计宴席菜肴应考虑宴会厅本身独有的烹调技术、烹调设备及材料储备情况，以求运用既有的独特优势，设计出匠心独具的菜肴。亮出名店、名师、名菜、名点的旗帜，施展本店的技术专长，运用独创技法，力求新颖别致，令人耳目一新。

2）厨房设备条件。根据厨房设备设施的生产能力筹备菜点，合理使用各种设备，发挥其优势，确保菜点品质，体现宴席特色。

3）原料供储情况。了解各种原料的应时季节、上市时间、产地、生长情况、品质特点、市场供应情况，掌握本酒店原料采购质量、数量、价格、储备情况等。菜品研发时应季而变，以满足客人口味需求和心理需求，如大闸蟹、草莓等季节性较强的原料最好当季选用。

影响宴席菜点设计的因素还有传统中医养生理论、现代营养配膳理论、烹饪艺术展示、美学基础、社会消费倾向、菜品卫生安全控制等因素。

第七节 宴席的服务设计

一、中式宴会的服务设计

1. 中式宴会服务方式

1）共餐式宴会服务方式，适用于2～6人的零点和宴席。宾客使用各自的餐具用餐，服务员可同时为多桌宾客提供席间服务。该用餐方式是中国传统的家庭式用餐方式，具有气氛融洽的特点，对没有掌握筷子使用技巧的外国宾客不太适用。由于菜点、餐具都展示在餐桌上，用餐结束时台面上常杯盘狼藉。

2）转盘式宴会服务方式，适用于大圆台多人用餐的服务方式，常用于旅游团队、会议团体用餐和正式宴会。一般在大圆桌面上，安放直径为90cm左右的转盘，再将菜点等放置在转盘上。

3）分餐式宴会服务方式。分菜又称派菜、让菜，起源于欧洲贵族家庭。分菜服务是指菜点经宾客观赏后，由服务员使用服务叉、匙等将菜点依次分派到宾客餐碟中的服务过程，适用于官方、正式、高档宴会的服务。高档宴会每菜必派，其他宴会灵活安排，整鸡、整鸭、整鱼一般需要分派。分餐式的宴会服务能让宾客觉得就餐安全卫生、倍感亲切，还能让宾客感受菜点的精美，但是分餐式的宴会服务用工较多，对服务员分菜技艺要求高。

4）自助餐宴会服务方式。自助餐菜点丰富，陈列精美，种类繁多，刺激食欲，就餐速度快，餐座周转率高。菜点可错开高峰时期提前准备，缓解厨师人手紧张和顾客要求迅速上菜的矛盾，服务员需求较少。自助餐宴会服务方式主要适用于会议用餐、团队用餐和各种大型活动用餐。

2. 中式宴会服务流程

（1）宴前准备工作

1）组织准备。根据工作计划制定宴会任务书，通知厨房、宴会厅、酒水部、采购部、工程部、保安部等有关部门认真做好各项准备工作，群策群力，密切合作，保证宴会成功举行。

2）人员准备。按照宴会要求，对人员做出配备计划。要求员工仪表仪容端庄，态度热情礼貌，服务技能娴熟，工作经验丰富，男女分工合理；值台员工形象好、气质佳、服务技能强；传菜员工身体强壮、反应灵活。宴会重点区域，如服务贵宾席、主宾席的员工要求技术熟练、动作敏捷、应变能力强；主管要求工作经验丰富、协调能力与处理突发事件的能力强。

3）任务准备。明确任务分工。根据宴会要求设置主管、迎宾、值台、传菜、斟酒及衣帽间、贵宾室等岗位，对工作区域、工作范围、工作职责和工作要求有明确的分工与要求。要有专人负责账务，因宴会进行期间，常发生临时增加菜点、饮料、酒水的情况，应避免发生漏账、错账现象。为保证服务质量，可将宴会桌位和人员分工情况标在宴会台型图上，使所有员工明确自己的岗位职责。各部门、各岗位、各员工要做到“六明确”：明确工作目标、明确任务要求、明确操作细则、明确时间节点、明确质量标准、明确相互协作，所有这些要有书面文件加以确定。任务分配的方式可以写在分工簿上，也可以通过告示栏公示，更多的是通过餐前会的形式进行工作安排。大型宴会要通过专门的会议进行分配。

4）业务准备。在培训的基础上进行实地模拟预演，以提供优质服务，确保宴会万无一失，全场服务标准化、规格化、统一化。如每桌同时上菜、斟酒、撤餐盘，采用同一分菜方式，撤换骨碟、上热毛巾做到时机和次数的统一。

5）身心准备。通过各种途径与方法，如召开相关会议讲意义、交任务、提要求、明责任、究奖惩，加强对员工的教育，使员工提高责任意识，对宴会服务充满热情。

6）环境准备。宴会场景布置在开餐前 4 小时完成，宴会台型布置在开餐前 2 小时完成。大型宴会厅提前 30 分钟、小型宴会厅提前 15 分钟开启照明灯光和空调。宴会厅大门及周围环境干净整齐；客用通道及卫生间清洁卫生；地毯干净无杂物，无起包现象；服务车干净，无异味；沙发桌椅干净，无污迹；备餐柜内外干净，物品整齐；台布干净，无褶皱等。

7）物品准备。准备相应数量的餐具、台布、口布、牙签、餐巾纸、开水、托盘等；确保菜点的配料、调料齐全，瓶罐干净，随用随开；席上菜单每桌一至两份放于桌面，重要宴会人手一份。席前 30 分钟按照每桌用量准备好各种酒品、饮料、茶水、水果等。

8）宴席摆台。

9）冷菜摆放。宴会正式开始前 5～15 分钟（大型宴会为 30 分钟）摆放冷菜。因太早上冷菜，不符合卫生标准，且菜品表层易被吹干，影响菜肴造型。宴席如使用转台，冷菜须摆放在转台上。

10）准备酒水。开宴前 10 分钟准备好酒水。

11）宴前检查。准备工作全部就绪后，由宴会主管在宴会开始前一小时负责检查。检查项目主要包括：场地检查、员工检查、餐桌检查、卫生检查、安全检查、设备检查等。

12）准备迎客。宴会开餐前半小时一切准备工作就绪，打开宴会厅门。开餐前 10 分钟，员工站在规定位置面向门口精神焕发地迎客。

（2）宴会现场服务

宴会现场服务是宴会餐饮服务中时间最长、环节最复杂的服务。中式宴会现场服务程序：热情迎宾→领位引导（贵宾室的服务程序：导入休息厅—接挂衣帽—领位引座—递送香巾—奉送香茗—敬上茶食—宴前活动服务）→请宾入席→拉椅让座→介绍与祝贺→铺口布→收台号、席卡、筷套→递送香巾→奉送香茗→示意开宴→斟倒酒水→陆续上菜（介绍菜名和内容）→席间服务→结账、签单→拉椅送客→取递衣帽→门口道别→收台检查等。

（3）宴后收尾工作

宴后收尾工作有收银结账（又称买单或埋单）、剩菜打包、倾听意见、送客服务、现场检查、撤台清理、清洁卫生、存放桌椅、安全检查、检查落实、善后处理、总结提高。

3. 中式宴会台面服务流程

就餐服务即台面服务，是指把客人点的菜品、饮料送到餐桌，并在整个进餐过程中照料客人的需要。

（1）上菜服务

1）上菜准备。上菜，是由服务员将厨房烹制好的菜点按一定的程序端送上桌的服务。上菜准备工作有：检查上菜工具的清洁情况和准备情况；熟悉菜单、菜名；了解上菜顺序及数量；菜品烹制好经打荷岗位盘饰点缀后，送菜员要仔细核对台号、品名和分量，避免上错菜。

2）出菜服务。出菜又称传菜、走菜、送菜。厨房应分设进出两扇门，服务员出菜时应遵守行走规定。核对菜点，不要拿错，有疑问时请教厨师长。出菜时需将菜盘平稳地摆放在托盘上。行走时注意平衡，留心周围情况，以免发生意外。

3）上菜位置，又称“上菜口”，其选择原则是“方便客人就餐、方便员工服务”。零点宴席、团餐，上菜位置选在靠近服务台且不干扰客人或干扰客人最少的位置，避开老人、小孩，便于员工操作。正式宴席，上菜位置一般选在陪同与翻译人员之间，或副主人右侧，便于翻译或副主人向客人介绍菜点名称、口味特点、典故和食用方法。不可从主人与主宾之间上菜。

4）上菜时机。冷菜，开宴前15分钟将冷菜端上餐桌。热菜上菜时机因宴会的性质有所区别。①团体包餐。进餐时间较短，进餐前摆好冷盘及酒水饮料，待客人入座后快速将热菜、汤、点心全部送上。②一般宴会。服务人员应主动询问客人是否“起菜”，得到确认后即通知厨房及时烹制。要把握好第一道热菜的上菜时间。当冷盆吃到一半时（约10～15分钟后）开始上第一道热菜，其他热菜上菜时机要随客人用餐速度及热菜道数统筹考虑、灵活确定。③大型宴会。宴会经理现场指挥安排上菜，以主桌为准，先上主桌，再按桌号依次上菜，不可颠倒主次，以免错上、漏上，并注意上菜的速度与节奏。上完最后一道菜时要轻声地告诉副主人“菜已上齐”，并询问是否还要加菜或是否还有其他需要，以提醒客人注意掌握宴会的结束时间。

5）上菜顺序。①食物上席顺序，一酒、二菜、三汤、四点、五果（有些地区的宴席先上水果）、六茶。②菜点上席原则，先冷后热，先主（优质、名贵、风味菜）后次（平常菜），先炒后烧，先咸后甜，先淡后浓，先荤后素，先干后稀，先菜后汤，先菜后点。③热菜上席顺序，突出热菜、大菜和头菜。第一道头菜，为整个宴席定调、定规格的菜，如头菜是金牌鲍鱼，该宴席可称为鲍鱼席。第二道烤、炸菜，如北京烤鸭、烤乳猪、烧鹅仔、煎炸仔排等，要配白味小吃，并配葱酱或者其他蘸碟。第三道二汤菜，采用清汤、酸汤或酸辣汤，目的是用来冲淡酒精，起到醒酒的作用。随汤跟上一道酥炸点心。第四、五、六道是可以灵活安排的菜，依次为鱼类菜，鸡、鸭类菜，兔、牛、猪肉菜。第七道素菜，笋、菇、菌等时鲜蔬菜均可。第八道菜甜菜，羹泥、烙饼、酥点等蒸、炸菜品均可。第九道饭菜，用以下饭的小菜。前几道菜中间也可配点心和主食。第十道座汤，全鸡、全鸭等浓汤、高汤，寓意全席有一个精彩的结尾。

“席无定势，因客而变。”近年来，许多地区的宴席都把上汤的时间提前了，有的先上二道汤用以开胃。如广东习惯在冷菜后的第一道菜上炖品汤，再用汤结尾。安徽某些地区的头道菜是开胃甜汤，鱼安排在座汤前面上席。点心的上席顺序，各地也不相同，有的穿插在菜肴中间上，有的在宴席快要结束时上；有的甜、咸点心一起上，有的则分别上席；有的要上二次点心。上菜顺序要根据宴会类型、特点、宾客需要，因人、因事、因时而定。

6）上菜节奏。上菜速度先快后慢。根据客人进餐情况控制出菜、上菜速度。宴会主管随时与厨房保持联系，避免出现早上、迟上、错上、漏上或各桌进餐速度不一致的现象。宴会开始之初，上菜速度可快一些；当席面上有了四五道菜之后，则可放慢上菜速度，否则会出现盘上叠盘的现象。上菜关键是“一头一尾”，杜绝宴会开始后第一道菜迟迟难以上席，宴会接近尾声而水果或点心不能及时跟上，甚至顾客离席后还有菜品未上席的现象出现。根据菜品道数和客人就餐速度确定每道菜品上菜的间隔时间，一般为10分钟左右。如客人需要加快速度或延缓出品时，应及时通知厨房，做出相应调整。上新菜时，前一道菜肴尚未吃完或是转盘上已摆满几道大盘菜，无法再摆上新菜时，在得到客人许可后，可将桌上的大盘剩菜换成小盘盛装或拼装在其他盘内。

7）端送菜点。送菜员用托盘将菜点送至服务桌，值台服务员检查菜点与宴席菜单是否一致。上菜时，或将菜肴放在托盘内端至桌前，左手托盘，右脚在前，侧身插站在上菜口的两位客人餐椅间，用右手上菜；或直接用右手端菜盘在上菜口上菜。

8）摆菜艺术。对称摆放，摆菜要根据菜品色调的分布、荤素的搭配、菜点的观赏面、刀口的逆顺、菜盘间的距离等因素合理摆放，使得席面荤素搭配、疏密得当、整齐美观，以增添宴会气氛。如鸡对鸭、鱼对虾等，同形状、同颜色的菜品相间对称摆在餐台的上下或左右位置上。摆放位置与形式按席面菜点数量而定，摆放原则：①一中心。1道菜时，放于餐台中心。②二平放。2道菜时，摆成横一字形；1菜1汤时，摆成竖一字形，汤在前、菜在后。③三三角。3道菜时，摆成品字形；2菜1汤时，汤在上、菜在下。④四四方。4道菜时，摆成正方形，3菜1汤时，以汤为圆心，菜沿汤内边摆成半圆形。⑤五梅花。5道菜时，摆成梅花形；4菜1汤时，汤放中间，菜摆在四周。⑥六圆形。以汤或头菜或大拼盘为圆心，其余菜点围成圆形。若用转盘，则做相应调整。

突出看面。菜品看面是菜品最适宜观赏的一面，上菜时，菜肴看面要对准主位。不同菜品看面不同。①头部，烤乳猪、冷盆“孔雀开屏”等整形的有头的菜或椭圆形的大菜盘，头部为看面；②身子，头部被隐藏的整形菜，如八宝鸡、八宝鸭等，其丰满的身子为看面；③刀面，双拼或三拼，整齐的刀面为看面；④正面，有“喜”“寿”字的造型菜，字画正面为看面；⑤靓面，一般菜肴，刀工精细、色调好看的一面为看面；⑥腹部，上整形菜时，如整鸭、整鸡、整鱼，因“鸡不献头，鸭不献掌，鱼不献脊”，将其头部一律向右，腹部朝主人，表示对客人的尊重，腹部为看面；⑦盘向，使用长盘的热菜，其盘子应横向朝主人。

尊重主宾。主宾是服务的重点对象，挪盘时要向陪客方向移动。每上一道热菜前，都要对餐桌上的菜肴进行一次调整，将新上的菜摆在餐台的中心，或摆在转盘边上，再转至主宾前，以示对主宾的尊重。

摆菜操作规范。①一平：菜盘拿在手上要平稳，不能倾斜，以免将盘中汤汁滴出来。

②二准：上菜前挪出空位，将要上的菜盘准确落位。③三轻：菜盘放下时动作要轻，不可发出响声。④四正：有形菜上席时要面向主人席摆正位置。

9）展示菜品。①展示，大拼盘、头菜要摆在餐桌中间，其余菜在“上菜口”上席后，将转盘按顺时针方向慢慢转一圈，最后停在主宾面前，使所有客人均可欣赏领略到菜品的色、香、味、形、质的风韵。②介绍，服务员上菜后，后退半步，表情自然，吐字清晰，脸带微笑，声音悦耳，向客人介绍菜名、风味特点、相关典故、食用方法等。

10）佐料跟进服务。佐料的跟进大有讲究，考虑因素有原料、烹法、地区、口味等。作用：为菜肴调味、满足顾客多种口味。形式：先上，将一种或数种佐料分别盛入味碟（或味瓶、味盅）中，在上菜之前摆在餐台上，由客人自取、自配、自用；同时上，将佐料和菜肴一起端上餐台，或是将菜肴的佐料摆放在菜盘四周，随菜一起端上餐台。

11）保持整洁。随时整理台面、撤去空菜盘，保持台面整洁美观，严禁盘子叠盘子。如果满桌，在征求客人意见后，可大盘换小盘，将相似的菜点合并为一盘，或帮助分派。

（2）分菜服务

1）分菜准备工作。掌握分菜技术，了解各种菜肴的烹制方法，菜肴成形后的质地、特点，整形菜的结构特点，熟练掌握分菜技术，做到操作自如。准备分菜工具，根据不同菜点，正确选择分菜工具。分菜工具需清洁、无污渍，大小适当，可事先备在餐具柜中。清洁分菜台面，认真清理、洗净、擦干工作台或餐车，保证卫生安全。

2）分菜工具与使用操作。①匙、筷配合，适用于中餐具分菜，用于定点分菜。②勺、筷配合，适用于中餐具分菜，用于分汤。③刀、叉、匙配合，适用于西餐具分菜，用于分切带骨带刺的菜点，如鱼、鸡、鸭等，先用刀叉剔除鱼刺或鸡鸭骨，然后分切成块；后用服务叉、匙进行分菜。④叉、匙配合，是最常用的分菜方法，用于丝、片、条块类菜肴分菜。服务员右手中指、无名指和小指稍加弯曲，勾着匙把的后部；也可将中指和小指放在匙的一边，无名指放在匙的另一边，三指配合夹住匙把，然后让食指垫于匙叉之间，与拇指配合捏住叉把。操作时右手背向下、掌心向上，用匙先插入菜中，同时用拇指和食指将叉、匙分开，待匙盛起菜肴后，再将叉夹紧菜肴送至餐碟。

3）分菜方式与操作程序。①厨房分盘，又称各客式服务，俗称“各吃”“个吃”。厨师在厨房将菜肴按每人一份装盘，由服务员送给每位客人进食，适用于高档的炖品、汤类与羹类，多见于采用分餐制或中餐西吃的高档宴会，以显示宴会的规格和菜肴的名贵。②餐桌分菜，也称餐位分菜。菜肴上席展介后，由服务员在餐桌上分菜，可以提升服务质量、活跃就餐气氛，适用于大圆台的多人就餐服务，服务方式有单侧（左）分菜、两侧（左右）分菜和转盘分菜三种。③旁桌分菜，也称服务台分菜、边桌分菜。旁桌是指服务餐车或工作台，菜点从“上菜口”按要求上菜、示菜并报菜名后将菜撤下，由服务员在旁桌上将菜点分盘后上席。④公具取菜，就餐者使用席上公共餐具自行取菜，自助餐、套餐、快餐都属于此类服务方式。

4）分菜顺序。从主宾位开始，然后按顺时针方向依次为主人、第二主宾等所有客人进行服务。

5）分菜要求。员工手部与餐具保持高度卫生，分菜时留意菜的质量，及时将不符合标准的菜点送回厨房更换。不得将掉在桌上的菜肴拾起再分给客人，分菜时手拿盛菜器皿的边缘，避免污染。若台面上滴留汤汁或食物，及时用湿布擦拭干净。①动作利索，在保证质量的前提下，以最快的速度操作，确保最后一位客人食用时菜品的温度适口。②分量均匀，估算每份菜量，保证均匀分菜后略剩余 1/10 左右，供客人自取。一次分不完的菜或汤，主动进行第二次分派。有两种以上食物（如大拼盘或双拼盘）的菜肴，分菜时须均匀搭料。③跟上佐料，如有需要佐料的菜品，分菜时要跟上佐料，并向客人说明用餐方法。④注意反应，分菜时应留意客人对该菜肴的反应，如是否有人忌食，并及时处理。

（3）特殊菜肴分菜操作程序

名贵菜肴，高档次的菜品在分菜过程中要尤其注意，先少量均匀地分配，尚有剩余再平均分配。

分全鱼菜品，转盘上需准备两个骨盘，一个摆放餐刀、服务叉匙，另一个放置鱼骨头。菜品经席上展示介绍后，将鱼头朝左、鱼腹朝桌边摆放，再进行分菜。先用餐刀切断鱼头、鱼尾，接着沿着鱼背与鱼腹最外侧，从头至尾切开鱼的皮与鳍骨，后沿着鱼身的中心线，从头至尾深割至鱼骨。切完后，用餐刀、服务叉将整片鱼背肉从中心线往上翻摊开，再将整片腹肉往下翻摊开，将餐刀从鱼尾断骨处下方插入，慢慢切向鱼头方向。将整条鱼骨头取出后，在鱼肉上淋上汤汁，再将背肉、腹肉翻回，即成一条无骨的全鱼。再将转盘轻轻转到主宾前面，使用服务叉匙分配。

（4）席间服务

1）撤换餐具。撤换餐具应严格按照“右上右撤”的原则，站在客人右侧操作，右手操作时，左手要自然弯曲放在背后。按服务顺序撤换，餐具摆放要轻拿轻放。

2）更换小毛巾。客人刚到时、上第一道菜时、上需要用手取食或海鲜菜肴时、上甜品时及客人离席归来时均需更换毛巾。毛巾的温度需适宜，递送毛巾时，放于宾客餐位左侧的毛巾托上，或用毛巾夹将毛巾直接递送到宾客手中。用过的毛巾要及时收回，以免弄湿台布。

3）酒水服务。

4）加菜服务。

5）水果服务。

6）其他服务。

如客人暂时离席，应主动拉椅，餐巾叠好放于餐位旁。客人上洗手间归来后，为其更换毛巾。及时回答客人问话、主动为客人提出合理建议等。

二、西式宴会的服务设计

1. 西式宴会服务方式

（1）法式服务（餐车服务、手推车服务）

1）富丽豪华。源于欧洲王室的贵族式服务，环境幽雅，设施豪华，讲究礼仪，服务周到，节奏较慢，费用较高，多见于高档西餐厅零点用餐服务。

2）桌边烹调。每道菜品的最后加工环节在宾客餐桌边完成。用银盘盛装菜品，置于带有加热装置的餐车上，由首席服务员当着客人的面分切、焰烧、去骨、调味、装饰等。头道冷菜在现场调味，搅拌后分到餐盘中，派给客人；主菜在厨房加工完后，现场进行分割，再派分；甜品一般在厨房加工成半成品后，在客人面前进行最后加工。

3）双人服务。员工技艺精湛，着装规范。首席服务员主要负责点菜、桌边烹调、桌面服务和结账服务。助理服务员负责传菜、上菜、收撤服务及协助首席服务员提供相应服务。除了面包、黄油、配菜外，从客人的右侧提供上菜和收撤服务，其中调味汁和配料可从客人左侧收撤（鲜胡椒须从客人右侧收撤），并要向客人说明调味汁和配料的名称，根据客人需求摆放调味料。

4）酒水专司。由专职酒水服务员，使用酒水服务车按开胃酒、佐餐酒、餐后酒的顺序为客人提供酒水服务。

5）服务特点。豪华式个性化服务，节奏缓慢，表演性较强。员工所服务的客人较少，专业要求高。餐具贵重，员工人工成本和培训费用较高，投资较大。餐厅服务面积较大，空间利用率、座位周转率较低。

（2）俄式服务（大盘服务）

1）银盘服务。常见于高档西餐宴会，采用装饰精美的银质餐具。菜品放入大银盘内并加以装饰，服务员左手垫餐巾托起大银盘，右臂下垂，优雅地进入餐厅。或一人拿主菜，另一人拿蔬菜，鱼贯进入餐厅。

2）单人分菜。服务员向主人客人展示菜品时需放低左手托有菜品的托盘，在报出菜名之后，右手拿叉勺，站在女主宾的左边，按逆时针方向以先女宾，后男宾，最后主人的顺序依次分派菜品。斟酒、倒饮料和撤盘等服务在客人右侧操作。

3）两次分菜。第一次分菜保证每位客人的菜肴品种及数量基本相同并保持盘内剩余菜肴的美观。第二次只给需要添菜的客人分菜。两次分派完成后，及时将盘送出餐厅。

4）服务特点。讲究礼仪，服务周到。按客人需求派菜，浪费较少；服务效率高，服务速度快；表演较少，费用较少；餐厅空间利用率较高。俄式服务是目前世界上所有高级餐厅中最流行的服务方式，因此也被称为国际式服务。

（3）英式服务（家庭式服务）

1）私人家宴。起源于英国维多利亚时代的家庭宴请，是一种非正式的、由主人在服务员的协助下完成的特殊宴席服务方式，常见于私人宴请，气氛活跃随意。各种调味汁和配菜摆放在餐桌上，由客人自取。

2）主人服务。服务员提前将大盘菜品和加热过的餐盘放于坐在宴席首席的男主人面前，由男主人亲自切开肉菜分夹到每个餐盘，女主人主要负责蔬菜、配菜与甜点的分配及装饰。服务员充当主人助手的角色，负责摆台、传菜、清理餐台等服务。

3）服务特点。讲究气氛，节省人力，但服务节奏较慢，客人得到的服务较少，在大众化的餐厅已不太适用。

（4）美式服务（盘式服务）

1）各客装盘。厨师根据订单制作菜肴，菜食在厨房内装盘，每人一份，由服务员直接端盘上席。如是小型家庭式宴会，厨房装盘后多余的主菜，可另装在一个大盘中，放在色拉台上供客人自取。

2）快捷方便。不做献菜、分菜的服务，易于操作，不拘泥于形式，一个服务员可同时服务多人。操作简单易学，对员工的熟练程度要求不高，人工成本低，设备成本相对较低。为避免在客人两侧服务过多而打扰客人，菜品、酒水均为右上右撤。

3）服务特点。起源于美国餐馆，适用于中低档的西餐零点和宴会用餐。服务快捷，但个性化服务较少，技术要求相对较低，人工成本较为节省。目前，国内高端中式宴会服务常采用盘式服务的各吃。

2. 西式宴会服务流程

（1）宴前准备

① 明确任务；②扎实技能；③布置餐厅；④备餐具柜；⑤备齐餐具；⑥备足酒水；⑦备足菜品；⑧摆餐桌椅；⑨铺餐台布；⑩摆放餐具；⑪全面检查。

（2）宴前服务

1）迎候宾客。开宴前，热情迎宾，迅速引领客人就座，避免出现大厅与通道堵塞的现象。将贵宾引领到休息室，提供茶水或鸡尾酒服务。

2）宴前鸡尾酒会。开席前在宴会厅的一侧或休息室举行半小时至一小时的餐前酒会，供客人交流问候。厅内摆设小圆桌或茶几，备干果、鸡尾酒和其他饮料，服务员用托盘端鸡尾酒、饮料、面包、黄油巡回服务，也可先提供清汤或冰水。

3）接挂衣帽。

4）引宾入席。值台服务员应精神饱满地站在餐台旁，宴会开始前请宾客入宴会厅就座，遵循“先宾后主、女士优先”的原则，为客人拉椅入座、铺餐巾、倒冰水。

（3）席间服务

1）出菜服务。宾客到齐后，经主人同意后立即通知厨房上菜。需按照宴会进程，控制出菜顺序和速度。走菜要平稳，以防汤汁外溢。

2）酒水服务。

3）冰水服务。先冷却矿泉水，使其温度达到4℃左右；将玻璃水杯预凉；根据客人需要加冰块或柠檬片，也可用柠檬、酸橙等装饰冰水杯。

4）台面服务。同步上菜、同步撤盘；保持清洁；保持温度；放准位置；上调味酱；补置餐具；上洗手盅。

5）巡视服务。开宴过程中，需操作规范，照顾好每位客人，让客人满意。

（4）上菜服务

1）上菜顺序。开胃菜（头盆）→汤→色拉→主菜→甜点和水果→餐后饮料（咖啡或茶）。待客人用完菜品后撤去空盘，再上下一道菜。

2）上菜位置。大多遵从“右上右撤”（服务员用右手从客人右侧上菜、撤盘）的原则，服务按顺时针方向绕台进行。若从左侧服务则按逆时针方向进行。

3）上菜要求。上菜时，需报菜名，介绍菜品风味与特点。盘中主料应摆在靠近客人的一侧，配菜放在主菜的上方。餐具温度较高时，要及时提醒客人注意。需要跟上配汁、调料时，应放在小碟托上与菜品同时上桌。上菜品前，要先为客人提供斟酒服务；撤换餐具、清理台面时，需先征得客人同意。服务要细致，技术要熟练，杜绝出现汤汁、菜点洒在桌上或客人衣物上的现象。

4）上主食。宴会前几分钟摆好黄油，将面包放入装有餐巾的面包篮内，并注意续添。从客人的左侧将面包夹入面包盘内，面包盘需保留到撤主菜盘后才能撤下。若菜单上有奶酪，需等到客人用完奶酪后，或在上点心之前，才能撤下。

5）上开胃菜。开胃菜又称冷盘，多为熏鲑鱼、鹅肝排、鱼子酱、各式虾类等，其餐盘需提前冷冻。从客人右侧上菜，将盘子放在客人面前看盘的中央。

6）上清汤或肉汁汤。上到客前正中，汤匙放在垫碟的右边。盛器提前加热，上席时要及时提醒客人。带盖的汤盅上席后要揭去其盖，放于托盘上带走。

7）上主菜。餐具要与主菜匹配，如吃牛排配牛扒刀；吃龙虾配龙虾开壳夹和海味叉；吃鱼要配鱼刀、鱼叉等。主菜摆放在餐台的正中位置，将肉食鲜嫩的最佳部位朝向客人，配蔬菜、沙司盘放在客人的左侧。

8）上甜点、水果。从客人右边撤下除水杯、酒杯、饮料杯以外的所有餐具。摆好甜品叉、勺。若备有香槟酒，需先倒好香槟再从客人右手边上点心。水果摆在水果盘里上席，同时跟上洗手盅、水果刀、水果刀叉。

9）上饮品。提前准备好糖缸、淡奶壶。每位宾客右手边放咖啡杯或茶具。上咖啡时，若客前还有点心盘，则咖啡杯可放在点心盘右侧；如点心盘已收走，可直接放在客人面前。服务员左手拿块干净、叠好的餐巾，右手拿咖啡壶或茶壶从客人右边依次为客人斟倒。随餐服务的咖啡或茶，需不断供应，但斟倒前应先询问客人，以免造成浪费。

（5）宴席收尾服务

与中式宴会收尾工作类似。

3. 冷餐会服务流程与规范

1）布置场地。环境布置应与宴会主题一致，播放旋律柔和的背景音乐，提前调试好主席台话筒与音响等设备。在入口处设置主办单位迎宾的场景，摆屏风，铺红地毯，聚光照明。宴会台型要突出主桌，预留通道。通常架高餐台中央部分，摆放带有主办单位的标识、冰雕等，以凸显酒会的主题。

2）摆放餐台。食品台的摆设应方便客人选取菜品，根据客人流动方向安排菜品。摆设形式灵活多样，可摆设全套的自助餐台；也可将一些特色菜分离出来，单独设台摆放，如色拉台、甜品台、切割烧烤肉类的肉车等。

3）摆放餐桌。设座的冷餐会要摆好客用餐桌。餐桌上摆放餐刀、餐叉、汤勺、甜品叉勺、面包碟、牛油刀、水杯、餐巾、胡椒盅、盐盅等餐具。

4）摆放菜品。立式自助餐台摆放杯具、餐刀、餐叉、餐巾等餐具。色拉、开胃品、冷菜放在客人最顺手的一端，蔬菜、肉类菜及其他热菜紧跟其后。在摆放时应注意菜品造型，菜品的配汁要与菜品摆放在一起，热菜要用保暖锅保温，甜品、水果可单独设台摆放。

5）全面检查。宴会主管对餐前准备工作进行认真仔细地检查。

6）餐前酒会。冷餐会开始前半小时或 15 分钟，在宴会厅外大厅或走廊为宾客提供鸡尾酒、饮料和简单小吃，开席前再请客人进入宴会厅。

7）入座就餐。冷餐会除主桌设席卡外，其他各桌用桌花区别。宾客自由入座后，服务员应及时斟倒冰水和饮料。待全部客人就座后，主办单位宣布冷餐会正式开始，致辞并祝酒。

高档设座冷餐会的面包、黄油需提前派好，开胃品和汤由服务员送至餐桌。

8）调制鸡尾酒。调酒员要礼貌询问客人需求，并迅速调好鸡尾酒和其他饮品。

9）主动服务。服务员要勤巡视，细心观察，主动为客人服务，不得从正在交谈的客人中间穿过。若客人互相祝酒，要主动上前为客人送酒。客人取食品时，要及时给客人送盘并向客人介绍和分送食品。及时对食品台上的菜品进行补添，并注意食品台的清洁卫生。自助餐台值台的厨师要及时向客人介绍、推荐、加送菜品，分切肉车上的各类烤肉，添加菜品，控制菜品温度，回答客人提问，保持餐台整洁等。

10）分工合作。客人进餐过程中，服务员必须坚守岗位，为客人提供优质服务。一部分服务员为客人提供菜品和酒水服务；另一部分服务员负责撤台收台，保持食品台、餐台的整洁。收尾工作与宴会服务的收尾工作相同。

三、宴会酒水服务设计

中式宴会酒水服务流程：准备酒水→选酒→温酒→准备酒具→示酒→开启酒瓶→醒酒→滗酒→试酒→斟倒酒水。具体操作流程与标准可参照西式宴会酒水服务流程。

（1）正式宴会酒水服务流程

1）备酒。开餐前备齐各种酒水、饮料。擦净瓶身、瓶口部位，检查商标是否完整。若发现瓶子破裂或酒水中有悬浮物、浑浊沉淀物等变质现象，应及时调换。将酒水分类整齐摆放，矮瓶在前、高瓶在后，这样既美观又便于取用。其间不得晃动酒体，以防汽酒冲冒、陈酒沉淀物窜腾。

2）选酒。按宴会要求备好酒水品种，并放入托盘，在征求客人意见后斟倒酒水。上果汁时，应先倒入果汁壶再进行服务。如客人不用酒水，需将客前空杯撤走。

3）温酒。各类酒水最佳饮用温度，见表3－10所列。

表3－10　各类酒水最佳饮用温度

酒品	最佳饮用温度
白酒	中国白酒在冬天饮用时可用热水温至20℃～25℃，但名贵酒品如茅台、五粮液、汾酒等一般不温，以保持其酒香气；西方白酒根据客人需求决定是否添加冰块，也可在室温下净饮
黄酒、清酒	温烫至40℃
啤酒、软饮料	啤酒最佳饮用温度为4℃～8℃，夏天饮用可稍微冰镇一下，但温度不宜过低
白葡萄酒	干型、半干型白葡萄酒的芬芳香味比红葡萄酒容易挥发，最佳饮用温度为8℃～12℃，除冬天外，白葡萄酒一般加冰块饮用
红葡萄酒	桃红酒和轻型红葡萄酒一般不冰镇，最佳饮用温度为10℃～14℃。鞣酸含量低的红葡萄酒最佳饮用温度为15℃～16℃，鞣酸含量高的红葡萄酒最佳饮用温度为16℃～18℃
香槟酒	香槟酒、利口酒和有气葡萄酒最佳饮用温度为6℃～9℃，将香槟酒瓶放在碎冰内冰镇后再开瓶饮用，可使酒内的气泡明亮闪烁时间更久一些

酒水冰镇（降温）或温烫（升温）方法，见表3－11所列。

表3－11　酒水冰镇或温烫的方法

方法	流程
冰块冰镇	冰桶架上置加有冰块、冷水的冰桶，将酒瓶斜插入冰桶中。用架子托住桶底，连桶送至客人餐桌边，用口布包住瓶身，以免瓶外水滴弄脏台布或客人衣物。使用酒篮服务的酒瓶，瓶颈下应衬垫布巾或纸巾
冰箱冷藏冰镇	提前将酒品放入冷藏柜内，使其缓缓降至饮用温度
溜杯	手持酒杯下部，杯中放入冰块，摇转杯子降低杯温
烧煮	把酒倒入容器后，烧煮加热
水烫	将酒倒入烫酒器，置入热水中升温，一般面向客人操作
火烤	将酒倒入耐热器皿，放在火上烧烤升温
燃烧	将酒倒入杯盏内，点燃酒液升温，一般面向客人操作
冲泡	将沸滚饮料（如水、茶、咖啡等）冲入酒液，或将酒液注入热饮料中升温

4）准备酒杯。不同酒水选用不同酒杯，如啤酒杯容量大、杯壁厚，可较好地保持冰镇效果。葡萄酒杯由水晶、无色玻璃等制成，可更好地展现酒的颜色；高脚造型杯，可防止葡萄酒体温度被手温影响；郁金香花型的造型杯，有利于酒体香醇气味的散发。烈性酒杯容量较小，精致玲珑，有利于突出其名贵与纯正。

西式酒会杯具名称、容量、斟酒量及适用酒类见表3－12所列。

表3－12　西式宴会杯具名称、容量、斟酒量及适用酒类　　单位：盎司

适用酒类	常见杯具及名称	杯具容量	使用说明
烈酒类	净饮杯	1～2	用来盛酒精含量高的烈酒类，斟酒量为1/3杯
威士忌	古典杯、矮脚古典杯	2	杯粗矮而有稳定感；盛威士忌酒、伏特加、朗姆酒、金酒时常加冰块，斟酒量为1/3杯
饮料果汁	水杯、哥士连杯、森比杯、库勒杯、海波杯	8～16	用来盛各类果汁、冰水、软饮料或混合饮料，常斟8分满
啤酒	皮尔森杯、啤酒杯、暴风杯	8～16	用来盛瓶装啤酒，斟酒量为8分满；带柄的啤酒杯称扎啤酒杯，用来盛大桶装啤酒
白兰地	白兰地杯（矮肚杯、拿破仑杯）	1	不加冰块冰镇。杯形肚大脚短，饮用时以手托杯，有利于酒香散发。斟酒量为1/5杯
香槟酒	马格利特杯、郁金香杯、浅碟香槟酒杯、笛形香槟酒杯	5～6	冰桶冰镇后饮用。马格利特杯、浅碟香槟酒杯便于干杯碰杯；笛形香槟酒杯、郁金香杯有利于展现气泡。斟香槟酒时分两次进行，先向杯中倒1/3，待泡沫消退后续倒至杯的2/3处

（续表）

适用酒类	常见杯具及名称	杯具容量	使用说明
鸡尾酒	三角、梯形鸡尾酒杯	2～3	鸡尾酒现调现用。酒杯高脚，以免手温影响酒体的口感。斟酒量为2/3杯至8分满
利口酒、雪利酒	利口酒杯	3～4	用来盛餐后饮用的甜酒或喝汤时配的雪利酒。斟酒量为2/3杯
酸酒	酸酒杯	4～6	杯口窄小而身长，杯壁圆桶形。斟酒量为2/3杯
葡萄酒	红葡萄酒杯、白葡萄酒杯	4～5	红葡萄酒杯比白葡萄酒杯大。红葡萄酒杯斟酒量为1/2杯，白葡萄酒杯斟酒量为2/3杯

5）示酒。宾客点用整瓶酒后，使用托盘（酒瓶立式置放）或特制的酒篮（酒瓶卧式置放，冰桶冰镇），将酒送至客人面前，并在酒瓶下垫干净的餐巾。服务员站立在客人右侧，左手托瓶底，右手扶瓶颈，酒标朝向客人示酒，以便客人辨认酒的信息。示酒可增添宴会气氛，也标志着宴席服务已开始。

6）开启酒瓶。酒瓶封口有瓶盖和瓶塞两种，开瓶器有开启瓶塞用的酒钻和开瓶盖用的启盖扳手。酒钻螺旋部分要长（有的软木塞长达8～9cm）、头部要尖，不可带刃以免割破瓶塞。瓶装酒要当着客人的面开启。瓶装酒开启后，若一次未斟完，瓶可留在桌上，放在客人的右侧。检验瓶塞，开瓶后，用干净的餐巾布仔细擦拭瓶口，闻瓶内部分瓶塞的味道，以检查酒质（如变质的葡萄酒会有醋味）。将拔出后的酒瓶塞放在垫碟上，呈给点酒的客人检验。

7）醒酒。为增加口感，在提供红葡萄酒服务之前，先询问客人是否需要醒酒。征得客人同意后，将红葡萄酒打开后置于酒篮中5～10分钟，先不倒酒。

8）滗酒。陈年酒有一定沉积物于瓶底，斟酒前应先去除混浊物质，确保酒液纯净。可使用滗酒器，或用大水杯代替。滗酒前，将酒瓶竖直静置数小时。滗酒时，准备一光源，置于瓶子和水杯的那一侧，用手握瓶，慢慢侧倒，将酒液滗入水杯。当倒出酒液接近含有沉渣的酒液时，沉着果断停止。

9）试酒。试酒是欧美人在宴请时的斟酒仪式。员工右手捏握酒瓶，左手自然弯曲在身前，左臂搭挂服务巾一块，站在点酒客人右侧。斟倒约1盎司的红葡萄酒，并在桌上轻轻晃动酒杯，使酒与空气充分接触。请主人嗅辨酒香，经认可后将酒杯端给主宾尝一口，以试口味。在得到主人与主宾一致同意后按顺序给客人斟酒。

10）斟酒。国内很多高档正式宴会或大型宴会，祝酒时饮用的第一杯酒为我国白酒。小型宴会、一般宴会可根据客人的饮食习惯和要求而定，通常等客到齐后开始斟酒。入座后，上第一道热菜前，从主宾开始，按顺时针方向依次为客人斟倒酒水。进餐中，及时为宾客添斟酒水。

斟酒顺序。一般场合先为长者、女士斟酒。正式场合，遵循先主宾后主人、先女宾后男宾的原则，从主宾开始，按顺时针方向斟倒，也可从年长者或女士开始斟倒。若是两名服务员同时服务，则一位从主宾位置开始，向左绕餐台进行，另一位从副主人一侧开始，向右绕餐台进行。续酒时，可不拘泥于顺序。斟倒不同酒品，按先葡萄酒，再烈性酒，后饮料的顺序进行。客人表示不需要某种酒时，应撤下相应的酒杯。

斟酒量。中国白酒与药酒一般净饮，不与其他酒掺兑，酒杯容量较小，斟酒量 1/2～1/3 杯为宜。含泡沫较多的酒，如啤酒极易溢出杯外，需沿酒杯内壁慢慢斟倒，也可分两次斟，尽量不让泡沫溢出，以八分满为宜。黄酒一般温后供客人饮用，在征得客人同意后，可加入少量姜片、话梅、红糖等，以丰富口感。红葡萄酒杯斟 1/2 杯，白葡萄酒杯斟 2/3 杯。

（2）酒会酒水服务流程

1）第一轮酒。酒会开始 10 分钟内把酒水送到每位客人手中。大、中型酒会因人数众多，调酒员要预先调好一些常见的酒水饮料。服务员端着放有小餐巾纸、各式饮品的托盘，排队站在入口处，供客人自行挑选。另外一部分服务员端拿装有酒水的托盘穿梭于会场中，为客人提供饮品服务，并安排专人及时收回客人手中和台面上用过的空杯，以保持台面的整洁。

2）第二轮酒。酒会开始 10 分钟后放置第二轮酒杯。调酒员要迅速将干净的空杯按正方形或长方形排列在吧台上，并将酒水饮料倒入酒杯中备用。

3）补充酒杯、酒水。两轮酒水斟完后，要及时补充酒杯。留意酒水的消耗量，及时添补，以保证供应。如有客人点新的酒水，应尽量满足客人的需要；如属名贵酒水，要先征求主人的同意后才能提供。

4）酒会高潮。酒会致完祝酒词时及酒会结束前 10 分钟，是酒水饮用最多、酒吧供应最为繁忙的时刻。此时要求调酒师动作快、出品多，尽可能在短时间内将酒水送到客人手中。

5）清点酒水。酒会结束前，要对照宴会酒水销售表，认真清点酒水，准确把握酒水的用量，并统计汇总，交收款员开单结账。

（3）鸡尾酒会酒水服务流程

鸡尾酒调制要点：①事先洗净、擦亮、冰镇鸡尾酒载杯。②按配方与调配步骤下料，按程序调制。③现“调”现用，搅拌时间不宜过长；混摇时，要快速有力，让酒水迅速混合，酒霜（杯口酒细砂糖或盐）要均匀。需选用优质酒水原料、新鲜的冰块与水果。压榨果汁前应先用热水浸泡水果，有利于挤出更多果汁。使用蛋清来增加酒的泡沫时要用力摇匀，以免浮在表层产生腥味。要提高安全意识，确保调酒动作规范、干净利落、自然优美。

鸡尾酒调制方法：摇动法、搅拌法、电动搅拌法、漂浮法、综合法等。

第八节　宴席的成本核算和控制

一、宴会成本设计

1. 宴会菜品价格构成

宴会产品价格：产品价格＝原料成本＋费用＋税金＋利润。而费用、税金、利润三者之和称为毛利，即：产品价格＝原料成本＋毛利。

原料成本：包括菜品主料、辅料和调料等构成的原料成本。

费用：包括管理费用、经营费用、财务费用等。

税金：包括营业税等。

利润：一定时期内营业收入减去成本、费用和税金后的余额。

毛利：餐饮产品价格中费用、税金和利润构成的部分，公式：毛利＝销售价格－产品成本（原料成本）。毛利率：毛利在价格中所占的比例，公式：毛利率＝毛利÷销售价格×100％。毛利率的高低可反映宴会的经营管理水平。

宴席售价和毛利率是宴会设计和成本控制的前提。设计菜单时，要对每一道菜点进行认真的成本核算，将成本控制在规定的毛利范围之内。影响价格的因素主要有原材料成本、费用、税金、餐饮产品质量、就餐环境、就餐时间、服务水平、地理位置、客人类型、市场需求、竞争状况以及通货膨胀、物价指数等，其中原材料成本是影响价格最重要、最基本、最直接的因素。

2. 宴会成本分析

（1）宴会成本构成

1）原料成本。宴会菜品的原材料成本，由主料、配料、调料组成。所以，原料采购价格的高低、涨发率及出净率的多少直接影响菜品的成本及售价。原料成本率一般占45％左右，宴会原料成本率低于普通餐饮原料成本率。

2）人工成本。宴会经营中所耗费的人工劳动的货币表现形式，包括工资、养老金、失业金、医保金、公积金、住房补贴金及员工各种福利补助等。宴会人工成本高于普通餐饮人工成本。

3）生产成本。宴会经营中的各种费用，如水电费、燃料费、设施设备、物料用品费、洗涤费、办公用品费、交通费、通信费、器皿损耗费、贷款利息等。宴会的生产成本高于普通餐饮生产成本。

4）销售成本。宴会菜品销售中的费用，如公关费、推销费、广告费等。

（2）宴会成本分类

1）可控成本。短期内可以控制、改变其数额的成本，又称变动成本。如宴会的菜品原料成本、人工成本、水、电、燃料费、低值易耗品、修理费、管理费、广告和推销费用等。

2）不可控成本。短期内无法改变的成本，又称固定成本，如折旧费、税费、贷款利息、租赁费等。

3. 宴会产品定价

（1）定价策略

1）预算详尽。销售额预算指研究产品的售价和预期销售数量。销售额预算通常建立在一些已知数据上，如食品的销售单价、预定的消费者人数、预计人均消费量定额、服务人员定额数、餐具折旧费用定额、运输费用预计开支额、餐饮活动场地租赁费用额，以及不可预知、预测的费用等方面的数据。

2）标准设置。宴会毛利率标准，不可太低，否则没有盈利；也不可太高，不然缺乏竞争力。宴会毛利率应保持相对稳定，不能频繁调整或做较大幅度的调整，否则有失酒店的信誉，特殊时期可根据情况作适当的调整。高星级宾馆、高档次餐厅宴会毛利率高；高档次宴会，高质量菜品、高服务要求的宴会毛利率高；特色宴会毛利率高。酒店独家的创新宴席或特色宴席，如“全羊席”“全鱼席”“风景宴”“仿古宴”等毛利率高；技艺复杂、技术性较强的宴席毛利率高；名师主厨的宴席毛利率高；商务宴、公司宴毛利率比私人宴毛利率高；一般客户宴会毛利比老客户宴会毛利率高；西餐宴会比中餐宴会毛利率高；旺季宴会比淡季宴会毛利率高。

3）目标明确。明确目标市场。根据宴会产品质量及市场竞争水平来决定不同宴会的销售价格；明确目标利润。酒店需要争夺或扩大市场占有率时，宴会价格要略低于市场的宴会价格；酒店要显示宴会特点及质量，树立企业形象时，宴会价格要高于市场宴会价格或高于竞争对手同档次宴会的价格水平。

4）弹性可调。宴会定价要灵活，要考虑常客优惠、团餐打折、新产品推介等因素。如开发新的宴会品种，其他酒店暂时没有或无法仿制时，其毛利率可高一些。忠诚客户或桌数多、规模大的宴会，毛利率可低一些，可采取打折销售或赠送礼券等方式，刺激客人消费。

（2）定价方式

1）选定价格。酒店制定高、中、低不同档次（价格）的多种宴席套餐菜单。客人可在多种套餐菜单中选择，也可自行选择菜点构成宴席菜单。

2）规定价格。由客户确定每桌宴席总价之后，酒店根据客户需求，按照毛利率计算成本和盈利，确定产品价格。其中，私人消费时常确定宴席菜品价格，酒水另算；团体消费时多确定酒水和服务等费用在内的宴会总价。

（3）定价方法

1）计划利润法，即确定菜品和饮品成本率的方法，是酒店为获得预期的营业收入扣除营业费用后，获得一定盈利而必须达到的菜品和饮品成本率。目标菜品和饮品成本率可以通过分析上期营业记录或通过对下期营业的预算得到。

2）贡献毛利法。宾客除需支付其宴席菜肴的成本以外，还需平均分摊酒店设施设备维护、环境设计等费用。需要对酒店的营收进行预测，以确定每桌宴席菜肴对毛利的贡献。

3）分类加价法。要根据成本高低和销售量多少设计各类宴席的获利能力。高成本的菜品应适当降低其加价率，而低成本的菜品可提高其加价率。

4）售价毛利率法，又称内扣毛利率法。根据宴席菜品的标准成本和售价毛利率计算宴席销售价格的定价方法。此法以宴席菜品售价为基础，从中扣除预期毛利所占售价的百分比，即售价毛利率。

5）成本毛利率法，又称外加毛利率法。根据宴席菜肴的标准成本和售价毛利率来计算宴席销售价格的定价方法。以菜品标准成本为基础，加上毛利占标准成本的百分比，即成本毛利率，再以此计算宴席菜肴的销售价格。

6）跟随法。以其他同类酒店的价格水平为依据，对宴席菜肴进行定价的方法。

在实际定价过程中，应综合考虑以上方法。

二、宴会成本控制

1. 原料成本控制

（1）菜单设计控制

宴会部应根据菜品、饮品等的原料产地、季节、采购渠道、价格、主辅料的配备等，设计各式菜单，并准确计算每道菜品的成本，掌握毛拆净率、成本毛利率、售价的核算方法。

（2）原料采购管理

1）制定规格标准。宴会食品原料种类繁多，应确定每种原料采购质量的规格和标准，如原料品种、产地、产时、品牌、等级、大小、个数、色泽、肥瘦比例、分割要求、包装、规格、营养指标、卫生指标及新鲜度等。需选购规格分量相当、质量上乘的原料，确保所采购原料的形状、色泽、水分、重量、质地、气味、成熟度、食用价值等符合宴会的菜品要求。

2）严控采购数量。原料采购过多会导致原料积压与资金占用；原料采购过少又满足不了需要。需根据宴席数量的需要、资金情况、仓库条件、原料特点、市场供应状况等因素，确定最高库存量与最低库存量，并对原料的储存和利用合理规划，尽量缩短和优化食品原料的供应链，缩短储存时间，降低库存费用。

3）采购价格合理。验收人员要经常了解市场行情，认真核定进料价格，把好原料价格关。

（3）物流运输管理

原料在运输过程中，要做到生、熟分开；易变质的原料应用冷藏车运输，尽量缩短运输时间，保证原料不变味、不变质；鲜活原料要确保空气流通；水产原料要及时给水充氧，提高成活率；装运原料的运输车、箱及容器要每次冲刷消毒，防止交叉污染。

（4）验收检查管理

1）严格检查验收。验收人员要严格依据采购规格书规定的标准，对购入的原料进行全面、仔细地检查，并正确填写进货日报表等相关表单。对规格书上没有涉及的采购原料、新上市的品种或对质量把握不清楚的原料，要及时约请专业厨师协助检查。

2）检查验收内容：①数量。检查交货数量与订购数量、发货单原料数量是否一致，要逐一清点，确保数量和重量准确。②质量。根据采购单对质量进行严格把控，对生产厂家、品牌、生产日期、产地、颜色、质地、鲜活程度、保质期、气味、规格、含水量、卫生状况等认真检查，对整箱原料进行抽检。③价格。核对购货发票上的价格与采购订货单上的价格及供应商的报价是否一致。

（5）仓储保管管理

1）制度管理，专人负责。建立原料存储、进库、出库、领料制度和食品原料变质、变味及过期食品报废制度。配备专职的仓库保管人员。

2）分类分库，定点存放。根据原料性质，分门别类、有序摆放，以便于原料的查找、补充、分发。入库原料注明进货日期，坚持“先进先出”的原则，及时调整原料的位置，确保原料清洁、卫生、安全。厨房暂存小库房（周转库）的原料，同样要加强检查整理，确保安全卫生。

3）保持适宜储存环境，保持干货库、冷藏室、冷库等库房符合安全、卫生标准。合理设置、记录、检查库房温湿度，如干货库房适宜温度为18℃～22℃，酒水库房适宜温度为14℃～18℃，冷藏库适宜温度为0℃～4℃，冷冻库适宜温度为－20℃～－15℃。根据食品原料的特性分类摆放，如海鲜类适宜存储温度为－3℃～－1℃，奶制品、蔬菜适宜存储温度为0℃～4℃，肉类适宜存储温度为－20℃～－15℃。所有库房要干净、卫生、通气、无虫害与鼠害。

（6）申领发放管理

1）申领程序：建立领料单制度、专人领用制度、申领审批制度、领料时间与次数规定等。领料单需填写规范，字迹清楚，一料一单，经审批后由专人领用。

2）发放程序：仓库保管员要正确填写、记录发放日期、数量、现存量和领料单号等信息。逐项发放原料，并在领料单上签字。

2. 菜品成本控制

（1）加工环节控制

原料加工直接关系到菜品的色香味形及营养，卫生状况和成本控制。原料加工分为粗加工和深加工。粗加工包括对冰冻原料解冻、鲜活原料的宰杀、分拣、洗涤和初步整理以及干货涨发等工作。深加工是对已经初加工的原料的切割成形和浆腌工作。原料的加工数量应以销售预测数量为依据，以满足生产为前提，并留有适当的储存周转量，避免因加工过多而造成浪费。

1）制定加工标准。为保证原料质量，提高出净率，降低净料成本，应制定各种原料的加工标准，如加工数量、质量标准、干货涨发标准、出净率标准、刀工处理标准等。

2）严格执行标准。严格执行各项标准，如采购标准、领料标准、加工操作标准等。厨房要根据宴席菜单要求、原料出净率、涨发率等，计算原料数量，向仓库申领或向采购部申购原料。

（2）配料环节控制

根据标准食谱，结合菜肴的成品质量特点，将菜肴的主要原料、配料及料头（又称小料）等进行有机配伍、组合，以供炉灶岗位烹调加工。科学配料可以保证菜品数量合乎规格，成品饱满而不超标，且有利于成本核算。

1）制定配料标准。为保证菜品质量，应制定各类菜品的用料品种、数量及加工标准。

2）操作流程规范。要求配料人员严格按标准食谱配份规格表，使用称具、量具，科学配料。每份菜肴的主料、配料、料头（小料）配放要规范，三料三盘。要杜绝出现配错菜（配错餐桌）、配重菜和配漏菜等现象。

3）综合利用原料。应遵循“整料整用、大料大用、小料小用、下脚料综合利用”的原则，合理配料，降低原料成本。

（3）烹调环节控制

1）菜点质量控制。要加强对厨师操作规范、烹制数量、出品速度、成品口味、成品质地、成品温度等的管理。提倡一锅一菜、专菜专做。力求不出或少出废品，以有效控制烹调加工过程中的成本。

2）调料用量控制。需按标准加入调料，不可随意添加。开餐前集中兑制主要味型的调味汁，供各炉头取用，以减少调味偏差，保持菜品口味的一致性。

（4）装盘环节控制

根据标准菜谱的制作程序和要求，合理装盘，保持宴会菜品的一致性。

3. 酒水成本控制

（1）酒单设计控制

根据目标客户的偏好和消费习惯确定酒水品种，合理定价，设计内容完整、印刷精美的酒水单。

（2）酒水采购控制

1）采购人员控制。由专人负责酒水的采购工作，并加强岗位监控。

2）采购数量控制。酒水的采购量可采用定期订购法，确保酒店各酒水的存货数量。

3）酒水牌号控制。根据酒水使用情况，酒水可分为指定牌号和通用牌号两种，根据客人需要，灵活提供。

4）采购价格控制。了解酒水市场行情，认真核定价格，把好价格关。

（3）酒水验收控制

1）点清数量。验收人员应按照清单仔细清点酒水的瓶数、箱数并做好记录。

2）查验质量。严防购入假冒伪劣产品，如发现质量、价格问题，验收人员应坚决拒收，并按企业的规定处理。

4. 人工成本控制

制定劳动定额，控制人员数量，合理安排人力，加强员工培训，调动工作积极性。

5. 能耗成本控制

（1）使用环保设备燃料

积极使用节能、低碳、环保的设备设施。宴会厅、厨房所用的锅炉、照明、空调、冰箱、冰库、洗涤、清扫等设施设备应节能、环保。选用环保、清洁、易燃的燃料等。

（2）绿色管理、低碳运营

1）电。尽量采用自然光、节能灯，采用调光开关、分段式开关控制灯光。各种电器要定时、定人管理。以各部门为单位，加装分表或流量表，以便追踪、考核各单位电器设施使用控制的成效。运用电力供应系统的时间设定自动控制各区域的供电情况，如控制冷气、抽排风、照明系统等设施的供电等。制定各项严格的节能节电规章制度和奖罚制度。

2）水。及时检修各设施的衔接处及管道连接部分，杜绝出现水龙头、水管漏水现象。公共场所使用感应式龙头，水量调至中小量，以避免浪费。制定各项严格的节水规章制度和奖罚制度。

3）煤气。使用时控制火势，养成随用随关的习惯。及时维护炉灶上各种设备设施，防止出现漏气或燃烧不完全而浪费燃料的现象。炉灶上的煤气喷嘴应定时清理，确保煤气燃烧完全。

6. 其他费用控制

培养员工的节约意识，养成节约习惯，严格控制宴会易耗品（如口布、台布、口纸、器皿损耗等）的成本、各种广告促销费用、邮电费用、交通费用、维修费用等。对造价较高的设备设施重点管理，由专人负责，尽量将维修费降到最低水平。

思考题

1. 宴会从业人员的基本素养要求有哪些？
2. 宴会设计的流程有哪些？
3. 宴席餐具设计需注意哪些方面？
4. 宴席就餐过程中存在的安全隐患有哪些？

参考文献

1. 叶伯平．宴会设计与管理（第五版）［M］．北京：清华大学出版社，2017.
2. 王秋明．主题宴会设计与管理实务（第二版）［M］．北京：清华大学出版社，2017.
3. 贺习耀．宴席设计理论与实务［M］．北京：旅游教育出版社，2010.
4. 王晓晓．酒水知识与操作服务教程［M］．沈阳：辽宁科学技术出版社，2003.
5. 李勇平．餐饮企业流程管理［M］．北京：高等教育出版社，2010.

第四章　宴席的菜、点设计

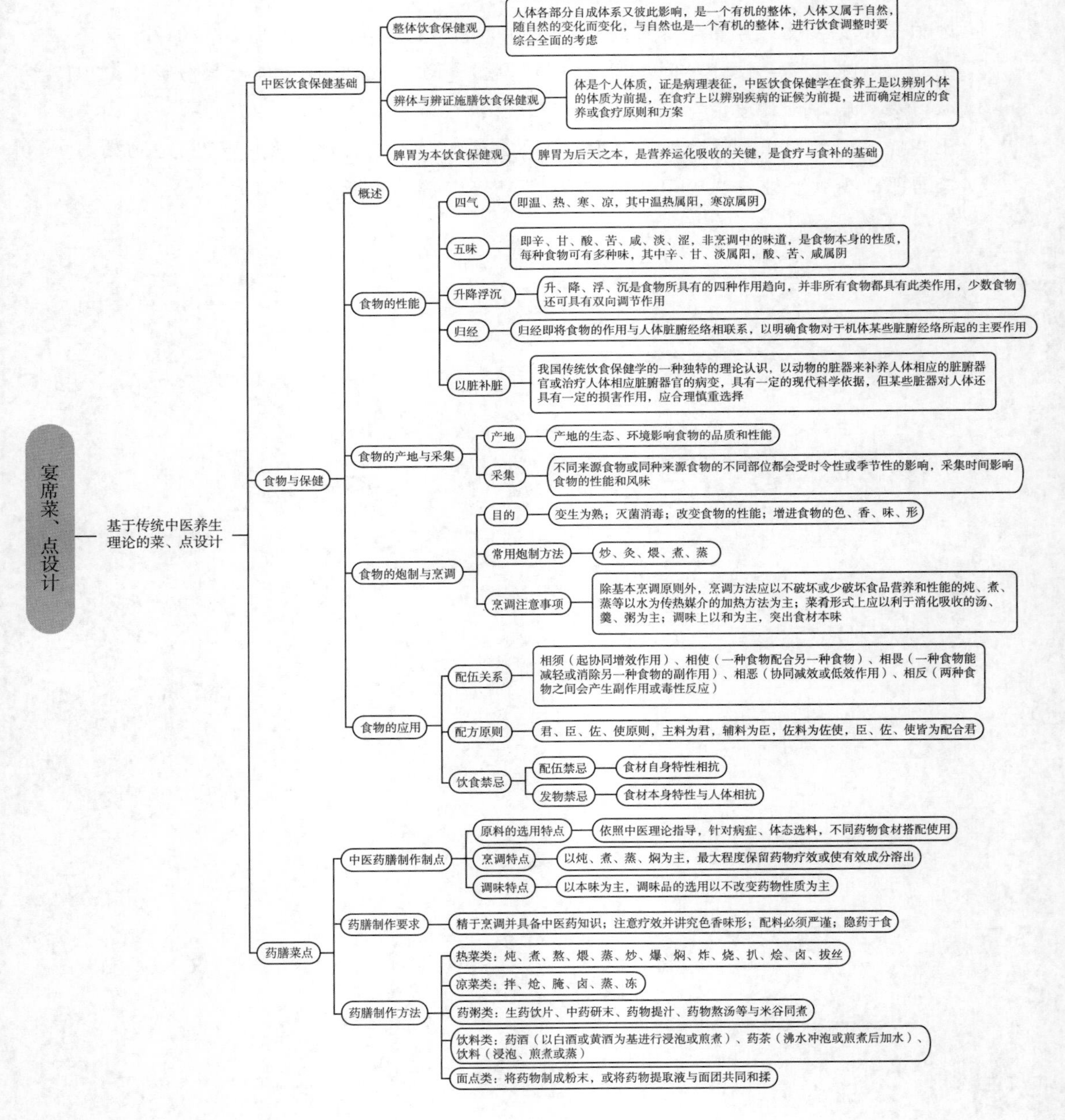

宴席菜、点设计
基于传统中医养生理论的菜、点设计
中医饮食保健基础
整体饮食保健观
人体各部分自成体系又彼此影响，是一个有机的整体，人体又属于自然，随自然的变化而变化，与自然也是一个有机的整体，进行饮食调整时要综合全面的考虑
辨体与辨证施膳饮食保健观
体是个人体质，证是病理表征，中医饮食保健学在食养上是以辨别个体的体质为前提，在食疗上以辨别疾病的证候为前提，进而确定相应的食养或食疗原则和方案
脾胃为本饮食保健观
脾胃为后天之本，是营养运化吸收的关键，是食疗与食补的基础
食物与保健
概述
食物的性能
四气
即温、热、寒、凉，其中温热属阳，寒凉属阴
五味
即辛、甘、酸、苦、咸、淡、涩，非烹调中的味道，是食物本身的性质，每种食物可有多种味，其中辛、甘、淡属阳，酸、苦、咸属阴
升降浮沉
升、降、浮、沉是食物所具有的四种作用趋向，并非所有食物都具有此类作用，少数食物还可具有双向调节作用
归经
归经即将食物的作用与人体脏腑经络相联系，以明确食物对于机体某些脏腑经络所起的主要作用
以脏补脏
我国传统饮食保健学的一种独特的理论认识，以动物的脏器来补养人体相应的脏腑器官或治疗人体相应脏腑器官的病变，具有一定的现代科学依据，但某些脏器对人体还具有一定的损害作用，应合理慎重选择
食物的产地与采集
产地
产地的生态、环境影响食物的品质和性能
采集
不同来源食物或同种来源食物的不同部位都会受时令性或季节性的影响，采集时间影响食物的性能和风味
食物的炮制与烹调
目的
变生为熟；灭菌消毒；改变食物的性能；增进食物的色、香、味、形
常用炮制方法
炒、炙、煨、煮、蒸
烹调注意事项
除基本烹调原则外，烹调方法应以不破坏或少破坏食品营养和性能的炖、煮、蒸等以水为传热媒介的加热方法为主；菜肴形式上应以利于消化吸收的汤、羹、粥为主；调味上以和为主，突出食材本味
食物的应用
配伍关系
相须（起协同增效作用）、相使（一种食物配合另一种食物）、相畏（一种食物能减轻或消除另一种食物的副作用）、相恶（协同减效或低效作用）、相反（两种食物之间会产生副作用或毒性反应）
配方原则
君、臣、佐、使原则，主料为君，辅料为臣，佐料为佐使，臣、佐、使皆为配合君
饮食禁忌
配伍禁忌
食材自身特性相抗
发物禁忌
食材本身特性与人体相抗
药膳菜点
中医药膳制作制点
原料的选用特点
依照中医理论指导，针对病症、体态选料，不同药物食材搭配使用
烹调特点
以炖、煮、蒸、焖为主，最大程度保留药物疗效或使有效成分溶出
调味特点
以本味为主，调味品的选用以不改变药物性质为主
药膳制作要求
精于烹调并具备中医药知识；注意疗效并讲究色香味形；配料必须严谨；隐药于食
药膳制作方法
热菜类：炖、煮、熬、煨、蒸、炒、爆、焖、炸、烧、扒、烩、卤、拔丝
凉菜类：拌、炝、腌、卤、蒸、冻
药粥类：生药饮片、中药研末、药物提汁、药物熬汤等与米谷同煮
饮料类：药酒（以白酒或黄酒为基进行浸泡或煎煮）、药茶（沸水冲泡或煎煮后加水）、饮料（浸泡、煎煮或蒸）
面点类：将药物制成粉末，或将药物提取液与面团共同和揉

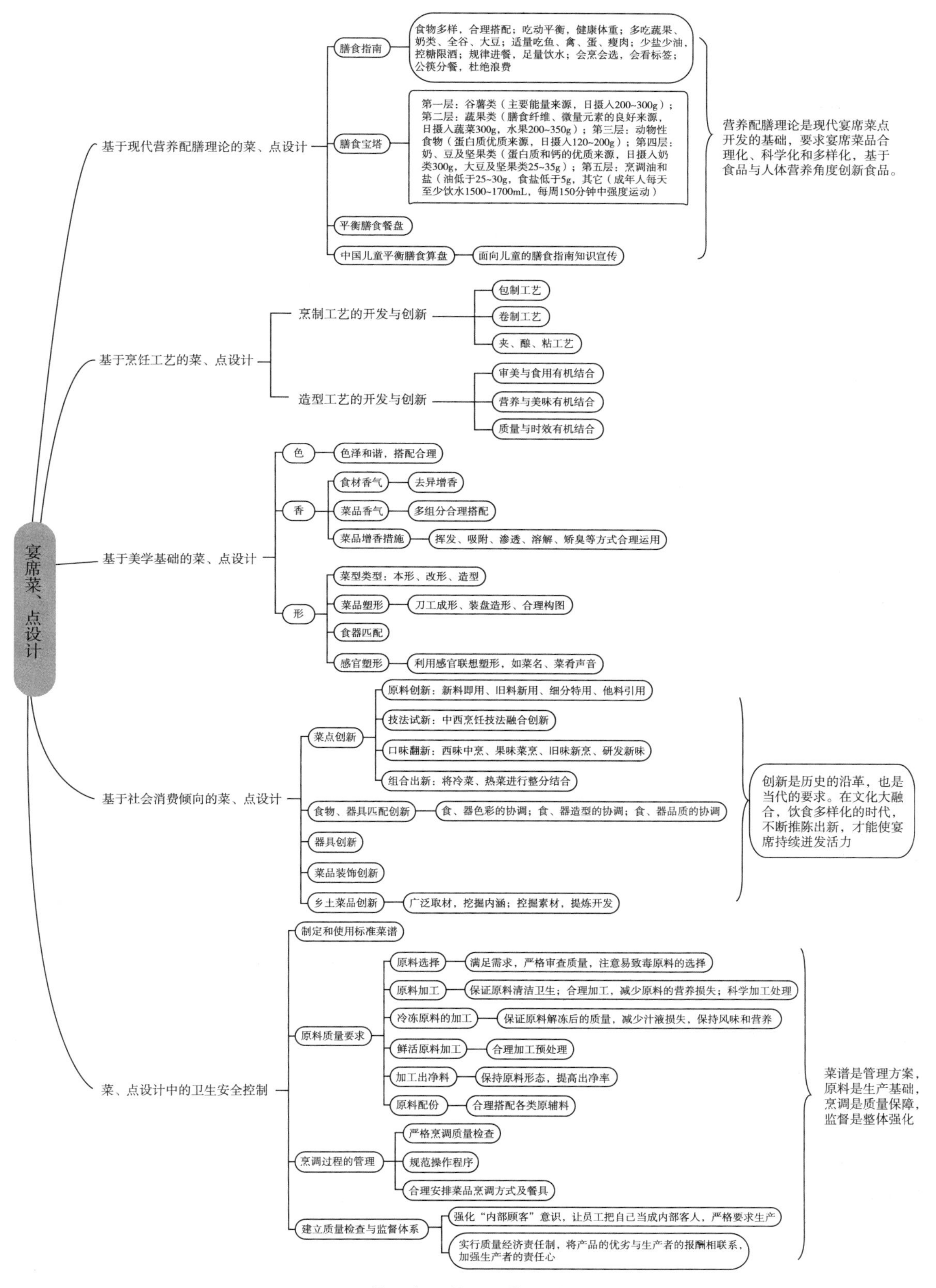
宴席菜、点设计
基于现代营养配膳理论的菜、点设计
膳食指南
食物多样，合理搭配；吃动平衡，健康体重；多吃蔬果、奶类、全谷、大豆；适量吃鱼、禽、蛋、瘦肉；少盐少油，控糖限酒；规律进餐，足量饮水；会烹会选，会看标签；公筷分餐，杜绝浪费
膳食宝塔
第一层：谷薯类（主要能量来源，日摄入200~300g）；第二层：蔬果类（膳食纤维、微量元素的良好来源，日摄入蔬菜300g，水果200~350g）；第三层：动物性食物（蛋白质优质来源，日摄入120~200g）；第四层：奶、豆及坚果类（蛋白质和钙的优质来源，日摄入奶类300g，大豆及坚果类25~35g）；第五层：烹调油和盐（油低于25~30g，食盐低于5g，其它（成年人每天至少饮水1500~1700mL，每周150分钟中强度运动）
平衡膳食餐盘
中国儿童平衡膳食算盘
面向儿童的膳食指南知识宣传
营养配膳理论是现代宴席菜点开发的基础，要求宴席菜品合理化、科学化和多样化，基于食品与人体营养角度创新食品。
基于烹饪工艺的菜、点设计
烹制工艺的开发与创新
包制工艺
卷制工艺
夹、酿、粘工艺
造型工艺的开发与创新
审美与食用有机结合
营养与美味有机结合
质量与时效有机结合
基于美学基础的菜、点设计
色
色泽和谐，搭配合理
香
食材香气
去异增香
菜品香气
多组分合理搭配
菜品增香措施
挥发、吸附、渗透、溶解、矫臭等方式合理运用
形
菜型类型：本形、改形、造型
菜品塑形
刀工成形、装盘造形、合理构图
食器匹配
感官塑形
利用感官联想塑形，如菜名、菜肴声音
基于社会消费倾向的菜、点设计
菜点创新
原料创新：新料即用、旧料新用、细分特用、他料引用
技法试新：中西烹饪技法融合创新
口味翻新：西味中烹、果味菜烹、旧味新烹、研发新味
组合出新：将冷菜、热菜进行整分结合
食物、器具匹配创新
食、器色彩的协调；食、器造型的协调；食、器品质的协调
器具创新
菜品装饰创新
乡土菜品创新
广泛取材，挖掘内涵；挖掘素材，提炼开发
创新是历史的沿革，也是当代的要求。在文化大融合，饮食多样化的时代，不断推陈出新，才能使宴席持续迸发活力
菜、点设计中的卫生安全控制
制定和使用标准菜谱
原料质量要求
原料选择
满足需求，严格审查质量，注意易致毒原料的选择
原料加工
保证原料清洁卫生；合理加工，减少原料的营养损失；科学加工处理
冷冻原料的加工
保证原料解冻后的质量，减少汁液损失，保持风味和营养
鲜活原料加工
合理加工预处理
加工出净料
保持原料形态，提高出净率
原料配份
合理搭配各类原辅料
烹调过程的管理
严格烹调质量检查
规范操作程序
合理安排菜品烹调方式及餐具
建立质量检查与监督体系
强化“内部顾客”意识，让员工把自己当成内部客人，严格要求生产
实行质量经济责任制，将产品的优劣与生产者的报酬相联系，加强生产者的责任心
菜谱是管理方案，原料是生产基础，烹调是质量保障，监督是整体强化

第四章　学习思维导图

学习目标

1. 掌握宴会菜、点设计的营养卫生安全基本知识。
2. 提高审美素养，丰富宴会菜点设计的美学元素。
3. 提高宴会菜点设计的能力，培养独立设计菜点的创新意识。

宴席菜、点设计是为实现宴会菜单菜品设计提供的可操作性保证和技术支撑。本章主要介绍宴会菜点设计的营养卫生安全基本知识，并展示相关宴会烹饪艺术，旨在丰富宴会菜点设计，提高学生宴会菜点设计的能力，培养学生独立设计菜点的创新意识。

第一节　基于传统中医养生理论的菜、点设计

一、中医饮食保健基础

中医饮食保健以中医学理论为指导，具有自身独特的理论体系。这一理论体系具有三个方面的特点，一是整体饮食保健观，二是辨体与辨证施膳饮食保健观，三是脾胃为本饮食保健观。这三个特点对宴会菜谱设计的实践应用具有重要的指导作用。

1. 整体饮食保健观

人体是由脏腑、经络、五官、五体、九窍等组织器官所组成的。这些组织器官虽各司其职，但作为人体整个生命活动的组成部分，脏与脏之间、脏与腑之间、脏与五官之间等，在生理上是相互联系的，在病理上也是相互影响的，以此构成了机体的完整性。而在这种完整性中，又是以五脏为中心，通过经络系统把六腑、五官、五体、九窍等全身组织器官联系为一个有机的整体而实现的。在饮食保健学上，这种整体观对于指导饮食养生和饮食治疗具有重要的意义，如补肝以明目、补肾以壮骨，养心以安神、补肾以乌发等，都是人体整体观在饮食保健学中的具体体现。

根据“天人相应”的观点，在饮食保健上必须顺应自然，根据四时变化和地域环境的差别采用相应的食养或食疗的方法，在饮食养生上也就有了“四时食养”和“区域食养”。如冬季阴气偏盛，养生宜于温补，可服用性属温热的人参；夏季阳气偏盛，养生宜于清补，可选用性质偏凉的西洋参。又如，北方寒冷干燥，养生宜于温补和滋润；南方炎热多雨，以湿热为主，故养生宜于清热利湿等。

2. 辨体与辨证施膳饮食保健观

辨体是指根据个体的体征和生理表现、结合先天禀赋、年龄、性别、饮食起居等多方面因素，通过分析和综合，概括、判断为某种类型的体质。施膳，则是根据辨体的结果，确定相应的食养原则，依据原则选择相应的食物，制订相应的食谱，以达到改善体质、增进健康的目的。辨体是确定饮食养生的前提和依据，施膳是制订食养的原则。辨体和施膳是认识个体体质和通过饮食达到增进健康目的的过程，它强调个体体质的特殊性，增强了饮食养生的

个体针对性，提高了饮食养生的效果，是中医学理论在饮食养生中的具体应用，也是指导饮食养生的基本原则。

辨证是根据疾病的病理表现和体征，通过分析、概括、判断为某种性质的证。施膳，则是根据辨证的结果，确定相应的食疗方法及食疗食物和配方。与辨体施膳类似，辨证施膳的过程就是食疗上认识疾病和治疗疾病的过程，是中医学理论在饮食治疗中的具体应用，也是指导饮食治疗的基本原则。

综上所述，中医饮食保健在食养上是以辨别个体的体质为前提，在食疗上以辨别疾病的证候为前提，进而确定相应的食养或食疗原则和方案。由于食疗以“证”为依据，故又有“同病异治”“异病同治”之说。所谓“同病异治”，是指同一种疾病，由于患者机体的反应不同或处于不同的发病阶段，所表现的“证”不同，因而采用的食治方法也不同。如感冒，由于致病因素和机体反应的不同，常表现为风寒和风热两种不同的“证”，故在食疗上就要分别采用辛温解表或辛凉解表的方法；而“异病同治”，是指不同的疾病，由于其致病因素相同或在其发展过程中出现了相同的病机，因而也就可以采用同一种食疗方法进行治疗。如胃下垂、子宫下垂、久痢脱肛等，虽属不同的疾病，但如果都表现为中气下陷证，都可采用升提中气的食疗方法进行治疗。由此可见，传统的食疗主要着眼于“证”，即“证同治亦同，证异治亦异”，这是传统食疗的特点和核心。

3. 脾胃为本饮食保健观

脾胃在中医饮食保健学中具有重要地位，中医认为脾胃为营养之本，并由此产生了“脾胃为后天之本”的观点。合理的膳食必须依赖脾胃的运化功能，才能将食物转化为人体可以直接利用的精微物质，并进一步转化为精、气、血、津液，为人体的生命活动提供足够的养料。因此，脾胃的功能对于整个人体的生命活动至关重要，是连接外界饮食与营养保健机体的桥梁，是人体对食物利用的关键所在，是不可或缺的重要脏器。在食疗方面，食疗食物疗效也必须首先经过脾胃的消化和吸收才能发挥其应有的作用。因此，也应重视和加强保护脾胃的功能，包括食疗食物的选择、食疗配方的组成、烹调加工方法的选择及饮食禁忌等。

二、食物与保健

1. 食物与保健概述

食物主要由动物、植物以及动植物产品所构成，组成成分复杂多样，对人体的作用也不尽相同。目前，自然界里可供人们食用的食物多达数千种，并且随着人们对食物认识的不断深入，这个数值也在不断增长。在各类食物中有一类不仅具有能够维持人体生命活动、增进人体健康的各种营养物质，同时还有许多具有治疗疾病作用的有效成分，这类食物构成了食养和食疗的物质基础。又由于这类食物的应用是以中医药学的理论为指导，有着独特的理论体系和应用形式，充分反映了我国自然资源及历史、文化等方面的若干特点，故又将这类既可食用又可药用、既能养生又能治病的食物称之为“药食同源”类食物，如生姜，既是一种日常蔬菜和调味品，因具有发散风寒，温中止呕、解毒等功效，又是一种常用的食物中药。

在我国以往有关食疗文献中，食物的保健学分类多按食物的来源将其进行划分。如《黄帝内经》把食物分为谷、果、畜、菜四类，这是有关食物的最早的分类方法；《备急千金要方·食治篇》将食物分为果实、菜蔬、谷米、鸟兽（附虫、鱼）四类；《调疾饮食辨》分食物为总类、谷类、菜类、果类、鸟兽类及鱼虫类；《随息居饮食谱》分食物为水饮、谷食、调和、蔬食、果食、毛羽、鳞介七类。现代学者们按照食物所呈现的性能，如补益、温里、理气、理血、消食、祛湿、清热、化痰、止咳平喘、解表，收涩等对其进行重新划分和归类，相较于古法，这种分类方式更有利于学习和研究它们的共同点，区分比较其不同点，掌握其规律，从而能更好地指导人们的养生和食疗实践。

2. 食物的性能

食物的性能，古代又简称为食性、食气、食味等，是指食物因物质组成和成分含量的不同而表现出的特定的性质和功能，是认识和使用食物的重要依据。食物的性能理论是前人在漫长的医疗保健实践中，运用中医学理论对各种食物的保健作用进行总结，并反复实践，不断充实和发展，逐渐形成的一整套独特的理论体系。因受“药食同用”思想观念的影响，食物的性能理论在许多方面又与中药的性能理论相一致。食物性能理论的主要内容有四气、五味、升降浮沉、归经、以脏补脏等。

（1）食物的四性

四性，即食物所具有的寒、热、温、凉四种不同的性质和作用。其中，寒和凉为同一性质，属阴，这类食物多具有滋阴、清热、泻火、解毒等作用，能够保护人体阴液，纠正热性体质或治疗热性病证，主要用于热性体质和热性病证；温和热为同一性质，属阳，阳属食物多具有助阳、温里、散寒等作用，能够扶助人体阳气，纠正寒性体质或治疗寒性病证，主要用于寒性体质和寒性病证。寒与凉、温与热只是程度上的不同，即凉次于寒，温次于热。对于某些食物，有的还标以大寒、大热、微寒、微热等，更进一步区别其寒或热的程度。除寒凉和温热两种食物外，还有一类食物，因其介于寒凉与温热之间，寒热之性不明显，称之为平性，习惯上也将其归属于四性之中。平性食物性质平和，适合于一般体质，不仅在养生上多用，在食疗中也可根据情况的不同，与寒性或热性的食物配伍，广泛应用。

食物的寒凉性质和温热性质不是人为规定的，而是从食物作用于机体所发生的反应，并经反复验证后归纳起来的，是对食物作用的一种概括，而且这种概括是与人体或疾病的寒热性质相对而言的。如发热、口渴、小便短赤等热性病人，在食用西瓜、黄瓜、香蕉等食物以后，病人的热性表现得以减轻或消除，从而表明这种食物属于寒凉性质；反之，一个因寒凉引起脘腹冷痛、大便溏泄、小便清长等症状的寒性病人，在食用生姜、花椒、大葱等食物以后，病人的寒性表现得到缓解或消除，从而表明这种食物具有温热性质。所谓“以寒治热，以热治寒”的医疗保健原则，就是在这个基础上建立起来的。食养或食疗首先必须辨明食物的寒热性质，才能根据养生或治疗的不同要求进行选择。

综上所述，四性理论实际上是把食物分为寒凉、温热以及平性三大类。在日常食物中，平性食物居多，温热性食物次之、寒凉性食物再次之。

（2）食物五味

食物性能理论中味的概念与烹调中味的概念不同，食物性能理论中的味是性能之味，以味来代表食物的某种性质和作用。五味即指食物所具有的辛、甘、酸、苦、咸五种不同的性质和作用。此外，淡、涩两味也归属于五味理论，但习惯上仍称之为五味。其中五味中辛味食物具有发散、行气、行血、健胃等作用，如生姜、胡荽、陈皮、辣椒等；甘味食物具有滋养、补脾、缓急、润燥等作用，如多用于体质虚或虚证的山药、大枣，用于拘急腹痛的饴糖、甘草，用于脾胃虚弱的粳米、鸡肉等；酸味食物具有收敛固涩和生津的作用，多用于虚汗、久泻、遗精、带下等由于体虚所引起的体液或精液外泄的病症，如乌梅能收敛固涩以涩肠止泻，可用于久泻，也可用于津伤口渴；苦味食物具有清热、泄降，燥湿、健胃等作用，多用于热性体质或热性病证，如苦瓜；咸味食物具有软坚、润下、补肾、养血等作用，如多用于瘰疬、痰核、瘿瘤等病症的海带，用于大便燥结的海蜇，用于补肾的淡菜、海参等；淡味食物具有渗湿、利尿的作用，多用于水肿、小便不利等病症，如茯苓、薏苡仁、冬瓜等；涩味食物具有收敛的作用，与酸味食物的作用基本相同，如莲子能收敛、固精、止遗，可用于遗精、滑精。

食物的五味和四性一样，是经实践验证，总结归纳而来。食物的味不同其作用一般也不同，味相似其功能作用也具有相似之处。上述辛、甘、酸、苦、咸、淡、涩七种味的作用，前人将其简洁归纳为辛散、甘补，酸（涩）收、苦降、咸软、淡渗。除五味之外，尚有芳香嗅味。芳香性食物大多具有醒脾、开胃、行气、化湿、化浊、爽神等作用，如胡荽、茴香等，皆为芳香性食物。

食物所具有的味可以是一种，也可以兼有几种，这表明了食物作用的多样性。至于五味的阴阳属性，则辛、甘、淡属阳，酸、苦、咸属阴。在日常生活中，甘味食物最多，咸味和酸味食物次之，辛味食物再次之，苦味食物最少。

性与味也是构成食物性能理论的主要内容，其从两个方面来进行阐述，各显示了食物的部分性能或作用。因此，对于食物的性和味必须综合起来考虑，才能全面而准确地认识和使用各种食物。

（3）食物的升降浮沉

升降浮沉是指食物所具有的升、降、浮、沉四种作用趋向。在正常情况下，人体的功能活动有升有降，有浮有沉，升与降、浮与沉的相互协调、平衡构成了机体的正常生理过程。反之，升与降、浮写沉的失调就会导致机体出现病理变化。升与降、浮与沉是两种相对的作用。其中升是指上升或升提，前者多用于病邪在上的病征，如涌吐以祛邪外出，后者多用于病势下陷的病征，如补气升阳以止泻止痢，补气升提以治内脏下垂等；降是指下降或降逆，多用于病势上逆的病征，如降逆以止呕；浮是指外浮或发散，多用于外闭在表的病征，如发汗以解表；沉是指收敛或泻痢，前者多用于外脱的病证，如补气固表以止虚汗，后者多用于内积不泄的病征，如泻痢以去里邪。

总之，凡性属升浮的食物主上升而向外，为阳；性属沉降的食物主下行而向内，为阴。升降浮沉的作用并不是所有的食物都具有的。此外，还有少数食物具有双向调节作用，如生姜既能发汗以解表，又能降逆以止呕。食物升降浮沉的作用与其本身的性和味有着密切的关系。凡具有升浮作用的食物，大多性属温热，味属辛甘，如葱、姜、花椒等；凡具有沉降作用的食物，大多性属寒凉，味属涩咸酸苦，如杏子、莲子、冬瓜等。李时珍指出：酸咸无升，辛甘无降，寒无浮，热无沉。在日常食物中，有沉降作用的食物多于有升浮作用的食物。此外，食物升、降、浮、沉的作用趋向还与炮制加工和烹调有关。如酒炒则升，姜汁炒则散，醋炒则收敛，盐多则下行等。这说明食物升、降、浮、沉的作用在一定的条件下是可以转变的，这在食养或食疗时都应加以注意和利用。

（4）食物的归经

食物对人体脏腑经络的作用是有一定范围或选择性的。如同属寒性的食物虽都具有清热的作用，但其作用范围不同，有的偏于清肺热，有的偏于清肝热，有的偏于清心火等；又如同属补益类食物，也有补肺、补肾、补脾等的不同。因此，把各种食物对机体作用的范围或选择性做进一步的归纳和概括，使之系统化是十分必要的。

归经就是把食物的作用范围或选择性与人体脏腑经络联系起来，以明确指出食物对于机体某些脏腑经络所起的主要作用或特殊作用。食物对机体作用的范围或选择性不同，有主要对某一脏腑经络起作用的；有对几个脏腑经络均起作用的；还有主要作用于某一脏腑经络，同时兼有对其他脏腑经络起作用的。食物归经理论同样是前人在医疗保健实践中，根据食物作用于机体脏腑经络的反应总结出来的。如梨能止咳，故归肺经；山药能止泻，故归脾经。由此可见，食物归经理论是具体指出食物对人体的效用所在，是人们对食物选择性作用的认识。

食物的归经与食物的五味理论有关，即五味入五脏，辛能入肺，甘能入脾，酸能入肝，苦能入心，咸能入肾。如生姜、芫荽等辛味食物能治疗肺气不宣的咳嗽；苦瓜、绿茶等苦味食物能治疗心火上炎或移热小肠证；乌梅、山楂等酸味食物能治疗肝胆疾病；甲鱼、鸭肉等咸味食物能滋补肾阴等，都说明了食物归经与五味的关系。

食物归经理论加强了食物选择的针对性，进一完善了食物性能理论，对指导养生和食疗都有重要的意义。但是，食物归经作为食物性能理论的一个方面，在具体应用时，还必须联系食物的四性、五味、升降浮沉等性能。因为同一脏腑经络发生的情况，可有寒、热、虚、实等的不同，而归入同一脏腑经络的食物其作用也有温、清、补、泻的区别。因此，只有将食物的各种性能综合考虑，才能达到理想的养生和食疗效果。

（5）以脏补脏

以脏补脏是指用动物的脏器来补养人体相应的脏腑器官或治疗人体相应内脏器官的病变，又称以形治形、脏器疗法等，是我国传统饮食保健学的一种独特的理论认识。如以猪心来补养心血、安神定志，以猪肝来补肝明目，以猪肾来补肾益肾，以鹿筋来强壮筋骨，以鹿鞭来补肾壮阳等。

以脏补脏理论与其他性能理论一样，也是前人在漫长的医疗保健实践中，根据许多动物的脏器不仅在外部形状和解剖结构与人体相应的脏器形似，而且在功能上也与人体相应脏器相近，并通过反复观察而总结出来的。近代研究证明了动物脏器在生化特性和成分构成上也有许多与人体相似之处，这不仅为传统的以脏补脏理论提供了现代科学依据，而且还使人们得以在提取各种动物脏器有效成分的基础上，进一步制成多达数百种的药品，使传统的脏器疗法得到发展。

动物脏器都属血肉有情之品，其以脏补脏的作用都在草木之品之上，因此在食养和食疗上应用十分广泛。应当注意的是，各种动物脏器虽对人体相应脏腑器官具有保健作用，但各有其特点。如有的偏于补气，有的偏于补血，有的偏于补阳，有的偏于补阴。因此，以脏补脏理论在具体应用时，还应根据其特点和人体相应脏腑的具体情况来考虑。此外，也并非所有动物脏器都可用来补养人体相应的脏腑器官，特别是一些动物的腺体和淋巴组织，或对人体有明显的损害作用，或有较严格的剂量限制，如猪的肾上腺（俗称小腰子）、甲状腺（俗称栗子肉）等，均不可作为食物使用。若食用不当，极易引起中毒，严重者还可危及生命。因此，以脏补脏理论的具体应用，应以我国传统食疗文献的记载为基础。

3. 食物的产地与采集

中医药学十分重视中药的产地与采集，作为“药食同用”的食物也是如此。食物产地与采集是否合宜，直接影响到食物的质量和效用。

（1）食物的产地

由于各地生态环境不同，南北差别很大，因而各种食物的生产，无论是在品种上，还是在质量和产量上，都具有很强的地域性。这种地域性对食物的品质和性能产生了很大的影响。如某些食物中蛋白质的含量越向北越高，而挥发油的含量越向南越高。再如小麦，《调疾饮食辩》载：“北方麦性平，南方者稍热，此地气使然，凡物皆同，匪独一麦也”，更指出了导致食物产生性能差异的原因是地气使然。这种天然的、地域性比较强的食物在食品原料学上称之为土特产品，而中药学上则称之为“地道药材”或正品。传统的养生和食疗都十分讲究“地道”两字。一般说来，“地道产地”生长的食物质量更高，效用更好，如河南的山药、广东的陈皮、云南的茯苓、甘肃的枸杞子、河北的鸭梨、洞庭湖的枇杷等，从古到今都是著名的土特产品或地道产品，这也是千百年来实践的总结。

目前，随着社会的发展，仅靠土特产品或地道药材已很难满足社会日益增长的需要，人们早已开始对多种食物进行异地引种和动物驯养，并攻克了许多影响食物性能的难题，如西洋参已在我国引种成功。随着新产品和新品种食物质量和性能的不断提高，土特产品和地道药材的生产和需求已不那么急迫了。社会将以食物的养生和食疗效果作为评价食物质量的重要依据。

（2）食物的采集

在食物分类中，粮食类、蔬菜类、果品类等都来源于植物。植物类食物在生长发育的各个时期，其根、茎、花、叶、果实等各个部分由于组分和物质含量的差异，会导致食物的性能和风味呈现出较大的差异。所以，食物在收割或采集时，应在有效成分含量最多的时候进行，同时兼顾到食物本身的风味质量，并由此形成了时令性或季节性食物。各种食物都有一定的采集时间与季节性。通常可根据食用部位的不同，归纳为以下几个方面。

1）果实和种子类。除青皮、乌梅等少数有特殊用途的食物要在果实未成熟时采收外，通常果实和种子类食物都要在成熟时采收。其中容易变质的浆果，如枸杞子，可在将熟时于清晨或傍晚采收。而种子类食物则须在完全成熟后方可采收。

2）根和根茎类。古时以 2 月、8 月为佳，认为春初“津润如萌，未充枝叶，势力淳浓”，此时采集的食物不仅质量好，产量也高。

3）叶类。通常在花蕾将开或盛开的时候采收，此时正值植物生长旺盛时期，性味完壮，药力雄厚，最适于采集。此外，也有些食物则需在嫩芽或未完全成熟时采收，如枸杞头、菊花脑等。

4）花类。一般在花正开的时候采收，过迟则香味走失，并易致花瓣脱落和变色，影响产品的质量，如菊花等。也有些花类食物要求在含苞欲放时采摘花蕾，如黄花菜即是由含苞未放的萱草花干制而成。

5）全株选用。大多在植株充分生长或开花的时候采集，从根上割去地上部分，如荆芥、紫苏等。此外，有的植物须选用嫩苗的，如茵陈之类，则更要适时采收，否则过时即废，故有“三月茵陈四月蒿，五月六月当柴烧”之说。

4. 食物的炮制与烹调

在自然界提供的众多食物中，除少部分可供直接食用（生食）外，更多的则需要通过一定时间的加工或烹调制作后才能食用。其中有的食物还需根据养生或食疗的需要，在烹调制作前进行专门的加工，这种为了饮食保健的需要而进行的专门加工处理技术，传统上称之为炮制，古代又称为炮炙、修事、修治。

不同的炮制加工与烹调方法对食物的性能可产生不同的影响。如《本草蒙筌》中指出：“酒制升提，姜利发散，入盐走肾脏仍仗软坚，用醋注肝经且资住痛，童便制除劣性降下，米泔制去燥性和中，乳制滋润回枯助生阴血，蜜炙甘缓难化增益元阳”。《本草蒙筌》还强调火候的重要性，认为“凡药制造，贵在适中，不及则功效难求，太过则气味反失”。食物的炮制加工与烹调方法不当，则可对食物的性能产生不利的影响，甚至产生有害物质。如食物经油炸或熏烤以后，不仅对食物本身的性能产生不利影响，并且使食物产生燥热之性，进面影响到养生和食疗的效果。因此，饮食保健必须重视食物的炮制加工与烹调。

（1）炮制与烹调的目的

1）变生为熟，有利于脾胃的消化吸收，提高了食物的利用率，缩短了食物的消化吸收过程。

2）灭菌消毒，降低或消除某些食物的毒性或副作用，保证人体食用的安全，如魔芋生则有毒，经煮制后方可食用。

3）改变食物的性能，使之适应养生或食疗的需要，如生姜煨制以后，其发汗之力减弱，温暖脾胃之力增强，以适应脾胃虚寒的需要；提高食物的效用，如茯苓粉经乳制后可增强其滋补的作用。

4）增进食物的色、香、味、形，促进食欲，便于食用。

（2）常用炮制方法

食物的炮制应符合烹饪加工的一般要求，如净处理、干料涨发、漂洗、刀工处理等。常用的特殊炮制方法有炒、炙、煨、蒸。

1）炒是将洗净或切制的食物直接放置锅内加热，不断翻动，直至所需程度的方法，以达到降低毒性、提高效用、矫正口味的目的。炒法分清炒和加辅料炒两类。清炒有炒香、炒黄、炒焦等的不同，加辅料常用麸炒、米炒、盐炒等方法。如山药炒黄后烹食，可增强其健脾止泻的效用；薏苡仁炒至微黄且有香气，然后煮食，可增强补气益脾的效用。

2）炙是将洗净或切制后的食物拌以液体辅料，置于锅内加热，使辅料逐渐渗入食物内部的方法，可增强或改变食性，减少副作用。由于所加的液体辅料不同，炙法又分酒炙、醋炙、盐炙、姜炙、蜜炙、油炙等。如百合蜜炙后烹食，可增强其润肺止咳的效用；陈皮醋炙后烹食，可增强其疏肝止痛的效用。

3）煨是将食物用湿纸或湿面团包裹后置于热火灰中加热的方法，可缓和食性，降低副作用，增强效用。如栗子煨制后烹食，可增强其健脾止泻的效用。

4）煮是将食物或配以辅料放入水锅中加热的方法，可去除异味，改变食性，减少副作用。如藕，生者甘寒，主要用于清热凉血，煮熟后则性属甘温，主要用于补益强壮。又如菠菜，原品中含有较多的草酸，能降低人体对钙质的吸收，经煮后则可去除过多的草酸。

5）蒸是将洗净后的食物或配以辅料置于容器中，利用水蒸气加热的方法，可改变食性，减少副作用。如何首乌生品通便、解毒，若配黑豆反复蒸制（九蒸九晒）后，则可变通便作用为滋补效用。又如黄精，配黄酒蒸制后烹食，可增强其补脾、润肺、益肾的作用，并可去除麻味，滋补而不腻，故古代黄精有九蒸九曝说。

（3）烹调基本原则

烹调是在食物初步加工或炮制的基础上，按照一定的工艺要求，进一步加热和调味，制作成菜肴的过程。烹调方法选用的应注意以下几个方面。

1）在烹调方法上应以炖、焖、煮、蒸、煨等以水为传热媒介的加热方法为主。这不仅可以保护食物的性能，提高食物的保健效用，而且有利于脾胃的消化吸收，特别是补养类食物，更应文火久炖。而熏、炸、烤、煎类烹调方法则应少用或不用，以免破坏食物性能，增加食物的燥热之性，甚至产生有害物质。

2）在制作形式上应以汤、羹、粥为主，这不仅便于制作，且有利于提高食物效用和脾胃的消化吸收，故中医治病多以汤液为主。

3）在调味上以和为主，尽量保持食物的原汁原味，以充分发挥食物自身的效用。正如朱丹溪在《茹淡论》中所说："天之所赋者，若谷菽菜果，自然冲和之味，有食人补阴之功……人之所为者，皆烹饪调和偏厚之味，有致疾伐命之毒"。对于食物本身含有异味或淡而无味的，则可适当矫味或增味。

食物除了通过烹调制作成菜肴以外，还可以加工成膏剂、酒剂和饮料等。在食品工业中，还有各种保健饮料、糕点、糖果、蜜饯、口服液等。

5. 食物的应用

食物在应用时，除了应掌握食物的性能以外，还要考虑到食物的配伍、组方、禁忌等。

（1）食物的配伍关系

各种食物都有其各自的性能，它们在配合食用时，会产生各种变化。前人在总结配伍关系时提出了"七情"学说。在"七情"中，除"单行"是指用单味食物烹制以外，其余六个方面都是谈配伍关系的，它是组方配膳的基础。食物经过配伍以后，可以满足饮食养生的多种要求，可以适应复杂的病情，扩大食疗范围提高食疗效果，还可消除或减轻某些食物的副作用。食物与食物之间的配伍关系主要有相须、相使、相畏（相杀）、相恶、相反等。

1）相须。指性能作用相类似的两种食物配合应用，可以起到协同作用，增强其效用。如人参与母鸡配伍食用，能明显地增强其补益强壮的作用。

2）相使。指两种食物配合使用，而以一种食物为主，另一种食物为辅，以提高主要食物的保健作用。配伍的两种食物之间的性能可以不同。如黄芪炖鲫鱼，黄芪补气利水，可增强鲤鱼利水消肿的功效。

3）相畏（相杀）。指两种食物配伍使用时，一种食物能减轻或消除另一种食物的副作用。如食用螃蟹常配用生姜，主要是以生姜减轻螃蟹的寒性，并解蟹毒。

4）相恶。指两种食物配伍使用时，一种食物能降低另一种食物的作用，甚至相互抵消。如人参恶萝卜，因萝卜耗气，会降低人参补气的作用。

5）相反。指两种食物配伍使用时，能产生副作用或毒性反应，属配伍禁忌。

在上述配伍关系中，相须、相使、相畏（相杀）在配膳时可加以利用，相恶、相反则属于配伍禁忌。此外，在前人已总结出的一些具体食物配伍关系时，有的尚须进一步通过实践和研究，以阐明其配伍原理，如柿子忌螃蟹、茯苓忌米醋等。

（2）保健食谱的配方原则

各种养生或食疗食谱不是简单的几种食物的相加，而是按照一定的原则进行组合的。它与中医学中方剂学的配方原则相一致，并与烹饪学中的配菜过程密切联系，是通过配菜来实现的。有关保健食谱的配方原则，前人多以“君、臣、佐、使”来概括，这是根据《素问·至真要大论》:“主病之谓君，佐君之谓臣，应臣之谓使”的理论而提出的。它可与配菜中的主料、辅料和佐料相联系，概括为主料、辅助料和佐助料。

1）主料（君）是根据养生或食疗的需要而起主要作用的食物，可由一种或两种以上的食物所组成。由两种以上食物组成的主料，大都选用相须或相使的配伍方法组成。

2）辅助料（臣）是辅助主料以加强养生或食疗的效用，或兼顾到养生的其他方面，或治疗兼证的食物。主料和辅料的配伍关系也多选用相须或相使的配伍方法来组成。

3）佐助料（佐、使）是消除主料的副作用或毒性，或调味增色，或引导主、辅料归入机体某脏腑经络的食物。其中用于消除主料的毒副作用的佐助料多选用相畏（相杀）的配伍方法组成。部分佐助料还可起到养生或食疗以及食品防腐的作用。

各种保健食谱的配方如何，是衡量养生食谱或食疗食谱质量的一个重要标准。它除应符合以上原则外，同时还应适当兼顾到膳食的色、香、味、形，做到养生或食疗与色、香、味、形的统一。

（3）饮食禁忌

饮食禁忌是指根据养生或食疗的需要，避免或禁止食用某些食物。饮食禁忌的主要内容有配伍禁忌、发物禁忌、妊娠禁忌、药食禁忌、疾病禁忌等。此外，还有忌生冷、忌暴饮暴食等养生禁忌的内容。

1）配伍禁忌。配伍禁忌是指两种食物在配伍使用时，会降低食物的养生或食疗效果，甚至对人体产生有害的影响，也即俗称的食物相克。食物的配伍禁忌主要有相恶和相反两种情况。有关食物配伍禁忌的内容在历代有关文献中有较多的论述。如猪肉反乌梅、桔梗（《本草纲目》）；狗肉恶葱（《本草备要》）；羊肉忌南瓜（《随息居饮食谱》）；鳖肉忌苋菜、鸡蛋（《本草备要》）；螃蟹忌柿、荆芥（《本草纲目》）；茯苓忌醋（《药性论》）；葱忌蜂蜜（《千金方·食治》）；人参恶黑豆（《药对》）、忌山楂（《得配本草》）、忌萝卜、茶叶等。以上配伍禁忌在膳食配方时应避免或禁止同用。

2）发物禁忌。所谓发物，是指特别容易诱发某些疾病，尤其是旧病宿疾或加重已发疾病的食物，发物禁忌在饮食养生和饮食治疗中都具有重要意义。在通常情况下，发物也是食物，适量食用对大多数人不会产生副作用或引起不适，只是对具有特殊体质以及与其相关的某些疾病才会诱使发病。发物的范围很广，在我们的日常生活中，属于发物类的食物按其来源可分为以下几类。

海腥类：主要有带鱼、黄鱼、鲳鱼、蚌肉、虾、螃蟹等水产品。这类食品大多咸寒而腥，对于体质过敏者，易诱导过敏性疾病发作，如哮喘、荨麻疹等。这类食物也易催发疮疡肿毒等皮肤疾病。

食用菌类：主要有蘑菇、香菇等。这类食物多为高蛋白食物，过食易致动风升阳，触发肝阳头痛、肝风眩晕等宿疾。此外，有皮肤宿疾者，食之也多易复发。

蔬菜类：主要有竹笋、芥菜、南瓜、菠菜等，这类食物易诱发皮肤疮疡肿毒。

禽畜类：主要有公鸡、鸡头、猪头肉、鹅肉、鸡翅、鸡爪等。这类食物主动而性升浮，食之易动风升阳，触发肝阳头痛、肝风眩晕等宿疾。此外，还易诱发或加重皮肤疮疡肿毒。

果品类：主要有桃子、杏等。前人曾指出，桃多食生热，发痈、疮、疟、痢、虫疳诸患；杏多食生痈疖、伤筋骨。

此外，属于发物类的还有腐乳、酒及葱、椒、韭等。现代临床研究证实，忌食发物在外科手术后减少创口感染和促进创口愈合方面具有重要意义。

发物能诱发或加重某些疾病，但另一方面，由于发物具有的催发或透发作用，食疗上还用于治疗某些疾病。如麻疹初期，疹透不畅，食用蘑菇、竹笋等发物，可起到助其透发，缩短病程的作用；又如多食海腥发物以催发牛痘等，都是利用了发物具有的透发作用。

三、药膳菜点

药膳不同于普通膳食，除具有一般膳食所具有的色、香、味、形以外，它还具有治病强身、美容保健、延缓衰老等疗效，因此在选料、配伍、制作方面有其自身的特殊性。

1. 中医药膳制作特点

药膳制作是按膳食加工的基本技能，根据药膳的特殊要求加工、烹饪，调制膳饮的过程。制作工艺既需要相应的熟练加工技能，又具有药膳制作的特点。

（1）原料的选用特点

一般膳食的功能是提供能量与营养，需保持一定的质与量，同时为适应“胃口”的不同而需要不断改变膳食原料与烹调方法。药膳则是根据不同病征、不同体质状态，针对性地选取原料，尽管这些食品原料营养也十分丰富，但并不适宜于所有人群。因此药膳原料的选用与组合，强调的是科学配伍，在中医理论指导下选料与配方，如体弱多病的调理，须视用膳者体质所属而选用或补气血，或调阴阳，或理脏腑的药膳；年老体弱的调理，须根据不同状态，选用或调补脾胃，或滋养阴血的药膳，以达到强壮体魄、延缓衰老的目的。

（2）药膳的烹调特点

由于药膳含传统的中药，在烹饪过程中，要尽可能地避免药物有效成分的丧失，以更好地发挥药效，因而必须讲究烹饪形式与方法。传统的药膳加工以炖、煮、蒸、焖为主，可以使药物最大限度地溶解出有效成分，以保持良好的疗效。如十全大补汤、鹿鞭壮阳汤、八宝鸡汤等汤类约占药膳品类的一半以上。

(3) 药膳的调味特点

各种药膳原料经烹调后具有其自身的鲜美口味，不宜用大量调味剂，以免改变其本味，应当尽量地保持药膳的原汁原味。一般的调味品如油、盐、味精等，在药膳中为常用品，但胡椒、茴香、八角茴、川椒、桂皮等香辛类调味品本身多具有行气活血、辛香发散的性味特点，在药膳烹调中应根据情况选用。如用于风寒感冒的药膳，生姜既是矫味剂，又是药物；在活血类药膳中使用辛香调料，可增强药膳行气活血的功效；一些具有腥、膻味的原料，如龟、鳖、鱼、羊肉、动物鞭等，可用调味品矫正异味。温阳类、活血养颜类药膳，可选用辛香类调味品。

2. 药膳制作要求

作为特殊的膳食，药膳的制作除必须具备一般烹调的良好技能外，尚需掌握药膳烹调的特殊要求。

(1) 精于烹调并具备中医药知识

由于药膳原料中药物的性能功效与药物的准备、加工过程常常有着密切的关系。如难于溶解的药宜久煮才能更好地发挥药效，易于挥发的药物则不宜久熬，以防有效成分损失。气虚类药膳不宜多加芳香类调味品，以防耗气伤气；阴虚类药膳不宜多用辛热类调味品，以防伤阴助热等。如果对中药的性能不熟悉，或不懂中医理论，只讲究口味，便会导致药效的降低，甚或引起相反的作用，失去药膳的基本功能。

(2) 注意疗效并讲究色香味形

药膳不同于普通膳食地方在于药膳具有保健防病、抗衰美容等作用。首先应尽最大可能保持和发挥药食的这一功能。其次，药膳需满足色、香、味、形诸方面的要求，才能激发用膳者的食欲。如果药膳药味过浓，影响食欲，不仅不能起到药膳的功能，反而连膳食的作用也不能达到。因此，药膳的烹制，其功效应与色泽、口味、香味、形态并重，才能达到药膳的基本要求。

(3) 配料必须严谨

药物的选用与配伍，必须遵循中医理法方药的原则，注意药物与药物、药物与食物、药物与配料、调味品之间的性效组合。任何食物和药物都有其四性和五味，对人体五脏六腑功能都有相应的促进或制约关系，只是常用药物的性味更为人们所强调。因此，选料应当注意药与药、药与食之间的性味组合，尽量应用相互促进的协同作用，避免相互制约的配伍，更须避开配伍禁忌的药食搭配，以免导致副作用的产生。

(4) 隐药于食

药膳以药物与食物为原料，药膳烹调的感官感觉很重要。如果药膳表现为以药物为主体，用膳者会感觉到是在“用药”而不是“用膳”，势必影响胃口，达不到膳食者用膳的要求。因此，药膳的制作在某些情况下还要求将药物“隐藏”于食物中，在感官上保持膳食特点。

大多数的单味药或较名贵的药物，或本身形质色气很好的药物不必隐藏，它们可以给用膳者以良好的感官刺激，如天麻、枸杞子、人参、黄芪、冬虫夏草、田七等，可直接与食物共同烹调，作为“膳”的一部分展现于用膳者面前。这属于见药的药膳。某些药物由于形色气味的原因，或者药味较多的药膳，则不宜将药物本身呈现于药膳中。或由于药味太重，或由于色泽不良而影响食欲，必须药食分制，取药物制作后的有效部分与一定的食物混合，这属于不见药的药膳。这类药膳的分制可有不同方法，或将药物煎后取汁，用药汁与食物混合制作；或将药食共烹后去除药渣，仅留食物供食用，或将药物制成粉末，再与食料共同烹制。这种隐药于食的方法可使用膳者免受不良形质气味药物的影响，达到药膳的作用。

3. 药膳制作方法

药膳的品类繁多，根据不同的方法可制作出不同的药膳，以适应人们的不同嗜好及变换口味。常用膳饮可分为热菜类、凉菜类、饮料类、面点类和药酒类。

（1）热菜类药膳制作方法

1）炖：炖是将药物与食物加清水，放入调料，先置武火上烧开，再改文火熬煮至熟烂，一般需文火 2～3 小时。特点是质地软烂，原汁原味，如雪花鸡汤、十全大补汤的制作法。

2）煮：将药物与食物同置较多量的清水或汤汁中，先用武火烧开，再用文火煮至熟，时间比炖短。特点是味道清鲜，能突出主料滋味，色泽亦美观。

3）熬：将药物与食物置于锅中，注入清水，武火煮沸后改用文火，熬至汤汁厚。烹制时间较炖更长，多需 3 小时以上，适用于含胶质重的原料，特点是汁稠味浓。

4）煨：将药物与食物置煨锅内，加入清水、调料，用文火或余热进行较长时间的烹制至软烂。特点是汤汁稠浓，口味醇厚，如川椒煨梨。

5）蒸：利用水蒸气加热烹制。将原料置于盛器内，加入水或汤汁、调味品，或不加汤水置蒸笼内蒸至熟或熟烂。因原料不同，又有粉蒸、清蒸、包蒸的不同。

6）炒：将油锅烧热，原料直接入锅，于急火上快速翻炒至熟，或断生。特点是烹制时间短，汤汁少，成菜迅速，鲜香入味，或滑嫩，或脆生，有生炒、回锅（熟炒）、滑炒、软炒、干煸等不同技法。芳香性的药物大多在临起锅时勾汁加入，以保持其气味芬芳。

7）爆：多用于动物性原料。将原料经初步热处理后，先用热油锅煸炒辅料，再放入主料，倒入芡汁快速翻炒至熟。特点是急火旺油，短时间内加热，迅速出锅，成菜脆嫩鲜香。

8）熘：原料调味后经炸、煮、蒸或上浆滑油等初步加热后，再以热油煸炒辅料，加入主料，然后倒入兑好的芡汁快速翻炒至熟。特点是成菜清亮透明，质地鲜嫩可口，有炸熘、滑熘、软溜等不同技法。

9）炸：将锅中置入较多量的油加热，药膳原料直接投入热油中加热至熟或黄脆。可单独烹制，也是多种烹调法的半成品准备方法。炸是武火多油的烹调方法，一般用油量比要炒的原料多几倍。特点是清香酥脆，有清炸、干炸、软炸、酥炸、松炸、包炸等不同技法。

10）烧：一般是先把食物经过煸、煎、炸的处理后，进行调味调色，然后再加入药物和汤或清水，用武火烧开，文火焖透，烧至汤汁浓稠。其特点是汁稠味鲜。烧制菜肴时，注意掌握好汤或清水的用量，一次加足，避免烧干或汁多。

其他如烩、扒、卤、拔丝等烹调法也是药膳热菜的常用加工方法。

(2) 凉菜类药膳的制作方法

凉菜类药膳是将药膳原料或经制熟处理，或生用原料，经加工后冷食的药膳菜类。有拌、炝、腌、卤、蒸、冻等方法。

1) 拌：将药膳原料的生料或已凉后的熟料加工切制成一定形状，再加入调味品拌和制成。拌法简便灵活，用料广泛，易调口味。特点是清凉爽口，能理气开胃，有生拌、熟拌、温拌、凉拌等不同制法。

2) 炝：将原料切制成所需形状，经加热处理后，加入各种调味品拌渍，或再加热花椒炝成药膳。特点是口味或清淡，或鲜咸麻香，有普通炝与滑炝的不同制法。

3) 腌：将原料浸入调味卤汁中，或以调味品拌匀，腌制一定时间，使原料入味。特点是清脆鲜嫩，浓郁不腻，有盐腌、酒腌、糖腌等不同制法。

4) 冻：将含胶质较多的原料投入调味品后，加热煮制达一定程度后停止加热，待其冷凝后食用。特点是晶莹剔透，清香爽口，但原料必须是含胶汁多者，否则难以成冻。

很多凉菜必须要前期加工后方能制作，卤、蒸、煮为前期常用的制作方法。通常用于动物类药膳原料，如凉菜卤猪心、筒子鸡等需先卤熟、蒸熟后再制成凉菜。

(3) 药粥的制作方法

药粥是药物与米谷类食物共同煮熬而成，具有制法简单，服用方便，易于消化吸收的特点。药粥被古人推崇为益寿防病的重要膳食，如南宋陆游《食粥》说“世人个个学长年……只将食粥致神仙”。药粥需根据药物与米谷的不同特点来制作。

1) 生药饮片与米谷同煮：将形、色、味均佳，且能食用的生药与米共同煮制。如红枣、百合、怀山药、薏苡仁、龙眼肉等与米煮粥，即增加粥形色的美观，又使味道鲜美，还增强疗效，如薏米莲子粥。

2) 中药研末与米谷同煮：较大的中药块或质地较硬的药物难以煮烂时，将其粉碎为细末与米同煮。如茯苓、贝母、天花粉等，多宜研末做粥。

3) 药物提汁与米谷同煮：不能食用或感官刺激太强的药物，如川草、当归等，不宜与米同煮，需煎煮取汁与米谷共煮制粥，如麦门冬粥、参苓粥。

4) 汤汁类与米谷同煮：将动物乳汁、肉类汤汁与米谷同煮制粥，如鸡汁粥、乳粥。

(4) 药膳饮料的制作方法

药膳饮料包括药酒、保健饮料、药茶等。它们以药物、水或酒为主要原料加工制作成饮料，具有保健或治疗作用。

1) 药酒配制法：以白酒、黄酒为基料，浸泡或煎煮相应的药物，滤去渣后所获得的饮料酒是最早加工而成药品和饮料的两用品。酒有“通血脉，行药力，温肠胃，御风寒”的作用，酒与药合，可起到促进药力的作用，所以药酒是常用的保健治疗性饮料。有冷浸法、热浸法、煎煮法、酿造法等不同制作工艺。

2) 药茶制作法：将药物与茶叶相配，置于杯内，冲以沸水，盖闷 15 分钟左右即可饮用。也可根据习惯加白糖、蜂蜜等；或将药物加水煎煮后滤汁当茶饮；或将药物加工成细末或粗末，分袋包装，临饮时以开水冲泡。特点是清香醒神、养阴润燥，生津止渴。

3) 保健饮料制作法：以药物、水、糖为原料，用浸泡、煎煮、蒸等方法提取药液，再沉淀、过滤、澄清，加入冰糖、蜂蜜等兑制而成。特点是能生津养阴，润燥止渴。

（5）药膳面点的制作方法

将药物加入面点中制成的保健食疗食品。这类食品可作主食，也可作点心类零食，多是将药物制成粉末，或将药物提取液与面团共同和揉，经和面、揉面、下剂、包馅等工艺流程制作而成，可以分为十多类，如包类、饺类、糕类、团类、卷类、饼类、酥类、条类、其他类等。

4. 药膳宴席案例

【案例 4－1】　南京双门楼宾馆“药膳风味宴”

养生保健药膳取中药之精华，施食物之美味，熔中医与烹调于一炉而成。南京双门楼宾馆设计的“药膳风味宴”菜单如下。

（1）太极阴阳席：八味冷盘（健脾利水）、壮阳凤尾（补肾壮阳）、红玉金鞭（补益精血）、八宝葫芦（滋阴健脾）、吞吐鱼龙（养心补虚）、金针渡圣（增强免疫力）、翠帐玉凤（补气清热解暑）、方圆动静（补脏益精）、一品养容（养心容颜）、白玉含春（健脾利水）、珍珠粥（健脾利水）、龙须凤尾茶（清肝明目）。

（2）松鹤延年席：八味冷盘（滋阴清热）、卷藏三秀（滋阴养血）、白雪红梅（滋补肝肾）、朱盘芙蓉（清热散血）、龟龙竞寿（养精补血）。

第二节　基于现代营养配膳理论的菜、点设计

一、中国居民膳食指南

在国家卫生健康委员会的组织和领导下，《中国居民膳食指南（2022）》第 5 版于 2022 年发布。

膳食指南（Dietary Guidelines，DG）是根据营养科学原则和人体营养需要，结合当地食物生产供应情况及人群生活实践，提出的食物选择和身体活动的指导意见。膳食指南是健康教育和公共政策的基础性文件，是国家实施健康中国行动和推动国民营养计划的一个重要组成部分。

《中国居民膳食指南（2022）》是在《中国居民膳食指南（2016）》的基础上，根据营养学原理，紧密结合我国居民膳食消费和营养状况的实际情况制定。其目标是指导生命全周期的各类人群，对健康人群和有疾病风险的人群提出健康膳食准则，包括鼓励科学选择食物，追求终身平衡膳食和合理运动，以保持良好健康生活状态，维持适宜体重，预防或减少膳食相关慢性病的发生，从而提高我国居民整体健康素质。主要包括 8 条准则。

准则一：食物多样，合理搭配

平衡膳食模式是最大程度上保障人类营养需要和健康的基础，食物多样是平衡膳食模式的基本原则。多样的食物应包括谷薯类、蔬菜水果类、畜禽鱼蛋奶类、大豆坚果类等。建议

平均每天摄入12种以上食物，每周25种以上。谷类为主是平衡膳食模式的重要特征，建议平均每天摄入谷类食物200～300g，其中全谷物和杂豆类50～150g；薯类50～100g。每天的膳食应合理组合和搭配，平衡膳食模式中碳水化合物供能占膳食总能量的50%～65%，蛋白质占10%～15%，脂肪占20%～30%。

准则二：吃动平衡，健康体重

体重是评价人体营养和健康状况的重要指标，运动和膳食平衡是保持健康体重的关键。各个年龄段人群都应该坚持每天运动、维持能量平衡、保持健康体重。体重过低和过高均易增加疾病的发生风险。推荐每周应至少进行5天中等强度身体活动，累计150分钟以上；坚持日常身体活动，主动身体活动最好每天6000步；注意减少久坐时间，每小时起来动一动，动则有益。

准则三：多吃蔬果、奶类、全谷、大豆

蔬菜、水果、奶类和大豆及其制品是平衡膳食的重要组成部分，坚果是膳食的有益补充。蔬菜和水果是维生素、矿物质、膳食纤维和植物化学物的重要来源，奶类和大豆类富含钙、优质蛋白质和B族维生素，对降低慢性病的发病风险具有重要作用。推荐餐餐有蔬菜，每天摄入不少于300g蔬菜，深色蔬菜应占1/2。推荐天天吃水果，每天摄入200～350g新鲜水果，果汁不能代替鲜果。吃各种各样的奶制品，摄入量相当于每天300mL以上液态奶。经常吃全谷物、豆制品，适量吃坚果。

准则四：适量吃鱼、禽、蛋、瘦肉

鱼、禽、蛋和瘦肉可提供人体所需要的优质蛋白质、维生素A、B族维生素等，有些也含有较高的脂肪和胆固醇。目前我国畜肉消费量高，过多摄入对健康不利，应当适量食用。动物性食物优选鱼和禽类，鱼和禽类脂肪含量相对较低，鱼类含有较多的不饱和脂肪酸。蛋类各种营养成分齐全，瘦肉脂肪含量较低。过多食用烟熏和腌制肉类可增加部分肿瘤的发生风险，应当少吃。推荐成年人平均每天摄入动物性食物总量120～200g，相当于每周摄入鱼类2次或300～500g、畜禽肉300～500g、蛋类300～350g。

准则五：少盐少油，控糖限酒

我国多数居民食盐、烹调油和脂肪摄入过多，是目前肥胖、心脑血管疾病等慢性病发病率居高不下的重要因素，因此应当培养清淡饮食习惯，推荐成年人每天摄入食盐不超过5g、烹调油25～30g，避免过多动物性油脂和饱和脂肪酸的摄入。过多摄入添加糖可增加龋齿和超重的发生风险，建议不喝或少喝含糖饮料，推荐每天摄入糖不超过50g，最好控制在25g以下。儿童青少年、孕妇、乳母不应饮酒，成年人如饮酒，一天饮酒的酒精量不超过15g。

准则六：规律进餐，足量饮水

规律进餐是实现合理膳食的前提，应合理安排一日三餐，定时定量、饮食有度，不暴饮暴食。早餐提供的能量应占全天总能量的25%～30%，午餐占30%～40%，晚餐占30%～35%。水是构成人体成分的重要物质并发挥着多种生理作用。水摄入和排出的平衡可以维护机体适宜水合状态和健康。建议低身体活动水平的成年人每天饮7～8杯水，相当于男性每天喝水1 700mL，女性每天喝水1 500mL。每天主动、足量饮水，推荐喝白水或茶水，不喝或少喝含糖饮料。

准则七：会烹会选，会看标签

食物是人类获取营养、赖以生存和发展的物质基础，在生命的每一个阶段都应该规划好膳食。了解各类食物营养特点，挑选新鲜的、营养素密度高的食物，学会通过食品营养标签的比较，选择购买较健康的包装食品。烹饪是合理膳食的重要组成部分，学习烹饪和掌握新工具，传承当地的美味佳肴，做好一日三餐，家家实践平衡膳食，享受营养与美味。如在外就餐或选择外卖食品，按需购买，注意适宜分量和荤素搭配，并主动提出健康诉求。

准则八：公筷分餐，杜绝浪费

日常饮食卫生应首先注意选择当地的、新鲜卫生的食物，不食用野生动物。食物制备生熟分开，储存得当。多人同桌，应使用公筷公勺、采用分餐或份餐等卫生措施。勤俭节约是中华民族的文化传统，人人都应尊重和珍惜食物，在家在外按需备餐，不铺张不浪费。从每个家庭做起，传承健康生活方式，树饮食文明新风。社会餐饮应多措并举，倡导文明用餐方式，促进公众健康和食物系统可持续发展。

二、中国居民膳食宝塔

中国居民膳食宝塔（Chinese Food Guide Pagoda）是根据《中国居民膳食指南（2022）》的准则和核心推荐，把平衡膳食原则转化为各类食物的数量和所占比例的图形化表示。

中国居民平衡膳食宝塔形象化的组合，遵循了平衡膳食的原则，体现了在营养上比较理想的基本食物构成（图4-1）。宝塔共分5层，各层面积大小不同，体现了5大类食物和食物量的多少。5大类食物包括谷薯类、蔬菜水果、畜禽鱼蛋奶类、大豆和坚果类以及烹调用油盐。食物量是根据不同能量需要量水平设计，宝塔旁边的文字注释，标明了在1600～2400kcaL能量需要量水平时，一段时间内成年人每人每天各类食物摄入量的建议值范围。

第一层：谷薯类食物

谷薯类是膳食能量的主要来源（碳水化合物提供总能量的50%～65%），也是多种微量营养素和膳食纤维的良好来源。谷类为主是合理膳食的重要特征。在1600～2400kcaL能量需要量水平下的一段时间内，建议成年人每人每天摄入谷类200～300g，其中包含全谷物和杂豆类50～150g；另外，薯类50～100g，从能量角度，相当于15～35g大米。

第二层：蔬菜水果

蔬菜水果是膳食指南中鼓励多摄入的两类食物。蔬菜水果是膳食纤维、微量营养素和植物化学物的良好来源。在1600～2400kcaL能量需要量水平下，推荐成年人每天蔬菜摄入量至少达到300g，其中深色蔬菜占总体摄入量的1/2以上；水果200～350g，推荐以新鲜水果为主，在鲜果供应不足时可选择一些含糖量低的干果制品和纯果汁。蔬菜及水果的摄入也要保持品种多样。

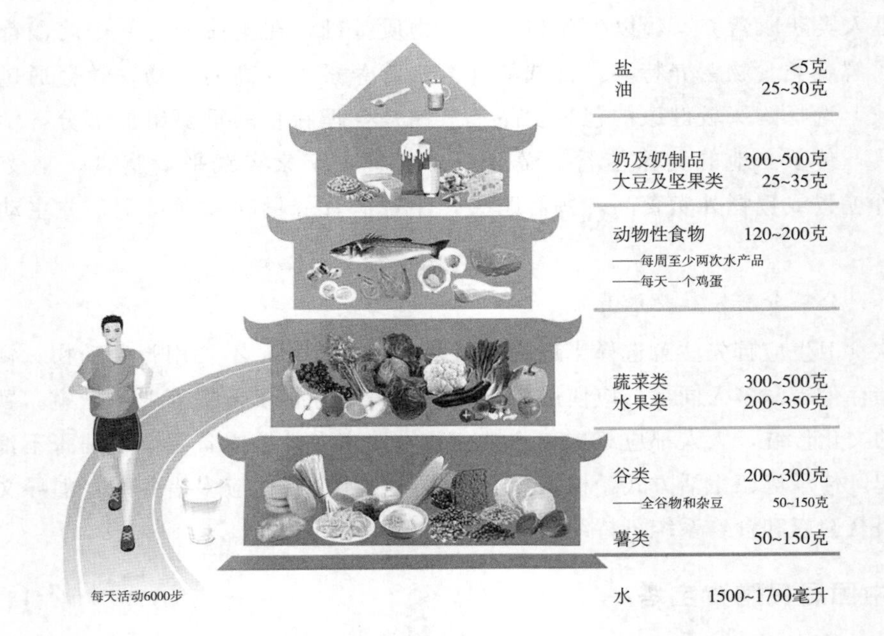

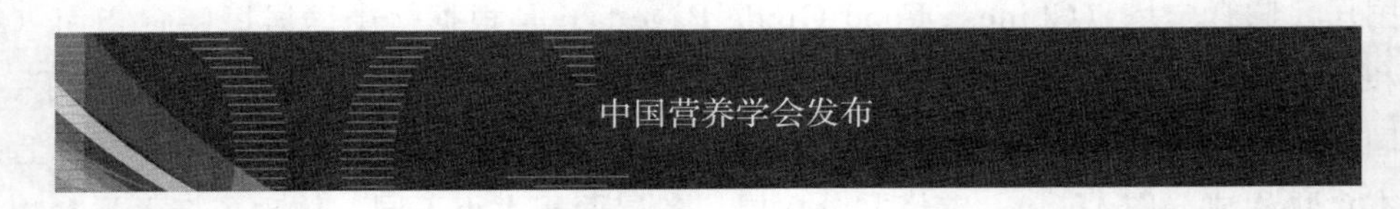

图 4－1 中国居民膳食宝塔（2022）

第三层：鱼、禽、肉、蛋等动物性食物

鱼、禽、肉、蛋等动物性食物是膳食指南推荐适量食用的食物。在 1 600～2 400kaL 能量需要量水平下，推荐每天鱼、禽、肉、蛋摄入量共计 120～200g。

新鲜的动物性食物是优质蛋白质、脂肪和脂溶性维生素的良好来源，建议每天畜禽肉的摄入量为 40～75g，少吃加工类肉制品；常见的水产品包括鱼、虾、蟹和贝类，此类食物富含优质蛋白质、脂类、维生素和矿物质，推荐每天摄入量为 40～75g，有条件可以优先选择；蛋类的营养价值较高，推荐每天 1 个鸡蛋（相当于 50g 左右），吃鸡蛋不能丢弃蛋黄，蛋黄含有丰富的营养成分，如胆碱、卵磷脂、胆固醇、维生素 A、叶黄素、锌、B 族维生素等，无论对多大年龄人群都具有健康益处。

第四层：奶类、大豆和坚果

奶类和豆类是鼓励多摄入的食物。奶类、大豆和坚果是蛋白质和钙的良好来源，营养素密度高。在 1600～2400kcaL 能量需要量水平下，推荐每天应摄入至少相当于鲜奶 300g 的奶类及奶制品；豆类及坚果类食品富含必需脂肪酸和必需氨基酸、有别于肉类产品的优质蛋白质。推荐大豆和坚果摄入量共为25～35g/d，其他豆制品摄入量需按蛋白质含量与大豆进行折算。坚果无论作为菜肴还是零食，都是食物多样化的良好选择，建议每周摄入70g左右（相当于每天10g左右）。

第五层：烹调油和盐

油盐作为烹饪调料必不可少，但建议尽量少用。推荐成年人平均每天烹调油不超过25～30g，食盐摄入量不超过5g。按照DRIs（膳食营养素参考摄入量）的建议，1～3岁人群膳食脂肪供能比应占膳食总能量35%；4岁以上人群占20%～30%。在1600～2400kcaL能量需要量水平下脂肪的摄入量为36～80g。其他食物中也含有脂肪，在满足平衡膳食模式中其他食物建议量的前提下，烹调油需要限量。按照25～30g计算，烹调油提供10%左右的膳食能量。烹调油也要多样化，应经常更换种类，以满足人体对各种脂肪酸的需要。

我国居民食盐用量普遍较高，盐与高血压关系密切，限制食盐摄入量是我国长期行动目标。除了少用食盐外，也需要控制隐性高盐食品的摄入量。

酒与糖：酒和添加糖不是膳食组成的基本食物，烹饪使用和单独食用时也都应尽量避免。

身体活动和饮水：身体活动和水的图示仍包含在可视化图形中，强调增加身体活动和足量饮水的重要性。水是膳食的重要组成部分，是一切生命活动必需的物质，其需要量主要受年龄、身体活动、环境温度等因素的影响。低身体活动水平的成年人每天至少饮水1500～1700mL（7～8杯）。在高温或高身体活动水平的条件下，应适当增加饮水量。饮水不足或过多都会对人体健康带来危害。来自食物中水分和膳食汤水大约占1/2，推荐一天中饮水和整体膳食（包括食物中的水，汤、粥、奶等）水摄入共计2700～3000mL。

身体活动是能量平衡和保持身体健康的重要手段。身体活动能有效地消耗能量，保持精神和机体代谢的活跃性。鼓励养成天天运动的习惯，坚持每天多做一些消耗能量的活动。推荐成年人每天进行至少相当于快步走6000步的身体活动，每周最好进行150分钟中等强度的运动，如骑车、跑步、庭院或农田的劳动等。一般而言，低身体活动水平的能量消耗通常占总能量消耗的1/3左右，而高身体活动水平者可高达1/2。加强和保持能量平衡，需要通过不断摸索，关注体重变化，找到食物摄入量和运动消耗量之间的平衡点。

三、中国居民平衡膳食餐盘

中国居民平衡膳食餐盘（Food Guide Plate，图4-2）是按照平衡膳食原则，描述了一个人一餐中膳食的食物组成和大致比例。餐盘更加直观。一餐膳食的食物组合搭配轮廓清晰明了。餐盘分成4部分，分别是谷薯类、动物性食物和富含蛋白质的大豆及其制品、蔬菜和水果，餐盘旁的一杯牛奶提示其重要性。此餐盘适用于2岁以上人群，是一餐中食物基本构成的描述。

与膳食平衡宝塔相比，平衡膳食餐盘更加简明，给大家一个框架性认识，用传统文化中的基本符号，表达阴阳形态和万物演变过程中的最基本平衡，一方面更容易记忆和理解，另一方面也预示着一生中天天饮食，错综交变，此消彼长，相辅相成地健康生成自然之理。2岁以上人群都可参照此结构计划膳食，即便是对素食者而言，也很容易将肉类替换为豆类，以获得充足的蛋白质。

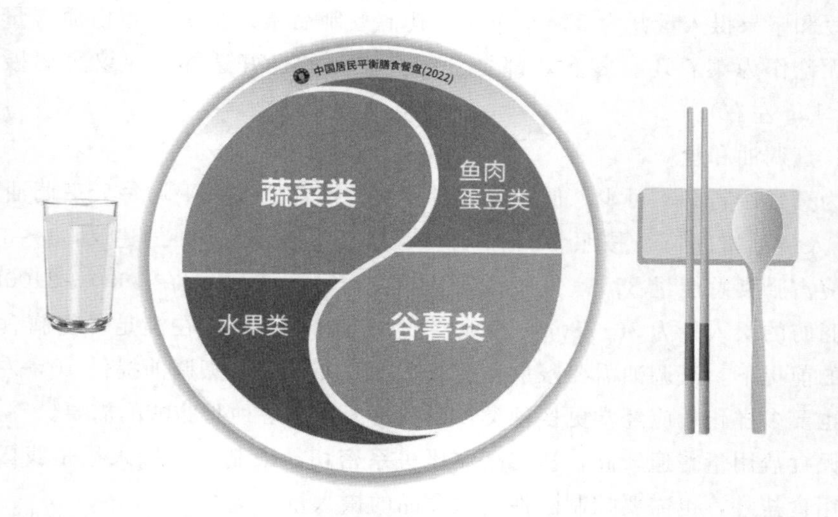

图 4－2　中国居民膳食餐盘（2022）

四、中国儿童平衡膳食算盘

平衡膳食算盘（Food Guide Abacus，图 4－3）是面向儿童应用膳食指南时，根据平衡膳食原则转化各类食物分量的图形。平衡膳食算盘简单勾画了膳食结构图，给儿童一个大致膳食模式的认识。跑步的儿童身挎水壶，表达了鼓励喝白水、不忘天天运动、积极活跃地生活和学习。

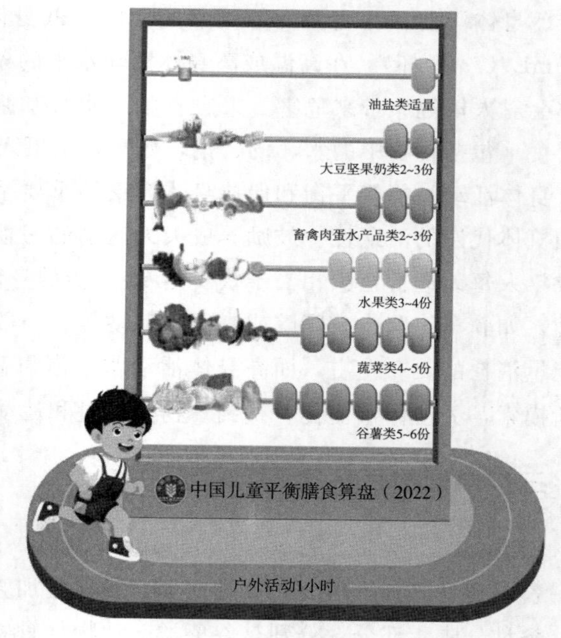

图 4－3　中国儿童平衡膳食算盘（2022）

与膳食宝塔相比，膳食算盘在食物分类上，把蔬菜和水果分别表示，算盘有 6 层，用不同颜色的算珠表示各类食物，浅棕色代表谷薯，绿色代表蔬菜，黄色代表水果，橘红色代表动物性食物，蓝色代表大豆、坚果和奶类，橘黄色代表油和盐。算盘中的食物分量按 8～11 岁儿童能量需要量平均值大致估算。在面向儿童青少年开展膳食指南宣传和知识传播中，通过膳食算盘可以寓教于乐，与儿童更好沟通，便于记忆一日三餐的食物基本构成和合理的食物量。

宴席原料要根据就餐宾客不同年龄层次配备膳食，荤素搭配、多样组配，营养均衡，增添食趣。素菜多了淡而无味，冲淡宴会的气氛；荤菜多了使人腻口。荤菜与素菜、菜与点的搭配要合理。荤菜中的鸡、鸭、鱼、猪、牛、羊肉、海鲜的配置应呈多元化的格局；素菜中的豆腐、菇笋、菌类等菜品也应多姿多影。如荤菜用素菜围边，既解决了美观的问题，又照顾了营养搭配；鲍、肚、参等高档原料跟上清口菜，如鱼翅配豆芽，既增强其食欲，又具有多种营养成分。

第三节　基于烹饪工艺的菜、点设计

中国菜品种类繁多，技艺精湛，在制作工艺上变化巧妙，不断涌现出新的风格。数以千计制作精巧、栩栩如生、富有营养的菜品像朵朵鲜花，在中国食苑的百花园里竞相开放，充分体现了具有中国特色的烹饪艺术。

一、烹制工艺的开发与创新

烹制工艺是菜肴制作的核心，是形成菜肴色、香、味、形不同风格的关键。中式菜肴烹制工艺以其方法多样、技法独特而著称于世。随着烹饪的不断发展，烹制工艺在继承中不断创新，在传统与现代、中餐与西餐、菜肴与面点等的结合中，探索、开发出了许多新的工艺。

1. 包制工艺的开发与创新

包制法是我国热菜造型技艺中的一种传统烹饪加工方法。在我国古代，有不少运用包的手法制作的菜品。如饺子、春卷、包子、馄饨、粽子等。当时古人用包的手法制作菜品，一是为了包扎成形便于烹制，二是保持菜品的原汁原味，三是取其裹包层特有的香气，四是形成独特的风格。包制菜配制中要注重菜品原料的选择、搭配和外形的美观，使之达到色、香、味、形俱佳。

包式菜肴一般采用食品专用纸类、皮张类、叶菜类和泥茸类等作为包裹材料，将加工成块、片、条、丝、丁、粒、茸、泥的原料，通过腌渍入味后，包成长方形、正方形、圆形、半圆形、条形或各种花色形状的一种造型技法。包的形状大小可按品种或宴会的需要而定，但不论包成什么形状，包入什么样的馅料，都应大小一致、整齐、不漏汁、不露馅（露馅品种除外）。

包式菜品丰富多彩，风味各具。从其属性来分，主要有以下几类：

（1）纸包类

纸包类菜品一般以特殊的纸为包制材料，根据纸质的不同，可分为食用纸和非食用纸两类。食用纸有糯米纸、威化纸等；非食用纸有玻璃纸、锡纸等。用纸类包裹菜品进行造型，一般为长方形或长条形。常见的纸包类宴席菜肴如：纸包鸡（糯米纸包）、灯笼鸡（玻璃纸包）、柱侯酱烧鸭（锡纸包）等

纸包类菜品多采用炸、烤的烹调方法。在炸制过程中，掌握和控制油温至关重要，下锅油温以四至五成热为宜，采用中等火力控制油温在六成左右，待纸包上浮时要不停地翻动，使之受热均匀，当锅内的纸包料炸透后，油温可升至六至七成热。这样炸出的纸包类菜品才会保持原料的鲜嫩和原味，食之滑香可口。

（2）叶包类

叶包类菜品一般是以阔大且较薄的植物叶或具香气的叶类作为包裹菜品的材料，根据叶

的质地，可分为食用叶和非食用叶两类。食用叶有包菜叶、青菜叶、生菜叶、白菜叶、菠菜叶等，非食用叶有荷叶、粽叶、芭蕉叶等。常见的叶包类宴席菜肴如：锅塌菜盒（菜叶包）、荷叶粉蒸肉（荷叶包）、粽叶炸鸡（粽叶包）、蕉叶烤鲈鱼（蕉叶包）等。叶包类菜肴主要体现其叶的清香风味和天然特色。

（3）皮包类菜品

皮包类菜品一般是以可食用的“皮子”为材料包制各式调拌或炒制的馅料。根据所用“皮子”的不同，具体又可分为春卷皮、蛋皮、豆腐皮、粉皮和千张等皮料。这些皮料薄且宽，又具有一定的韧性，易于包裹造型，馅料的形状常用茸、丝、粒等，包成长方形、圆筒形、饺形、石榴形等。常见的皮包类宴席菜肴有皮包大虾（春卷皮包）、蛋烧麦（蛋皮包）、香炸蟹粉卷（豆腐皮包）、千张包肉（千张包）等。

以春卷皮、粉皮为皮料包制菜品，一般采用熟馅，包好后可直接入六七成油锅中炸至皮脆，呈金黄色即好。若包生馅，不适于直接炸，否则外焦里不透。如果采用蒸后炸，蒸会影响皮层的形态。用其他皮张类包制的菜品，多为生馅，包制要紧，封口要粘牢。不同的皮料可采取不同的烹调方法，挂不同的糊，油炸的温度也有所区别。

（4）茸制包类菜品

茸制包类菜肴一般是采用具有黏性的肉类泥茸和一些植物泥茸，经过精心制作为皮料包制菜品。如以鱼、虾、鸡肉泥茸和山药、土豆、芋头泥茸等，作皮层包制菜品，款式新颖，形态别致。因其柔软，具有黏性，可塑性强，特别是含淀粉类多的原料，经包入馅心后，可捏成各式不同的花色形状。如鱼皮馄饨（鱼肉皮包）、烧豆腐饺（豆腐泥包）等。

用肉类泥茸作皮包馅后，常以蒸、汆、煮的加热法烹之，熟后取出，另勾芡。薯类泥茸包馅造型后，多用炸的烹饪方法制成，因皮、馅是熟料并已入味，只采用炸的方法，能确保其形状完整、口味酥香鲜嫩。但炸的油温应先高后低，入锅定型，逐步炸透后，再用高温油起锅，使之外香酥、里软糯。

（5）其他包类菜品

其他包类菜品是除上述之外的包制类菜品，种类繁多，制作各具特色。如利用网油包制的菜品，网油包菜品一般需经挂糊后油炸，由于网油面积大，包制成熟后要再改刀切段装盘。另外还有用熟土包裹成菜的菜品，代表品种有“叫化鸡”“泥煨火腿”“泥煨蹄髈”等。黏土以酒坛泥为最好，因其黏性大，不易脱落损坏，能保持其内部的温度。其他还有糯米包等，因糯米加水蒸熟后有较强的黏性，通过加工可以成为美味佳肴。

2. 卷制工艺的开发与创新

卷制菜品是中国菜造型工艺中特色鲜明、颇具匠心的一种加工制作方法。它是将经过调味的丝、末等细小原料，用植物性或动物性原料加工成的各类薄片或整片卷包成各种形状，再进行烹调的工艺手法。

卷制菜肴发展至今，已形成了丰富多彩、用途广泛、制作细腻、风格各异的制作特色。不同地区、不同民族，因气候、物产、风俗、习惯、嗜好等的不同，卷制菜品的风味不同。卷制菜品由皮料和馅料两部分组成。其基本操作程序是：选料→初步加工及刀工处理（皮与馅）→码味（或不码味）→卷制成形→挂糊浆（或不挂糊浆）→烹制成熟→改刀（或不改刀）

→装盘→补充调味→成品。

卷制菜品的类型一般有三类：第一类是卷制的皮料不完全卷包馅料，将1/3馅料显现在外，成熟后表皮张开，可增加菜肴的美感，如“兰花鱼卷”“双花肉卷”等；第二类是卷制的皮料完全将馅料包卷其内，外表呈圆筒状，如“紫菜卷”“苏梅肉卷”等；第三类是将馅料放入皮的两边，由外向内卷成双圆筒状，如“如意蛋卷”“双色双味菜卷”等。卷制菜品要求卷整齐、卷紧，皮料要保持厚薄均匀，光滑平整，外形修成长方形或正方形，以保证卷制成品的规格一致。

卷制菜肴品类繁多，根据皮料所选用的原料不同，有以下类别。

（1）鱼肉类菜卷

鱼肉类菜卷是以鲜鱼肉为皮料卷入各式馅料制成的菜品。鱼肉须选用肉多刺少、肉质洁白鲜嫩的上乘新鲜鱼，如鳜鱼、青鱼、鲤鱼、草鱼、鲈鱼、黑鱼、比目鱼等。根据卷类菜的要求，改刀成长短一致、厚薄均匀、大小相等的皮料。鱿鱼要求体宽平展、腕足整齐、光泽新鲜、颜色淡红、体长且大。在刀工处理时，要求馅心做到互不相连、大小相符、长短一致，便于包卷入味及烹制，否则会影响鱼肉菜卷的色、香、味、形等。

鱼肉类菜卷一般采用蒸、炸的烹调方法。蒸能够保持原料鲜嫩和形状的完整，炸时要掌握油温以及在翻动时注意形状不受破坏。有的菜品需要经过初步调味，在炸制时经过挂糊或上浆，充分保持其在成熟时的鲜嫩和外形；有的在装盘后要进行补充调味，以弥补菜味的不足，丰富菜品的滋味。宴席中常见的鱼肉类菜卷如：“三丝鱼卷”“鱼肉卷”“三文鱼卷”“鱿鱼卷四宝”等。

（2）畜肉类菜卷

畜肉类菜卷是以新鲜肉类或网油为皮料卷入各式馅料制成的菜品。畜肉类菜卷以猪肉、猪网油制作为主。猪肉的选用要求色泽光润、富有弹性、肉质鲜嫩、肉色淡红的新鲜肉，如里脊肉、弹子肉、通脊肉等。猪网油要求新鲜光滑、色白质嫩。

肉类的加工制作多采用切片机加工，将肉类加工成长方块，放入平盆中置于冰箱内速冻，待基本冻结后取出放入切片机中刨片，使其厚薄均匀、大小相等，卷制后使成品外形一致。用猪网油作皮料时，可用葱、姜、料酒拌匀腌渍后，改刀使用，也可用苏打水漂洗干净改刀再用。宴席中常见的畜肉类菜卷有“腰花肉卷”“麻辣肉卷”“网油鸡卷”“蛋黄鸭卷”等。

畜肉类菜卷成品，有的只用一种烹调方法制成，有的要用两种或两种以上的烹调方法制成，如各种网油卷的菜品。网油面积较大，菜卷经过烹制后因形体过长，往往需经改刀处理后再装盘。

（3）禽蛋类菜卷

禽蛋类菜卷是以鸡、鸭、鹅肉和蛋类为皮料，卷入各式馅料制成的菜品。禽类须选用新鲜的原料，在加工制作时，可分为两类：一类是将禽类原料用刀批成薄片，包卷馅料制作而成；另一类是将整只鸡、鸭、鹅剖腹或背开，剔去骨，将皮朝下肉朝上，后放入馅心卷起，再用线扎好，烹调制熟后切片而成。

蛋类做皮料需先制成蛋皮，蛋皮必须按照所制卷包菜的要求，改刀成方（长）块或不改刀使用；因蛋皮面积较大，卷制成熟后一般也需要改刀；改刀可根据食者的要求和刀工的美化进行，可切成段（斜长段、直切段）、片等，并做到刀工细致、厚薄均匀、大小相同、整齐美观。宴席中常见的禽蛋类菜卷有“网油鸡卷”“蛋黄鸭卷”“如意蛋卷”等。

禽蛋类菜卷的装饰盘边也很重要，因禽类和蛋类卷大多要改刀装盘，为了避免其单调，可适当点缀带色蔬菜和雕刻花卉，以烘托菜品的气氛，增强宾客的食欲。

（4）陆生类菜卷

陆生类菜卷是以陆地生长的蔬菜为皮料卷入各式馅料制成的菜品。常用的陆生植物性皮料有卷心菜叶、白菜叶、青菜叶、冬瓜、萝卜等，其选用标准应以符合菜肴体积的大小、宽度为好。在使用中，要把蔬菜中的菜叶洗净后，用沸水焯一下，使之回软，快速捞起过凉水，这样才能保持原料的颜色和软嫩度，便于卷包。萝卜需切成长片，用精盐拌渍，使之回软，洗净捞出即为皮料。冬瓜必须改刀成薄片，以便于包卷。陆生类菜卷适宜荤素馅料，热菜凉菜都可制作，宴会、便饭都可以使用，且食之爽口、味美、色佳、鲜嫩。宴席中常见的陆生类菜卷有“包菜卷”“三丝菜卷”“五丝素菜卷”“白汁菠菜卷”等。

（5）水生类菜卷

水生类菜卷是以水域生长的植物原料为皮料卷制而成的各式菜肴。常用的水生植物性皮料有紫菜、海带、藕、荷叶等。紫菜宜选用叶子宽大扁平、紫色油亮、无泥沙杂质者。海带应选用宽度大、质地嫩、无霉无烂的。藕要选用体大、质嫩、白净的，切薄片后要漂去白浆。荷叶以新鲜无斑点、无虫伤的为佳品，使用之前须将荷叶洗干净并改刀成方块。宴席中常见的水生类菜卷有“紫菜卷”“海带鱼茸卷”等。

在皮料的使用前要用冷水洗净沙粒及杂物，漂发回软，用蒸笼蒸制使之进一步软化，取出过凉水，改刀或不改刀后可使用。蒸制时间不能过长，一般 20 分钟左右即可，如蒸的时间过长，则易断，不利于包卷。

（6）加工类菜卷

加工类菜卷是以植物性原料加工制成半成品为皮料卷制而成的各式菜肴。用于制作卷类菜肴的加工成品原料主要有腐皮、粉皮、千张、面筋、腌菜、酸渍菜等。腐皮是制作卷类菜的常用原料，又称腐衣、油皮，以颜色浅黄、有光泽、皮薄透明、平滑不破、柔软不黏者为上品。许多素菜都以腐皮卷制而成，如“素鸡”“素肠”“素烧鸭”等。粉皮必须选用含优质淀粉，经过滤调制后，用小火烫，或把适量水淀粉放入平锅中，在沸水锅上烫后，过凉水改刀即成。千张以光滑、整洁为好。宴席中常见的加工类菜卷有“粉皮虾茸卷”“粉皮如意卷”“腐皮肉卷”等。

（7）其他类菜卷

其他类菜卷主要是指以上卷类菜以外的一些卷制菜肴。如以虾肉为皮料的“冬笋虾卷”“雪衣虾卷”等，以薄饼作皮料的“脆炸三丝卷”“炸鸭饼卷”等，以糯米饭作皮料的“芝麻凉卷”“糯米鸭卷”等。

3. 夹、酿、粘工艺的开发与创新

我国菜肴的造型工艺丰富多彩，除包、卷制作工艺以外，其他造型工艺也各具特色，如捆扎、碗扣、镶嵌、拼摆、模塑、茸塑等，其中夹、酿、粘三法各有独特的风造，造型菜肴的使用也较为普遍，对于菜肴的开拓与创新所起的作用较大。夹、酿、粘三种工艺技法，都是采用两类原料，一类是主料，另一类是填补料或补充料，经过人们的巧妙构思，将两类原料合理结合，开拓出菜肴变化式样的新天地。

夹、酿、粘三种技法既互相联系，又相对独立，它们是一大类型中的三种不同的工艺技法，部分菜品需要三种工艺协同制作。江苏菜中的“虾肉吐司夹”以虾茸加熟肥膘粒与调料拌和成酿馅，面包切成夹子状块，在面包夹中酿入虾茸，沿边抹齐，在虾茸顶部依次点粘绿菜叶末、火腿末、黑芝麻，放入油锅炸至面包金黄色起脆、虾茸色白时捞起、装盘成菜。三种技法的有机结合使菜品口味鲜美、香脆诱人。

(1) 夹制类菜品

夹制类菜品通常有两种方式：一种是将原料切成两片或多片，片与片之间夹入另一种原料，使其粘合成一体，经加热烹制而成的菜品；另一种是“夹心”，即在原料中间夹入不同的馅心，通过烹调而成的馔肴。夹制类菜肴的造型构思奇巧，在主要原料中夹入其他不同的原料，其造型和口感均发生了奇异的变化，产生了“以奇制胜”的艺术效果。

制作两片或多片夹制菜肴时，必须将整体原料加工改制成片状，在片与片之间夹入另一种原料，具体可分为连片夹、双片夹和连续夹。

1) 连片夹：连片夹造型如蛤蜊状，两片相连，夹酿馅料。在刀切加工时，切第一片不切断，留 1/4 相连，即切连刀片，在刀切面内酿夹馅料，一般蔬菜类原料均可用于制作夹制类菜肴，如冬瓜、南瓜、黄瓜、茄子、冬笋、藕、地瓜等。成品有“蛤蜊夹”“茄夹”“藕夹”等。

2) 双片夹：双片夹是用两个切片夹合另一种原料，经挂糊后使其成为一个整体，食用时两至三种原料混为一体，口感丰富，成品如“冬瓜夹火腿”“香蕉鱼夹”等。

3) 连续夹：连续夹是在整条或整块原料上，将肉批成薄片，或底相连，在许多连在一起的片之间夹入其他原料，连续夹不是单个的夹合，而是整体的夹合，给人以色彩缤纷、外形整齐之感，成品如“彩色鱼夹”“火夹鳜鱼”等。

制作夹制类菜肴应选用脆、嫩、易成熟的原料，以便于短时间烹制，易于咀嚼食用。不宜使用偏老的、韧性强的原料，以免影响口感。切片不要太厚或太粗，否则影响成熟时间和形态，且片与片的大小要相等，以保证造型的整体效果。夹料的外形大小应根据菜肴的要求、宴会的档次来决定。外形片状不宜太大或太粗，特别是挂糊的菜肴。

夹心菜品创意奇特，是在菜肴内部夹入不同口味的馅料，使其表面光滑完整的制作方法。此类菜大多是圆形或椭圆形，如江苏菜系中的“灌汤鱼圆”“灌蟹鱼圆”“奶油虾丸”“黄油菠萝虾”等。夹心菜肴所用的原料多为泥茸状料，以方便夹入馅料。夹心菜的奇特之处在于成品光滑圆润，外部无缝隙，食之使人无法想象馅料是如何夹入的。从造型上讲，夹心菜要求馅料填入其中，不偏不倚。夹心菜工艺性较强，技术要求较高。

(2) 酿制类菜品

酿制是将调和好的馅料或加工好的物料装入另一原料内部或上部，使其内里饱满、外形完整的一种造型工艺方法，也是我国传统造型菜肴普遍采用的一种特色手法。

酿制法制作菜肴，做工精细，品种千变万化。其操作流程主要有三个步骤：一是加工酿菜的外壳原料；二是调制酿馅料；三是酿制填充与烹调熟制。根据酿菜制作的特色，可将酿制工艺划分为三个类别。

1）平酿法。平酿法是在平面原料上酿上另一种原料（馅料），其料大多是一些泥茸料，如“酿鱼肚”“酿鸭掌”“酿茄子”“虾仁吐司”等。只要平面原料脆、嫩、易成熟，口感爽滑，都可以采用平酿法酿制泥茸料。又因平酿法是在平面片上配制而成，可将底面加工成多种多样的形状，如长方形、正方形、圆形、鸡心形、梅花形等，使平酿菜肴显现出多姿多彩的造型风格。

2）斗酿法。斗酿法是酿制菜肴中较具代表性的一类，其主要原料为斗形，在其内部挖空，将调制好的馅料酿入斗形原料中，使其填满，两者结合成为整体，如“酿青椒”“镜箱豆腐”“五彩酿面筋”等。用于斗酿法的馅料多种多样，可以是泥茸料，也可以加工成丁、丝、片状的原料。客家菜的“酿豆腐”和无锡菜的“镜箱豆腐”，是将长方形豆腐块油炸后，在中间挖成凹形，然后填酿馅心。甜菜“酿枇杷”“酿金枣”都是将中间的内核去掉，酿入五仁糯米馅。粤菜的“煎酿凉瓜”“百花煎酿椒子”是将百花馅心酿入去掉内核种子的凉瓜、青椒外壳内。

3）填酿法。填酿法是在某一种整形原料内部填入另一种原料或馅心，使其外形饱满、完整。此法在成菜的表面见不到填酿物，内外有别，十分独特。如“荷包鲫鱼”“八宝刀鱼”等，在鱼腹内填酿肉馅和八宝馅。

以上三类都是运用酿制工艺成形的造型工艺（生坯成形）的典型方法。除此之外，以熟坯成形的酿制方法，也有两种类型：一种是以成熟的馅料酿入熟的坯皮外壳中。如“酥盒虾仁”“金盅鸽松”等；另一种是成熟的馅料酿入生的坯皮或不可食用的外壳中，成菜后直接食用内部的馅料，外壳弃之不食，外壳主要起装饰、点缀作用，如“橘篮虾仁”“南瓜盅”“雪花蟹斗”等。

酿制类菜肴品种丰富多彩，变化多样，只有不断总结经验，灵活运用多种技法，才能制作出颇受欢迎、应时适口、形态各异、风味独特的美味佳肴。

（3）粘制类菜品

粘制是将预制成几何体的原料（一般为球形、条形、饼形、椭圆形等）在其表面均匀地粘上细小的香味原料（如屑状、粒状、粉状、丁状、丝状等）而成菜的工艺手法。

运用粘制工艺制作的菜品较为广泛，主要是增加菜肴的口感，使其酥香醇和。如运用芝麻制成的“芝麻鱼条”“寸金肉”“芝麻肉饼”“芝麻炸大虾”等。运用核桃仁、松子仁粒等制作的“桃仁虾饼”“桃仁鸡球”“松仁鸭饼”“松仁鱼条”“松子鸡”等。其他如火腿末、干贝绒等都是粘制菜品的上好原料。

近年来，“炸粉”的研发为粘制菜开辟了广阔的前景，各式不同的粘制类菜品应运而生。如有包制成菜后，经挂糊粘面包粉炸的；有利用泥茸料制成丸子后，裹上面包粉或面包碎炸的。根据粘制法的制作风格，可将其分为不挂糊粘、糊浆粘、点粘三类。

1）不挂糊粘。不挂糊粘是利用预制好的生坯原料，直接沾上细小的香味原料。如“桃仁虾饼”将虾茸调味上劲后，挤成虾球，直接粘上核桃仁细粒后，按成饼形，再煎炸至熟。“松子鸡”在鸡腿肉或鸡脯肉上，摊上猪肉茸，使其黏合，再粘嵌上松子仁，烹制成熟。“交切虾”在豆腐皮上抹上蛋液，涂上虾茸，再沾满芝麻，成为生坯，放入油锅炸制成熟。不挂糊粘对原料的要求较高，所选原料经加工后须具有黏性，使原料与粘料之间能够黏合，在烹制成熟过程中粘料不会脱落，以免影响形态。虾茸、肉茸经调制上劲后，有与小型原料相吸附、相黏合的特性，故可采用不挂糊粘法。而动植物的片类、块类原料，不适用此法，需在中间加入黏合原料，可通过“挂糊”或“上浆”的方式制作。

2）糊浆粘。糊浆粘是将被粘原料先经过上浆或挂糊处理，再粘上各种细小的原料。如“面包虾”是将腌渍的大虾，抓起尾壳，拖上糊后，均匀粘上面包屑炸制而成。“脆银鱼”是将银鱼冲洗、上浆后，粘裹上面包屑，放入油锅炸制而成的。“香炸鱼片”取鳜鱼肉切大片，腌制后蘸面粉，刷蛋液，再粘芝麻仁，用手轻轻拍紧炸制而成。“菠萝虾”是将虾仁与肥膘、荸荠打成茸，调味搅拌上劲后，挤成虾球，粘上面包丁，做成菠萝形，炸熟后顶端插上香菜制成的。总之，糊浆粘法是将整块料与碎料依靠糊浆的黏性粘合成形。

3）点粘。此法不像前面两类大面积的粘细碎料，点粘主要起点缀美化的作用。粘料通常选择颜色丰富和香味浓郁的细小末状和粒状原料，如火腿末、香菇末、胡萝卜末、绿菜末、黑白芝麻等。“花鼓鸡肉”用网油包卷鸡肉末、猪肉茸，上笼蒸熟后滚上蛋糊，入油锅炸制捞出沥油，改切成小段，在刀切面两头粘上蛋糊，再将一头粘上火腿末、一头粘上黑芝麻，下油锅复炸，略炸后捞出，排列盘中，形似花鼓，两头粘料红黑分明；“虾仁吐司”在面包片上抹虾茸，在白色的虾茸的表面，分两边粘火腿末、菜叶末，制成色、形美观的生坯，成菜后底部酥香，上部鲜嫩，红、白、绿三色结合，丰富了菜品的美感，使菜品外观色泽鲜明，造型优美，增进食欲。

二、造型工艺的开发与创新

中国菜品工艺精湛，新方法不断增多，新品种不断涌现。在菜品制作与创新中，大都善于从工艺变化的角度作为菜肴创新的突破口，探索出许多规律，创造出了许多制作菜品的新风格。

1. 审美与食用有机结合

我国菜品制作有其独特的表现形式，是运用一定的工艺造型而完成的。菜肴通过一定的艺术造型手法，使人们食之津津有味，观之心旷神怡，达到审美的效果。它以食用为前提，展现在宾客面前，可增加气氛，增进食欲，引起人们美好的遐想，从而达到一种美的艺术享受。

食用与审美寓于菜肴造型工艺的统一体中，而食用则是它的主要方面。菜肴造型工艺中一系列操作技巧和工艺过程，都是围绕着食用和增进食欲这个目的进行的，既要满足人们对饮食的欲望，又要使人们得到精神享受。

造型热菜与普通菜肴的根本区别，在于它经过巧妙的构思和艺术加工，制成了一种审美的形象，对食用者产生了较好的艺术感染力。而普通菜肴一般不注重造型，菜肴成熟后直接从锅中盛入盘、碟中即可。

在创作造型热菜时，制作者必须正确处理两者之间的关系。任何华而不实的菜品，都是没有生命力的。菜品不是专供欣赏的，如果本末倒置，将背离烹饪的规律，也会使宾客反感。

不可脱离了食用为本的原则，单纯追求艺术造型。以食用性为主、审美性为辅，使之各呈其美的造型工艺的开发与创新型菜品，才是人们真正所需求的并具有旺盛生命力的菜品。

2. 营养与美味有机结合

饮食的魅力在于“养”和“味”。菜品制作的系列操作程序和技巧，都是为了使其具有较高的食用价值和营养价值的同时，能给予人们以美味享受，这是制作菜品的关键所在。

人们在饮食活动实践中，一般同时满足多种要求：味美（色、香、味、形、质、器、意）；营养均衡；安全卫生；养生保健；符合有关法规。在菜品创作时，要综合这些要求，一般情况下，按其重要性，应该是安全卫生、营养均衡排在前面，味美排后面。人们在创作实践中有时把“味”排在第一位，忽略了安全卫生和营养均衡。

在菜品创新中，要正确处理两者的关系。在热菜的配制中，做到营养与美味有机结合，注重菜品的合理搭配是前提，在烹饪过程中，要尽量减少营养成分的损失，更不能一味地为了造型、配色，采用有毒有害原料或违法添加原料。菜品研发人员应以科学的饮食观约束自己的操作行为，使所研发制作的菜品营养好、口味佳、造型美。

3. 质量与时效有机结合

创新菜品质量的好坏是其能够推广、流传的重要前提。质量是企业生存的基础，创新菜的优劣状况，体现其菜品的价值。影响菜品质量的因素是多方面的，如用料不够合理、构思效果不佳、口味运用不当、火候把握不准确等都会影响造型菜品的质量。

在保证菜品质量的前提下，还要考虑到菜品制作的时效性。在市场经济时代，企业对菜肴的出品、工时耗费要求也越来越严格。过于费时的、不适宜批量生产的需长时间人工操作处理的菜肴，已不适应现代市场的需求。

在注重菜品形式美的同时，在设计造型工艺菜时不可一味地为了追求造型而设计，也要合理控制菜品设计的制作时间。现代厨房生产需要强化时效观念，提倡菜品的质量与时效有机结合，使创新菜品形美、质美，且适于经营、易于操作、利于健康。

第四节　基于美学基础的菜、点设计

一、色

安全、营养与美观是评定菜点质量的三项标准。菜点色彩既可诱人食欲，又能愉悦心理，还能活跃气氛。绿色菜点给人以清新感，金黄色菜点给人以名贵、豪华感，乳白色菜点给人以高雅、卫生感，红色菜点具有喜庆、热烈、引人注目的作用。从营养学角度来看，不同颜色的菜品代表着不同营养素的含量不同，色彩搭配合理的菜品意味着它的营养配比也是合理的。

菜品色泽包括原材料的天然色泽和经过烹制调理后的色泽。要注重每道菜肴与整桌宴席菜肴色彩的配合和映衬，做到主料与配料、菜肴与台面、盛器、点缀以及菜肴之间的色彩搭配和谐。菜肴配色方法主要有 2 种。①顺色配：以主料色为主色调，辅料色靠近主料色，如“扒三白”中的白菜、肥肠、鱼脯都是白色的，菜肴鲜亮明洁、十分清爽。②异色配：用不同颜色的主配料相互搭配，美观协调，如炒虾仁配以青豆，虾仁白里透些微红，青豆色泽碧绿，色调和谐。

食欲色是能引起食欲的色彩，有桃色、橙色、茶色、不鲜亮的黄色、温暖的黄色、明亮的绿色等。纯红色不但能引发食欲，还能给人“好滋味”的联想。高明度色彩中，最佳的食欲色是橙色。粉红色和奶油色给人以“甜”的感觉；橙色或柠檬色带有“酸”的感觉；鲜红色给人以“辣”的感觉；暗绿色或黑色给人以“苦”的感觉，灰和灰褐色给人以“咸”“涩”的感觉。绿色较容易给人好感；暗红色稍带紫色系会降低食欲，暗黄绿色能引人注目；古人曰“色恶不食”，色彩美感与食欲密切相关，在配菜时必须考虑色彩因素。

在主食的搭配上，可以在稻米白色的基础上添加小米或者玉米等黄色食物，白色与黄色相互搭配，呈现了美好的色泽美。菜品的主辅料上进行色泽配合，可增强感官视觉，提升用餐者的用餐体验，如绿色的青椒和白色的肉丝，绿与白交相辉映的协调美，视觉上吸引宾客眼球，使他们在用餐的同时享受食物的味与色。

二、香

人们进食时总是未尝其味，先闻其香。嗅觉较味觉灵敏得多，但嗅觉感受器比味觉感受器更易疲劳，对气味的感觉总是减弱得相当快，所以，菜品香气力求纯正持久，浓淡适宜，诱发食欲，给人快感。

1. 食材香气

①固香：原料本身具有的清香，如烹调芹菜、老母鸡、蹄髈时可不用香料，以避喧宾夺主。②气香：原料自身缺乏香味甚至还有些不良气味，烹调时须用香料增香，如常用葱、油烹调海参，以增其气香。

2. 菜品香气

①菜料香气：菜料在制熟过程中形成的香气。动物类蛋白质的菜料香味醇度高于蔬菜，蔬菜中的姜、韭、葱、蒜类可使菜品香气四溢。②调料香气：能压倒菜料的自然香气，肉料一般在加作料的沸水中焯水以去腥膻。③混合香气：两种或多种菜料混合烹调时发出的混合香气。

3. 菜品增香措施

烹调时常用挥发、吸附、渗透、溶解、矫臭等方式来增加香气。菜品越热香味物质挥发得越多，而人的嗅觉灵敏度在 37℃～38℃时最高，因此要确保菜肴温度适宜，有“叫起即烹、成菜就上、传菜加盖”等方法。

三、形

形是菜品之姿。菜品外形应遵循对称、均衡、反复、渐次、调和、对比、节奏、韵律等形式美法则，以符合审美情趣。有逼真美、象形美、夸大美、微缩美等形式。

1. 菜形类型

①本形：原料的自然形状。②改形：原料经加工后成片、丁、丝、条、块、段、茸、末、粒、花等形，原料组合时，常讲究“块配块、片配片、条配条、丝配丝、丁配丁”，为突出主料，辅料形应略小于或细于主料形，③造型：将原料本形改变成另外一种形状，如松鼠鲑鱼、琵琶大虾、扇面冬瓜等。

2. 菜品形态

1）刀工造形。刀口规范、整齐划一、分量适宜、配搭合理。烹调加热时间短，宜配形态细小的原料；烹调加热时间长，宜配以形态粗大的原料。刀面合理。冷盆装盘后每种原料最上面的一层即为刀面，刀面有硬刀面、软刀面、乱刀面 3 种。①硬刀面，指带骨的原料，如白斩鸡、酱鸡之类，原料没有伸缩余地。②软刀面，指不带骨的质地较为柔软的原料，如白切肉、白肚之类，原料按压后不会变形，装盘可稍做调整。③乱刀面，指原料切得细小，装盆时不讲究刀纹齐整，只需盛放在盘中即可，如拌芹菜、油焖笋等。配制不同冷盘时，三种刀面交互使用，可显菜品丰富。

2）装盘造型。用雕刻、拼摆技巧来创造形姿百态、生动活泼的菜点造型，起到美化菜肴、烘托气氛、显示技艺、增进食欲的作用。①自然造型。保持原料粗犷、原始的风格，突出自然美，如烤乳猪、烤全羊，吃鸡不失鸡形，吃鱼不失鱼形，常用于大众宴席或特色宴席。②象形造型。技术性强、艺术性高。可用雕塑技法制成或用菜料组合拼摆成花鸟鱼虫、亭台楼阁等形象，再取个美丽动听的名字，如适宜动物性原料的百鸟归巢、孔雀开屏、凤凰展翅、金牛戏水、龙凤呈祥等，适宜植物性原料的百花齐放、春色满园、田园风光等。在花式冷盘和热炒中皆有应用。③图案造型。把原料加工成丝、条、块、球、片后，用艺术造型技巧组合成优美的纹样，具有装饰美的效果。平面图案造型有几何式、卷边式、隔断式、花篮式、品字式、花朵式、麦穗式、扇面式等。

3）构图方法。①向心律：以餐具四周向中心有节奏地由外往里排列，适用于单一品种的造型菜。如淮扬菜的玛瑙鸭舌。②离心律：从餐具中心由里向四周排列，如淮扬菜的松仁黍米。③回旋律：菜品由餐具外缘起点向内作旋转或由餐具中心为起点向外做旋转排列的曲线单一的构图旋律。

3. 盛器匹配

器是菜品之衣。“美食配美器”，红花配绿叶。千姿百态的碗、盘、碟、壶、杯、盂、罐、刀、叉、筷等餐具，不仅能用来盛装菜点，还有加热保温、映衬菜点、体现档次等多种功能。餐具的高雅名贵、卫生洁净、造型优美、图案生动、与菜点的合理匹配等，对菜肴起到锦上添花的作用，对客人就餐心理产生积极的影响。如豆腐海带汤可选用纯白色南瓜状汤碗，纯白底色与南瓜形状与汤品展现艺术美，青椒肉丝放入梅花形碟子宛如沙漠绿洲一样突出菜品的色彩，通过菜肴颜色搭配与餐具的相配，展现出巧妙自然的艺术美。在用餐过程中使用餐者心情愉悦，增强食欲。

4. 声音悦耳

要充分利用人的各种感官、感觉的相互作用，让听觉在饮食中发挥着联觉作用。①菜名声音：菜名要好听易记、朗朗上口。上菜报菜名时，要通过美好的、科学的语言介绍其营养、烹饪知识和民间传说，满足客人对菜品的好奇心和求知欲。②菜肴声音：有些菜品在烹制或食用过程中会发出特殊声音，如铁板牛肉、油氽锅巴等，这些声音能引发宾客的食欲。

第五节　基于社会消费倾向的菜、点设计

一、菜点创新

“烹饪之道，妙在变化；厨师之功，贵在运用”。

1. 原料创新

①新料即用，利用新资源研发菜品。②他料引用，引入黄油、奶酪、荷兰豆、三文鱼、培根、鹅肝等西式原料制作中式菜品；或借鉴引进非当地特色原料研发新菜品。③旧料新用，将常见的野菜升华、精制成新菜品，如生煸南瓜藤、马齿苋馅饺子、艾草青团等。④细分特用，将整体、大件原料细分优选后开发做菜，如鸡掌、鸭拐、鱼鳔等制作的各式菜肴。

2. 技法试新

打破中、西烹饪技法泾渭分明的固定格局，积极改良组合，或模仿，或借鉴，或综合，或逆创，推出采用新烹饪方法制作的菜品，如将油酥面团搭配海鲜制成酥盒虾仁、酥皮海鲜。

分子料理：又称分子美食，把物理分子学说用在烹饪上，即改变原料的物理形态，重构食物的分子结构，用新颖的方式让顾客获得前所未有的味觉、嗅觉、视觉享受。如早餐煎蛋的蛋白用椰奶和豆蔻制作而成，蛋黄由胡萝卜汁加葡萄糖制作而成；食用由伯爵茶制成的鹌鹑蛋时，入口即化为泡沫，并留下一股柠檬的芳香；或使马铃薯以泡沫状态出现；或将荔枝制作成鱼子酱状，使菜品既有鱼子酱口感，又有荔枝的风味。②低温烹调：选用各种天然新鲜的原料，通过低温慢火烹调呈现出食物原有的美味，保留其中的营养。

3. 口味翻新

①西味中烹：将西餐调味料、调味汁或调味法用于烹制中菜，如沙律海鲜卷、千岛石榴虾等。②果味菜烹：用水果、果汁及淡雅清香的酒品给菜肴调味，如椰汁鸡、菠萝饭、橙味瓜条等。③旧味新烹：将传统调味方式用于新的原料，如辣酱油烹鸡翅、豆酱炒河虾、麻虾炖蛋等。④力创新味：创新研发新的调味方式，创新风味，如利用 XO 酱烹制系列菜肴等。

4. 组合出新

将冷菜、热菜的组合进行整分结合、常调善变。有和食，有分餐，有成肴即食，有组合成肴（将两种或两种以上原料或调味料组合在一起）食用，如热菜的生菜片鸭松、薄饼卷酱肉等。

二、食物、器具匹配创新

可口的美味佳肴，配上精美的器具，运用合理而得当的美化手法，可使菜品给人留下难

忘的印象。那些与众不同、精巧美观的餐具器皿与独树一帜、惟妙惟肖的盘饰也是菜品开发创新的重要途径。

自古以来，人们强调美食与美器的结合，两者是完整的统一体，美食离不开美器，美器又需要美食的相伴。美食总是伴随着社会的进步、烹饪技术的发展而日趋丰富。美器则是伴随着美食的不断涌现、科学文化艺术的繁盛而日臻多姿多彩。美食与美器的匹配有着一定的规律和特色。

1. 食、器色彩的协调

食、器色彩的协调，既是一食一器之间的和谐，又是肴馔与餐具之间的协调。餐具器皿色彩选用得当，能把菜肴的色彩衬托得更鲜明美观。一般而言，洁白的盛器对大多数菜肴都适用，但洁白的盛器盛装白色的菜肴，色彩就显得单调。如“糟熘鱼片”“芙蓉鸡片”等白色菜肴，用白色的器具盛装就不如用带有色彩图案的器具盛装。在装盘上切忌“靠色”，如“什锦拼盘”在制作过程中需要把同颜色的原料间隔开来摆放，才能在体现出盘中纹饰美的同时产生清爽悦目的艺术效果。

2. 食、器造型的协调

中国菜品种类繁多、形态各异，有整只、碎块、汤羹、造型菜等不同类型，对食器的要求各不相同。如炒菜、冷菜宜选用圆盘和腰盘，而不宜用汤盘或汤碗盛装。烩菜和一些汤汁较多的菜品宜用汤盘，若装在浅平的圆盘中则容易溢出。整条的鱼宜用腰盘盛装。

盛器的大小是决定菜肴数量的关键因素。盛器的大小必须与菜肴的数量相适应，如把数量较多的菜品装在容量较小的器皿中或将少量的菜品装在容量较大的盛器中，会严重影响菜肴的形态及宾客的感受。一般来讲，菜肴所占空间应占盛器容积的80％～90％为宜，菜肴、汤汁不应超过盛器的边沿。

3. 食、器品质的协调

高档的宴席菜品，大多选用质优精巧的盛器来盛装。不管是一般便饭，还是整桌宴席，食与器在质量、规格、色彩等方面要相称，质量不可参差不齐、花纹规格不可差距过大，色彩应协调。高级宴会所用餐具要成套，大盘、小盘、汤盅等器具也要风格一致、造型多样、异彩纷呈，使得佳肴耀眼，美器生辉，盘饰精美。

三、器具创新

红花要有绿叶衬，美食要有美器装。质优的菜品配上美观大方、别具一格的餐具，必定能产生新奇的艺术效果。如用竹、木、漆器、铁板、龙舟、明炉等盛装菜肴，可给人丰富多彩、耳目一新之感。

1. 饮食器具的沿革

中国餐具具有科学化与艺术化结合的优良传统，具有卫生、安全、方便、经济和日益美化的特点。未来的餐具将因场合、就餐宾客等的不同而呈现出多种风格和层次。

从餐具质料来看，华贵的镀金、镀银餐具，可体现其规格、档次和豪华风格；大理石盛装器具，色彩斑斓、纹理美观；现代风格的不锈钢食器，风格多样，款式新颖；反射效果极佳的镜子等大型盛器，在各种宴会和自助餐场合，立体感观好，在灯光的照耀下，食与器产生强烈的感染力；取材简易、造型别致，经过艺术处理的竹、木、漆器制成的食器，朴实而雅致，天然而绚丽；传统的陶器、瓷器，其做工精细，釉彩光亮，色调鲜艳，花样别致，造型新奇，艺术效果较好。

从其工艺上看，体现食料形象的象形餐具，如鱼形、鸭形、寿桃形、瓜形、螃蟹形、龙虾形等，形象逼真，栩栩如生；各种式样的仿古餐具，花纹、外形独特，制作工艺精细；仿制饮食器具，如青铜器时代、唐宋时代的杯、盘、碗等制作精美；各种现代化工艺生产的餐具也不断涌现，如薄膜、纸质、可食用餐具等。

随着人们饮食观念的变化，不仅对菜肴提出了更高的要求，对餐具的材质、造型等，也有更高的观赏要求。

2. 饮食器具的创新

可从菜品器具的变化中探讨创新菜的思路，为开发系列菜品提供有效的途径。如中国传统的炖品，以其肉质酥烂、汤醇鲜香、原汁原味的风格为客人所钟爱。可借鉴西餐的汤盅，将“炖”与“盅”两者有机融合，在盅内放入经初加工的原料，放入高汤后，入蒸、烤箱中炖之。这种器具的变换开创出利用汤盅“个食”的方法，并产生出了一种独特的类餐具。也可开发无盖和有盖的盅，如“南瓜型汤盅”“花生型汤盅”“橘子型汤盅”“汽锅型汤盅”“竹筒汤盅”“椰壳汤盅”“瓷质汤盅”“砂陶汤盅”等盅。

还可创新“烛光炖盅”，在下面设置如炖盅大小的小型炉灶，中间放上扁形短红烛，点燃蜡烛后，既起保温的作用，又起到点缀的作用，增添就餐氛围。此餐具设计新颖，特色分明，也给菜品带来了新鲜感。

既要以熟悉的眼光去看新奇的事物，又要以创新的眼光去看熟悉的事物。只要勤于思考，去寻找有益的东西开发新菜品，定会吸引广大宾客。如“鸳鸯火锅”“九宫格火锅”“自助火锅”“养生火锅”等改变了传统单味火锅的形式，创新了火锅研发新思路。

由“砂锅”到“煲”类再到“铁煲”，随着时代的发展，食用器具也在不断地变化。砂锅各具特色、煲类品类繁多，这些器具的合理运用，丰富了人们食器的格调及饮食生活，给人们带来了许多饮食的乐趣。

搭配适宜的器具可使菜品其焕然一新。很多厨师在设计菜品时，为了营造菜品的独特气氛，大胆运用了制作精细、造型别致的玻璃器皿，起到了意想不到的效果。

菜品配置的餐具就其风格来说，有古典、现代、传统、乡村等多种风格。不同类型的餐具为我国的菜品开发提供了广阔的空间。

四、菜品装饰创新

菜品装饰的目的主要是增加宾客的食趣、情趣、雅趣和乐趣。一道货真价实、口味鲜美的菜品，配上雅致得体的盘饰，可使菜品充满生机。可用花卉、其他可生食原料点缀菜点，用切花、食材雕刻品衬托菜点，或用巧克力、果酱等艺术画盘盛装菜点。

1. 盘饰创新“形”

随着社会的发展，除色、香、味外，人们对形的追求越来越强烈。传统的中国烹饪以

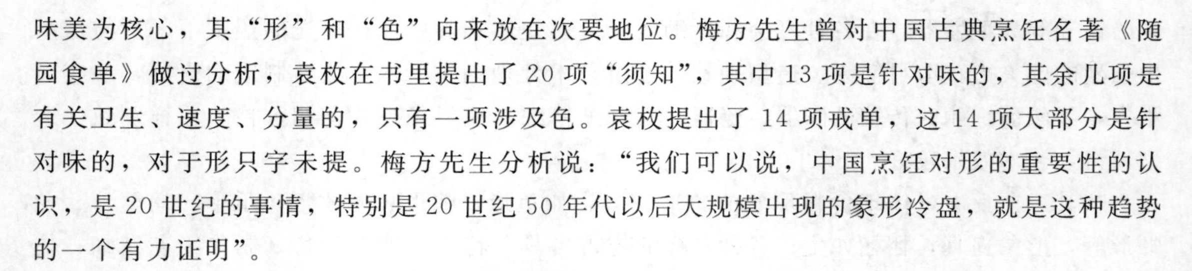

味美为核心，其“形”和“色”向来放在次要地位。梅方先生曾对中国古典烹饪名著《随园食单》做过分析，袁枚在书里提出了20项“须知”，其中13项是针对味的，其余几项是有关卫生、速度、分量的，只有一项涉及色。袁枚提出了14项戒单，这14项大部分是针对味的，对于形只字未提。梅方先生分析说：“我们可以说，中国烹饪对形的重要性的认识，是20世纪的事情，特别是20世纪50年代以后大规模出现的象形冷盘，就是这种趋势的一个有力证明”。

2. 盘饰的意义

从象形冷盘到象形菜品，随着人们的审美意识的提高，人们由菜品本身的刀工、造型、美化进而发展到将造型、美化移植到菜品以外的盘边，在保持菜品造型艺术的同时，更重视菜品本身的清洁卫生。在以味为前提之下，从菜品本身的形又扩展到盘边的饰，传统的中国烹饪发生了一系列潜移默化的变化。在这些变化之中，人们的思路宽了，制作技术雅致了。纵观其发展，现代人对中国烹饪的“形”和“盘饰”加以重视的主要原因有以下3个方面。

1）随着社会的发展，人们的审美意识在日益提高，对美食的追求与日俱增。人们的生活水平不断提高，对饮食的追求更高，好看的菜品已成为人们的无限向往。

2）近年来，中西饮食文化交流频繁，西方烹饪对菜品形态、盘饰的形式影响了传统的中华烹饪技艺。越来越多的酒店借鉴了西方的盘饰、造型技艺。

3）好的包装设计既能美化商品，又能树立完美的商品形象。适当的包装盘饰可起到美化菜品、宣传菜品的效果。

3. 盘饰的特点

盘饰是根据菜品特点给予必要和恰如其分地美化，是完善和提高菜品外观质量的有效途径。通常这种美化措施是结合切配、烹调等工艺进行的。近年来，突出盘饰包装的美化菜品方法，为菜品创新开发了一条新渠道。把美化的对象由菜品扩展到盛器，把美化的幅度由菜品延伸到菜盘周围，显示了外观质量的整体美，提高了视觉效应，起到了锦上添花的艺术效果。在菜品盛器上装饰点缀，其美化方法从制作工艺上看具有以下特点。

1）围边型。有平面围边和立雕围边两类。以常见的新鲜水果、蔬菜作原料，利用原料固有的色泽形状，采用切拼、搭配、雕戳、排列等技法，组成各种平面纹样图案或立雕图案围饰于菜品周围。

2）对称型。即利用上述原料和技法，将平面纹样图案或立雕图案，摆饰于菜品的两边，起点缀装饰作用。

3）中间型。即将上述原料制成的纹样图案或立雕图案，摆饰于盛器的中间起点作用，这类菜品大多是干性或半干性成品，菜品围在点缀物的四周或两边。

4）偏边型。即将蔬果原料加工成纹样图案或立雕图案后，点缀于菜盘的一角或一边，菜品摆放于中间部位或另一边。

5）间隔型。一般是用作双味菜品的间隔点缀，构成高低错落有致、色彩和谐协调的整体，从而起到烘托菜品特色、丰富席面、渲染气氛的作用。

盘饰的合理配置，使整体菜品显得清雅优美，更加瑰丽。

菜品的盘边装饰只是一种表现形式，而菜品原料和口味则是菜品的内容。菜品的形式是为内容服务的，而内容是形式存在的依据。如果“盘饰”的存在只单纯让人欣赏，只突出“盘饰”的雕刻技艺，而忽视菜品本身的价值和口味，那就失去了菜品真正的意义。

4. 盘饰创新“意”

菜品盘饰不断创新的目的，是为了提高食用效果。有时在一些特殊场合，由于菜品的特定位置，适当地添加既可食用、又可供欣赏的艺术装饰品，不但形美、意美，还能更好地激发宾客的食欲。

盘饰包装是当前世界餐饮界十分重视的方向。我国烹饪界对菜品的围边装饰尤为重视，特别是高档宴会菜、考核菜、比赛菜品的盘饰已经形成流行趋势，普通的点菜、套餐等也有适当的盘饰。创新菜可以借助适宜、得体的装饰给人留下深刻的印象。讲究菜品的盘饰包装，目的不在于做菜品的“表面”文章，而在于提高菜品质量和饭店的整体形象。

盘饰可使菜品盛装得更为饱满，增强艺术效果。通过盘饰包装，可使菜品更加美观有序，将平淡的盛器映衬得高贵，使单调、暗淡的色彩装饰得生机勃勃，让宾客在品尝美味之余，还可欣赏到厨师雕刻和装盘艺术，感受到饭店对客人的重视程度。简单的蔬菜、水果不仅利于调节宾客口味，还可以供人们生食和作为荤食的配料，使菜品营养搭配适宜。不同的装饰法可使整桌菜品变得丰富多彩。

盘饰不拘一格，可为菜品出新提供新的思路。如用机器刨成萝卜片卷制成花，用番茄、黄瓜、甜橙、柠檬制成装饰物，用紫菜头、红辣椒、白菜心等制成的各式花卉，以及各种立体的雕刻等。适当的装饰可以给单调的菜品带来一定的生机；适宜的装饰可以使整盘菜品变得鲜艳、活泼而诱人食欲。

5. 盘饰创新“艺”

盘饰包装是在菜品制作过程中根据菜品的特点给予必要和恰如其分地美化，是完善和提高菜品外观质量的有效途径，它起到了提高视觉效应和锦上添花的艺术效果。

根据盘饰包装的特点，大致可将其分为平面围边、立雕造型和艺术拼合三类。

（1）平面围边式装饰

平面围边以常见的新鲜水果、蔬菜作为原料。利用原料固有的色泽形状，采用切拼、搭配、雕戳、排列等技法，组合成各种平面纹样图案，围饰于菜品周围，或点缀于菜品一角，或用作双味菜品的间隔点缀等，构成了高低错落有致、色彩和谐协调的整体，从而起到烘托菜品特色、丰富席面、渲染气氛的作用。平面围边简单方便。

（2）立雕造型式装饰

立雕即立体雕刻。立雕造型是一种立雕和围边结合的盘饰造型。这是一种品位较高的盘饰，一般配置在宴会的主桌上和显示身份的主菜上，也可用于冷餐会及各种高档的宴请场合。一般选用富含水分，质地脆嫩，个体较大，外形符合作品要求，具有一定色感的水果或蔬菜。如南瓜、白萝卜、青萝卜、胡萝卜、红菜头、黄瓜、柠檬、菠萝等。立雕工艺有简有繁，体积有大有小，一般都是根据命题造型，其中富有喜庆意义的吉祥图案，配置在与宴会主题相

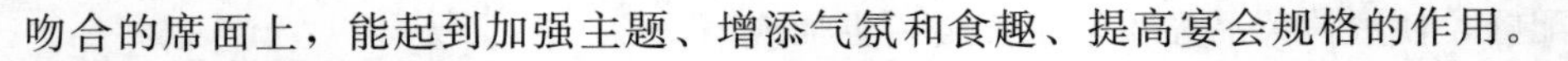

吻合的席面上，能起到加强主题、增添气氛和食趣、提高宴会规格的作用。

（3）艺术拼合式装饰

艺术拼合是选用果蔬、叶类或经雕刻、初加工处理的小型物料，利用原料的自然色彩，运用一定的艺术手法，使其组装成一个完整的画面或简易的图形，将成熟的菜品装入其中，使整个盘饰和菜品融于一体。艺术拼合不在于对菜品本身进行艺术加工，而在于整个盘饰的美化与拼合，给宾客以美味和美观的双重感受。

五、乡土菜品创新

中国烹饪以其高超的技艺、精妙的调味和浓郁的民族特色而跃居世界烹饪前列。中国烹饪的发展，追根溯源，离不开各民族、各地方的“乡土菜”“乡土小吃”。乡土菜具有独特的地区性和乡土特色，是中国老百姓饮食区域性的体现，是地方菜的根基，是中国菜的源头，也是中国菜品不断出新的源泉。

1. 乡土菜品的深远影响

乡土菜的独特风味与都市菜馆、酒店的精工细作有相当大的差别。乡土菜品使用的是土原料、土烹制、土成品、土吃法，具有浓厚而独特的乡土气息。由于其特殊的风格特色，许多乡土菜品一直在农村、都市之间相互传承着、发展着。

（1）对都市菜品的影响

虽然乡土菜品与都市菜品所处的区域不同，但两者之间是相互渗透、相互交融的。乡土菜品不仅是都市菜品得以产生的母体，而且是都市菜品得以发展的源泉。主要体现在以下三个方面。

1）菜品所使用的原料来源于广大农村或牧区，都市人每天食用的各种动植物原料，大多来自乡村。原料的老嫩、软韧、新陈以及品种等，都受到生产条件、采集条件的影响。都市菜品的繁荣与稳定需要以乡村食物原料作为基础。乡村的食物原料对城市菜品的发展起着较大的影响。

2）随着城镇的不断扩大，农民不断流向城镇工作和生活。他们对乡村菜品有着特殊的情感。乡村菜品的加工制作方法、风味特点已融入他们的日常生活和社会交往中。乡村菜品也影响着都市菜品的发展，对都市菜品的发展起到一定的渗透和交融作用。

3）城镇居民每年因为探亲访友、考察或工作等缘故经常到乡村吃、饮，他们为城市与乡村之间架起了一座座桥梁，使乡村、城镇的饮食相互连接交融。

（2）对饮食宾客的影响

富有农家风味和自然本味的乡土菜，因其鲜美、味真、朴素、淡雅，常吸引都市居民。随着食品工业化的发展，人们更加追求健康绿色食品，更追崇“回归自然”的饮食。

乡村的风鸡、风鸭、腊肉、醉蟹、咸鱼、糟鱼等成了宴席上时兴的冷碟；村民的腌菜、泡菜、酸菜、豆酱、辣酱等成了宴席上的重要味盘。猪爪、大肠、肚肺、鸭胗、鸭肠、鸭血等成了宴席上的“常客”。芋艿、盐水豆荚、花生、老红菱、臭豆腐干、咸驴肉、窝窝头、玉米饼、葱蘸酱、野菜团子等，也登上了大雅之堂。这些菜品既能满足现代人“尝鲜”的心理，又能激发人们食欲。人们在品尝这些乡野菜品时，仿佛闻到了乡村的清香，吃到了山野的滋味，给平常生活增添了不平常的感觉，将饮食文化推向更高的层次。

2. 乡土菜品的提炼开发

在当今都市饮食生活十分丰富的时期，加工性食品在都市饭店和家庭中占有相当大的比例。目前，人们更加追求健康食品，饮食行业开始提倡“回归自然”，而开发乡土菜在这股饮食潮流下深受欢迎。

中国各地都有其特殊的乡土风味肴馔，若能开发独具风味，在原料选择、调料运用、烹调技艺等方面构成特色整体的系列乡土菜品，将吸引中外各地宾客。乡土菜朴实、美味，顺应了人们对饮食返璞归真的追求。在烹饪实践中，广大烹调师应打开思路，放宽眼界，到民间吸收、引进、借鉴和学习，取其精华，为我所用，开发出新颖别致的菜品。

（1）广泛取材，挖掘内涵

吸收民间乡土风味菜品的“营养”已是现代都市菜品不可缺少的一种开发方法。通过此方法，可以打开菜品制作的新突破口，创新菜品风格。乡土菜虽然也讲究菜品的造型、装盘，但相对朴实无华，胜在新鲜。只要满足适宜佐餐、营养养生的需要，菜品都可以摆上餐桌。如粗粮玉米取自乡村田间，民间的一些食法已逐渐走入酒店的餐桌。“煮玉米棒”“胡萝卜炒玉米粒”“火腿炒玉米”“金盅玉米鱼”“彩色玉米虾”“粟米汤”等也已写进了高档宴会的菜单，“蜜汁玉米”可作甜菜，“玉米爽”可作饮料等，这些菜品的开发和利用，正是当今返璞归真饮食潮流的体现。

借鉴乡土菜的制作技艺，是菜品开发的一条重要途径。我国历代厨师就是在城乡饮食的土壤中吸收其精华的，如带有乡土特色的“扬州蛋炒饭”、四川的“回锅肉”、广东的“炒田螺”、福建的“精煎笋”、山西的“猫耳朵”、河南的“烙饼”、陕西的“枣肉末糊”、湖南的“蒸钵炉子”等，源自民间，落户酒店。如今的猪脚爪、猪肚、肚肺、大肠等原料经厨师精心加工后已从民间的餐桌进驻各大饭店的宴席，并成为宾客喜爱的菜品。

把民族的乡土特色风味引进酒店，这也是乡土菜品研发出新的一个重要途径。如源自塞外大漠的蒙古族烤肉很受宾客欢迎，可在食品柜台上摆放羊肉片、牛肉片、猪肉片和鸡肉片，供客人自行挑选。再随意搭配西芹、香菜等辅料，调入蒙古族特色酱汁，再交厨师烤制而成，别具特色。又如“香茅草烤鱼”，以特有的香茅草缠绕鲜鱼，配以滇味佐料，烧烤而成，外酥里嫩。

（2）挖掘素材，提炼开发

乡土菜品的开发，需要到民间去采集、挖掘不同的烹饪素材，来创作出新颖别致的菜肴作品。如“麻婆豆腐”“西湖醋鱼”“东坡肉”“水晶肴蹄”“夫妻肺片”“干菜焖肉”“荷包鲫鱼”等名菜，无一不是源于民间，经过历代厨师的不断改进提高，才登上大雅之堂。只有到各地去采摘新鲜素材，从民间千千万万个家庭炉灶中获取灵感，才能取得成功。洪泽湖畔的广大地区，自古以来，人们靠捕捞洪泽湖里盛产的各种鱼虾为生，“活鱼锅贴”是当地具有浓厚乡土风味的美味佳肴。近年来，“活鱼锅贴”已进入酒店宴席台面，给城市居民带来了浓郁的乡村风味。

民间风味的采掘不是依样画葫芦的照搬，而是通过挖掘采集后使其提炼、升华。这种提炼、升华万变不离其宗，基本风格、口味是绝对不能乱变的。据调查了解，许多饭店生意兴隆的秘诀是将乡土民间菜细做。许多地方名菜之所以能够流行并畅销，是因为有高超的技艺。

东北地区很多酒店厨师发掘了许多带着浓郁乡土气息和地道的农家风味菜，通过提炼制作，深受宾客欢迎，如“猪肉炖粉条”“小鸡炖蘑菇”“鱼头炖豆腐”“酸菜五花肉火锅”“白肉血肠”“白面疙瘩汤”等，不仅风靡东北城镇，而且也打进了京、津、沪等地的餐饮市场。

在南京的城乡家庭中，各种时令野蔬是当地人常用的佳品。南京人习惯将芦蒿通过腌、凉拌、炒、煸等方式食用，也常将芦蒿作为其他荤菜的配料，围边、垫底或镶衬。这种清香爽脆的民间野蔬，如今成了南京各大饭店的特色时令佳蔬菜品，许多饭店也卖起了“咸肉臭干炒芦蒿”“芦蒿鸡丝”“芦蒿拌春笋”“芦蒿肉丝”等系列村野菜品。

民间是一个无穷的宝藏，酒店厨师不妨去山区、田间、乡野、市井走一走，尝一尝，采集、挖掘适合制作菜品的素材。只要肯努力吸取，敢于利用，进行适当的提炼升华，创新菜就会应运而生。

第六节　菜、点设计中的卫生安全控制

一、制定和使用标准菜谱

标准菜谱规定了烹制菜肴所需的主料、配料、调味品及其用量，因而能限制厨师烹制菜肴时在投料量方面的随意性；同时，标准菜谱还规定了菜肴的烹调方法、操作步骤及装盘样式，对厨师的整个操作过程也能起到制约作用。因此，标准菜谱是一种质量标准，是实施餐饮实物成品质量控制的有效工具。厨师只要按标准菜谱规定操作，就能保证菜肴成品在色、香、味、形等方面质量的一致性。

二、原料质量要求

1. 原料选择的质量要求

在宴会菜品原料的确定时，除需满足原料质量的基本要求外，需特别注意易导致食物中毒的原料选择。如发芽土豆、四季豆、蘑菇、鲜黄花菜等。如宾客没有特殊需求，在宴会菜单设计时需避免安排此类食物，以降低食物中毒大面积爆发的风险。在夏季，应避免使用容易腐败变质并容易产生毒素的食物。

2. 原料加工的质量要求

原料加工是宴会食物产品质量控制的关键环节，对菜肴的色、香、味、形起着决定性的作用。因此，宴会部在抓好食品原料采购质量管理的同时，必须对原料的加工质量进行控制。

绝大多数食品原料必须在经过粗加工和细加工以后，才能用于食品的烹制过程。从食品质量控制的角度出发，在原料加工过程中应遵循三个原则：保证原料的清洁卫生，使其符合卫生要求；加工方法得当，保持原料的营养成分，减少营养损失；按照菜式要求加工，科学、

合理地使用原料。

（1）冷冻原料的加工质量要求

一般情况下，宴会厨房采用的是大宗的冷冻食品原料，冷冻原料在加工前必须经过解冻处理，要保证解冻后的原料能够恢复新鲜、软嫩的状态，尽量减少汁液流失，保持风味和营养。

（2）鲜活原料加工的质量要求

常见的鲜活原料包括蔬菜类原料、水产品原料、水产活养原料、肉类原料、禽类原料等。各种鲜活原料在烹制前必须进行加工处理。

不同品种的原料，其加工的质量要求也不相同，如鱼类加工的质量要求是：除尽污泥杂物，去尽鱼鳞，整体要完整无损，放尽血液，除去鳃部及内脏杂物，鱼胆避免弄破。根据品种和用途加工，洗净控干水分，现加工现用，不宜久放。

（3）加工出净料的质量要求

在加工食品原料的过程中，通常用净料率表示能出多少可以使用的净料。净料要求如形态完整，符合清洁卫生标准等。食品原料净料的净料率越高，原料的利用率就越高，反之，就越低，而菜肴单位成本也会加大。饭店可根据具体情况测试，然后确定净料率标准。除了净料率，对净料的质量也要严加控制。如果净料率很高，但外形不完整，破碎不能使用，也会降低利用率。例如，烹制菜肴需要整扇的鱼肉，如果剔出的鱼肉形不整，就不符合烹调的要求。因此，为了保证加工原料的净料率和净料质量，应严格检查，对食品原料的加工质量严加控制。

3. 原料配份的质量控制要求

原料配份，俗称“配菜”，是指按照标准菜谱的规定要求，将制作菜品的原料种类、数量、规格选配成标准的分量，使之成为一道完整菜品的过程。配份阶段是决定每份菜肴的用料及其相应成本的关键阶段。配份不稳定，不仅会影响菜肴的质量，而且还会影响酒店的社会效益和经济效益。

三、菜品烹调过程管理

烹调是宴会菜品生产最为关键的一个阶段，是确定菜肴色泽、口味、形态、质地的关键环节。它直接关系着宴会产品实物质量的最后形成，生产节奏及出菜过程的井然有序等。因此，烹调阶段是宴会质量控制不可忽视的阶段。食品烹调阶段质量控制主要采取的方法包括以下两方面。

1. 严格烹调质量检查

建立菜品质量检查制度，工作人员在烹调过程的各个环节发现原料或工艺不符合要求时，应及时返工，以免影响成品质量。对于厨房生产管理，在建立标准化生产的基础上，必须制定一套与之相适应的质量监督检查标准，科学合理地选取监督检查的点（作业环节），确定每个检查点的质量内容和质量标准，以使监督检查的过程有据可依，避免质量检查中的随意性。

2. 规范操作程序

应要求厨师在烹调过程中，按标准菜谱规定的操作程序烹制，按规定的调料比例投放调味料，不可随心所欲，任意发挥。还应掌握烹制数量、成品效果、出品速度、成菜温度。尽管在烹制某道菜肴时，不同的厨师有不同的做法，或各有“绝招”，但要保证整个厨房出品质量的一致性，只能统一按标准菜谱执行。

3. 合理安排菜品烹调方式及餐具

因宴会就餐人数较多，忙中易出乱，为避免出现安全事故。菜品设计时，应尽量避开制作工艺繁琐、上桌服务程序较多的菜品。以免厨师现场操作或服务员提供餐桌服务时出现事故。菜品在摆盘、装饰时应考虑安全因素，尽量选择摆盘稳妥的方式，避免出现就餐过程中菜品洒落的现象。餐具的选择也要注意，应尽量选择轻便，无锋利棱角、方便运输、不烫手、不易溅出汤汁的盛器，以免造成安全事故。

四、建立质量检查与监督体系

生产技术标准的制定仅仅是厨房生产实施标准化管理的一个重要方面，生产技术标准的有效实施，离不开厨房管理者对厨房生产过程的标准化管理，因此，各企业还应根据自己厨房的管理特征，制定相应的管理标准。厨房生产管理标准的主要内容是建立标准化监督体系。

目前，在厨房生产中最有效的质量监督体系，是在厨房中强化“内部顾客”意识与出品质量经济责任制同时并举。

1. 强化“内部顾客”意识

“内部顾客”意识，是指把企业的员工看成内部客人，管理人员是否能够为内部客人创造一个良好的工作环境与氛围，是非常重要的因素。同时，员工与员工之间也是客户关系，即下一个生产岗位就是上一个生产岗位的客户，或者说上一个生产岗位就是下一个生产岗位的供应商。在厨房的生产过程中建立这样的一种“客户关系”，对于提高产品质量有重大意义。如初加工岗位对于切配岗位来说，就是供应商，如果初加工岗位所加工的原料不符合规定的质量标准，切配岗位的厨师会拒绝接收，其他岗位之间也可以依此类推。这样一来，每一个生产环节都可以把不合格的“产品”拒之门外，从而在很大程度上保证菜肴的质量。

2. 质量经济责任制

即将菜品质量的好坏、优劣与厨师的报酬直接联系在一起，以加强厨师在菜品加工过程中的责任心。例如，在厨房生产中，对于“内部”客户和“外部”客户提出的不合格品，一一进行记录，并追究责任人的责任，责任人除了要协助管理人员纠正不合格的质量问题外，还要接受一定的经济处罚，这样就可以有效降低不合格菜品的数量，从而提高就餐宾客的满意度。如有的厨房规定，如有被客人退回的不合格菜品，大厨要按照该菜肴的销价买单，还要接受等量款额的处罚，当月的考核成绩也要受到影响。如此一来，每个岗位的厨师在工作中都会认真负责，从而有效减少工作中的失误、差错和不合格产品的数量，大大提高菜品的出品质量。

思考题

1. 宴席菜品设计中的禁忌有哪些？
2. 宴席菜品设计中的烹调方法该如何选择？
3. 宴席菜品创新需注意哪些方面？
4. 如何确保宴会菜品及饮品的食用安全？

参考文献

1. 邵万宽．现代餐饮经营创新［M］．沈阳：辽宁科学技术出版社，2004.

2. 赵子余．宴席设计与菜品开发（第二版）［M］．北京：中国劳动社会保障出版社，2015.

3. 王秋明，王久成，刘瑞军．主题宴会设计与管理实务（第3版）［M］．北京：清华大学出版社，2022.

4. 中国营养学会．中国居民膳食指南（2022）［M］．北京：人民卫生出版社，2022.

5. 孙长颢．营养与食品卫生学（第8版）［M］．北京：人民卫生出版社，2017.

6. 路新国．中医饮食保健学［M］．北京：中国纺织出版社，2008.

7. 郭瑞华．中医饮食调护［M］．北京：人民卫生出版社，2006.

8. 谢梦洲，朱天民．中医药膳学（新世纪第三版）［M］．北京：中国中医药出版社，2016.

9. 张迅捷，赵琼．营养配餐设计与实践［M］．北京：中国医药科技出版社，2018.

10. 中国营养学会．中国居民平衡膳食宝塔、餐盘（2022）图示修订和解析说明．https：//www. cnsoc. org/notice/152220200. htmL.

11. 中国营养学会．中国学龄儿童平衡膳食宝塔（2022）图示解析．https：//www. cnsoc. org/notice/152220201. htmL.

第五章　主题宴席赏析与创新设计

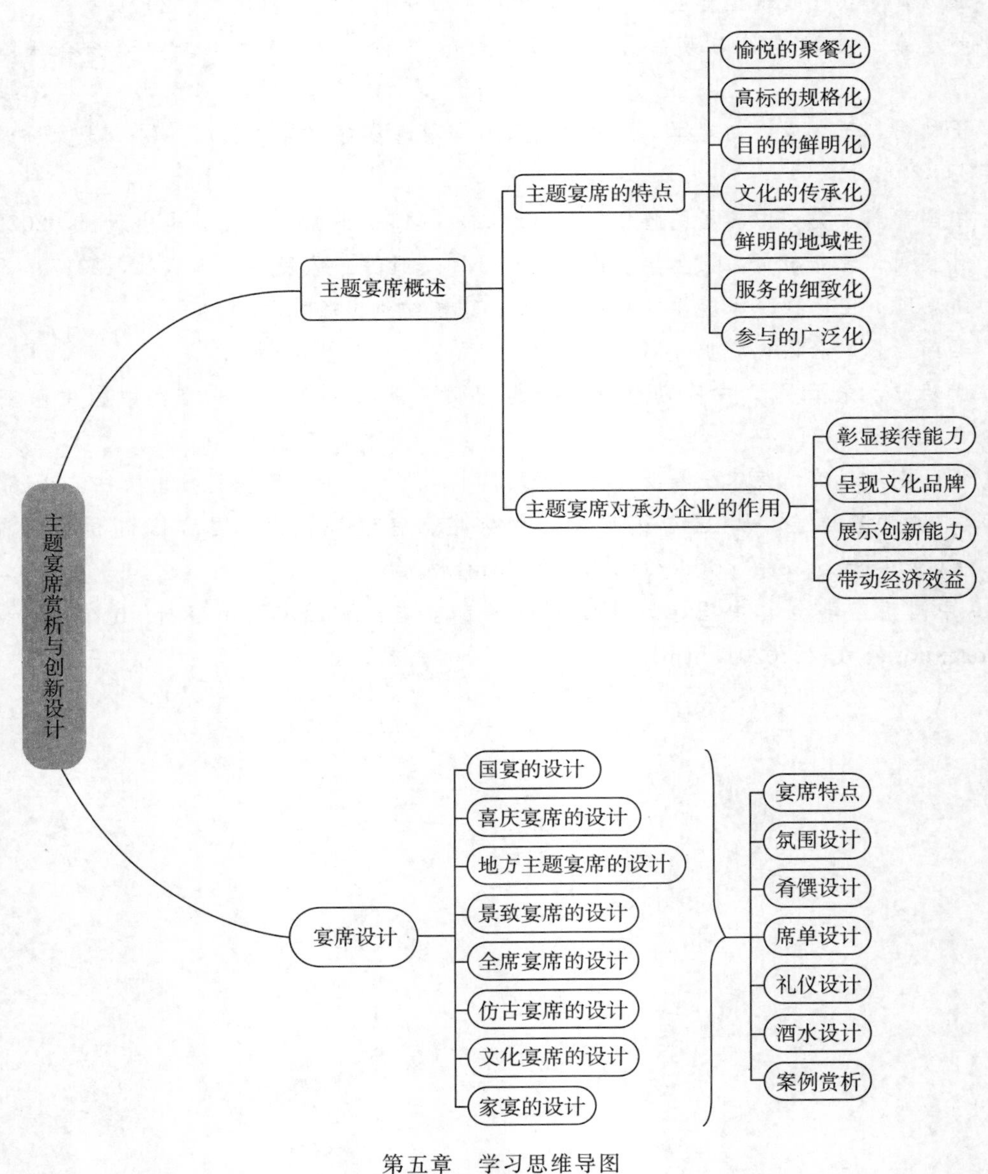

第五章　学习思维导图

1. 了解主题宴席的基本构成、特色、设计理念、制作原理、管理等内容。
2. 熟悉主题宴会的业务流程、设计创新思路、设计原则等内容。
3. 掌握主题宴席创新设计方法，并能够独立完成主题宴席的设计。

引　　言

古人云“无酒不成席，无酒不成欢”，说明宴席具有铺陈礼仪和聚友合欢的基本功能，是人们交际的重要活动场所。任何一种活动都是有主题、主线的，否则就是无用的活动。通过宴席的主题特性，可彰显宴席的功能。

第一节　主题宴席概述

主题宴席与点餐饮食、送餐饮食、快餐饮食、日常生活饮食等有着鲜明的区别，前者是由礼仪、文化、菜品、酒水、规格等一系列看不见的主线串联在一起，就餐活动复杂，是情感交流、传承文化、彰显修养、交际娱乐等的交融，除了满足物质需求外，更多地满足了人们精神需要，是一种高层次的享受和体验。后者为满足口腹之欲，达到维持机体机能、满足营养需要。

一、主题宴席的特点

1. 愉悦的聚餐化

主题宴会的就餐形式是多人为同一目的而聚集在一起进行的餐饮活动。重点是愉悦的环境、聚集在一起享用一整套美味佳肴，强调在欢悦的氛围中进行餐饮活动。

2. 高标的规格化

主题宴席的个性化与内容形式的专业性，与普通的餐饮活动有着鲜明的区别，其高标准的规格化，主要体现在其个性化的服务上，这要求宴席的设计人员、服务人员、制作人员等必须具有广博的专业知识和扎实的业务素养。根据宴席的档次、规模、重要程度等综合考量，以满足宾客的各方面的需要，提升企业的美誉度和核心竞争力。

3. 目的的鲜明化

主题宴席作为人们重要的社交活动形式之一，带有鲜明的目的性，例如国际交往、国之庆典、挚友相逢、红白喜事、践行接风、乔迁之喜、升迁之荣、酬谢恩情、置业创业、商业谈判、欢庆佳节、商会联谊、添丁增口等等，均有鲜明的主题，即都有一个事先设定的活动主题，通过相聚、品馔、谈心、愉悦情志，增进彼此情感、加深记忆、促进友谊，从而实现社交的目的。设宴者和宴席承办者为了能够圆满完成预设目的任务，就必须围绕宴席主题进行各环节的科学合理设计，烘托宴席主题，彰显和实现举办宴席的目的。

4. 文化的传承化

文化作为一种社会现象，是人们长期创造形成的产物，也是社会历史的积淀物。主题宴席作为人们重要的社会活动，承载着重要的文化任务。主题宴席的环境布置、氛围营造、宴会形式选择、服务程序设计、肴馔设计等无不透视着举办方对本民族优秀文化的传承与创新。例如中式主题宴席的环境布置中运用水墨山水画、书法、斗拱角檐等中国元素文化。

主题宴席文化的传承化特点，要求宴席的设计者、承办者对本民族优秀文化有深入的了解，并能够灵活地运用到主题宴席当中，成为一个无声的文化传承使者。

5. 鲜明的地域性

主题宴席是自然因素与人文因素共同作用形成的综合体，在一定程度上受举办地域的区域性、人文性和系统性的影响，带有鲜明的地域文化特征。例如蒙古族聚居区的宴席菜式、宴会装饰和服务礼仪礼节都带有特定的民族性；江南地区的宴会菜式、装修风格和服务礼仪等同样带有鲜明的江南特色等。

6. 服务的细致化

所谓服务的细致化，是指在规范服务的基础上，各主题宴会在服务的细节上有所区别，以彰显各自的特色。例如复古宴席，在服务细节上遵照古代（特定时期）的服务礼仪与程序，在餐具、服装、菜式、礼制、上菜程序、整体宴会环境美化等方面均符合特定时期的时代特点；而仿古宴席，在服务细节上则注重宴会氛围的营造，在菜式设计、环境布置、氛围营造、背景音乐等细节上非常注重借助古代元素和现代元素的结合；时尚宴会，则在细节上注重现代科技元素的运用，像3D、4D影像技术、分子烹饪技术、色感技术等现代技术的运用，以彰显时代感等。

7. 参与的广泛化

主题宴席，尤其是大型、高规格、高档次的主题宴会，一般都需要承办企业的内外多个部门共同协作，方可顺利完成。例如宴席的设计就需要酒店的礼宾部、餐饮宴会部、商场部、行政部、营销部、美工部等多部门共同参与；宴席的承办又需采购部的采购员、宴会部灯光设计师、音响师、美化部盆栽园艺师、礼宾部迎宾员、安保部保安员、宴会部服务师、餐饮部卫生安全员、厨师等多部门不同人员的紧密配合。广泛地参与化特征，要求企业员工具备高标准的基本素质，企业各部门拥有良好的团队协作力。

二、主题宴席对承办企业的作用

1. 彰显企业的接待能力

接待能力是企业档次规格的重要表现形式，承办一场成功的主题宴会，能够充分彰显企业的办事能力。例如杭州北辰洲际酒店、上海西郊宾馆、大连香格里拉酒店、青岛花园酒店等一批知名酒店，都因曾成功举办过国宴等高规格的国际组织宴会而得名，彰显了企业的接待能力和社会地位，成为行业领头羊。

2. 呈现企业的文化品牌

餐饮企业的文化品牌是企业对外树立的形象，能够增加消费者的认知度，进而吸引顾客。主题宴会本身就具有强烈的文化属性，成功承办的主题宴会，可以从侧面向消费者展示企业文化属性，强化品牌形象。例如内蒙古饭店因成功举办诈马宴，对外宣传草原文化而得名。

3. 展示企业的创新能力

创新能力是企业强大和发展的重要标志之一，具有较强创新能力的企业，会在市场大潮中永立潮头，成为行业翘楚，是其他企业学习的榜样和楷模。承办大型主题或重要的特色鲜明的主题宴会，也是向社会展示企业的创新成果和创新能力。例如杭州北辰洲际举办的G20峰会国宴，展示了丝绸之路主题；2022年人民大会堂金色大厅承办的北京冬奥运会欢迎晚宴，则向世人展示了诸多中国文化元素，成功地展示了企业的创新能力，赢得社会的认可和世界的赞美。

4. 带动企业的效益双赢

企业的主要目的之一是盈利，良好的社会效益（即消费者的认可度和企业员工的认可度）也是企业追求的终极目标。主题宴会是餐饮企业重要创收来源之一，成功承办主题宴会，能够达到双赢的目的。如以婚礼主题宴会而闻名的安徽宿州花开假日酒店、绿都生态婚礼主题酒店；以经营徽商文化宴席而著名的合肥徽宴楼酒店等。

第二节　国宴的设计

国宴在国际和国内政治交往中占有非常重要的地位，是一般宴席无法取代的。其一般由国家主席、元首、政要首脑作为东道主来主持宴席，赴宴者也多为国内外各行各业领军人物和各国使节、首脑、政客等。国宴举办一般是为庆祝国内、国际重大纪念意义的节日，或欢迎外国元首的访问，或进行国际社会团体的文化交流，或是国际商团进行国际投资等，是以国家的名义举办的正式宴请活动。

据《周礼》《仪礼》《礼记》等史料记载，早在奴隶制时代，就已见国宴的雏形，往后的各个朝代也均有国宴的身影，如唐代的“闻喜宴”“鹿鸣宴”是朝廷为新科进士举行的国宴；宋代的“春秋大宴”“饮福大宴”也是国宴。元代的“诈马宴（质孙宴）”通常举行三天以上；明代永乐年间（1403～1424）“凡立春、元宵、四月八、端午、重阳、腊八日，俱于奉天门赐百官宴”，这也是国宴；到了清代，“定鼎宴”“元日宴”“冬至宴”“凯旋宴”“千秋宴”“千叟宴”等国宴名目更多，最大的宴席规模参加宴席人数多至数千余人。至今，国宴仍在国际及国内的友好交往中扮演着重要角色。

一、国宴特点

国宴经过长期的发展，形成了自己独特的风格体系。与一般宴席相比，国宴具有以下特点。

1. 政治特色鲜明

国宴作为一种具有特殊意义的宴饮形式，因其在国内与国际交往中扮演的角色作用，自然而然地带有一定的政治目的，政治特色显得尤为突出。

2. 具有相对固定的举办场所

受国宴的特性决定，国宴一般有固定的举办场所，多为国家的标志性政治建筑，如我国的人民大会堂或钓鱼台国宾馆、俄罗斯的克里姆林宫、法国的总统府爱丽舍宫、美国的白宫宴会厅、英国的白金汉宫宴会厅等。

3. 宴席主持人以国家元首为主

在国际与国内政治活动中，国家领导人代表国家行使职权，起政治主导作用，所以在国宴中，国家领导人是以国家的名义，以主持人和东道主的身份邀请相关国内国际友人参加宴会。

4. 宴席礼仪隆重

国宴礼仪是其他主题宴席礼仪所无法比拟和替代的。国宴的礼仪程序制定和完成常由国家礼宾司来完成，宴席接待程序规范、严谨。由于国宴出席者的身份较高，接待礼仪规格很高，宴席场面隆重，且具有极强的政治属性。

国宴宴请礼仪程序一般是国家领导人以国家或个人的名义先向被邀请人发出请柬，在请柬中注明就餐地点、时间等。如果被邀请人是外国元首或友人，请柬中除用本国标准官方文字书写外，还需用被邀请人的本国官方文字书写。如果被邀请的是特别重要的国家元首或代表团，宴会前还要举行文艺演出或文体活动。东道主在礼宾司的安排下提前到国宴厅的迎宾大厅迎接宾客的到来。迎接主宾时，先行握手礼或本民族的特有礼节，然后拍照留念。迎接完毕后双方步入宴会厅，在步入宴会厅的通道两旁常伴有军乐队，演奏两国国歌或仪仗表演，奏国歌时先演奏主宾国国歌，后演奏本国国歌。宴会厅装饰一新，张灯结彩，氛围喜庆，设有乐队，客人进入宴会厅，一般演奏“迎宾曲”表示欢迎。当所有客人入席后，东道主要向来宾致欢迎词，然后进入宴会时间。宴会时间一般在一至三个小时，宴会一直有轻音乐或民乐伴奏，宴会结束时奏“送宾曲”，宾客握手道别等。如果是国内纪念日国宴，宴席开餐前，乐队必须演奏本国国歌，这是国宴的一个标志性礼节，然后国家领导人致辞，开席就餐。国宴菜单和座席卡上均印有国徽。所有参加国宴的人，都必须着正装或民族礼服赴宴，奏国歌时站立、肃穆。

5. 宴席肴馔设计和烹饪工艺极其讲究

国宴的肴馔设计各国不一，受各国国情和民族传统文化的影响，带有显著的异国民族风情。国宴的肴馔设计，口味一般以清淡为主，荤素搭配合理。肴馔质地或是软烂，或是嫩滑，或是酥脆，或是香醇；口感以咸鲜为主，较温和的刺激味副之。这种烹调风格适应性很强，基本可以满足中外大多数宾客的口味要求。

我国国宴上的肴馔以地方各大菜系中的名菜为主，如淮扬菜系中清炖蟹粉狮子头、京菜风味的全聚德烤鸭、福建名菜佛跳墙等，但在口味和烹饪技术上会略加改良，使其更适合中外宾客享用。例如经典国宴菜开水白菜，是在四川名菜开水白菜的基础上改良而成，精选东北大白菜心和国宴顶级清汤制作而成，汤色淡黄清澈，香醇爽口，沁人心脾，看似朴实无华，却尽显制汤功夫；再如国宴狮子头，是在扬州名肴蟹粉狮子头的基础上略加改良而成，选用肥四瘦六的五花肉手工切成小粒，以顶级清汤制作而成，形态丰满，犹如雄狮之首，因此得名“狮子头”。新中国成立后，周恩来总理确定了国宴实行四菜一汤的标准。1984 年 11 月外交部根据中央和国务院的指示，再次确定，宴请来访外宾的次数不宜过多，宴请时中餐四菜一汤，西餐一般两菜一汤，最多为三菜一汤。近年来，国宴菜单一般由冷盘，四菜一汤和点心组成。

6. 国宴烹饪原材料、餐器、饮品等多为特供

为了保证食品、器具等的安全和质量，国宴所有原材料以及用品大多是采用地方特供，一般不在市场上采购。例如我国人民大会堂国宴的烹饪原材料，都是由无公害绿色蔬菜基地直采提供，饮料、酒类等饮品，同样也采用优质企业特供的品质优良的产品。凡是被指定为国宴专用原料的厂家，对其产品，都是专门组织生产，工艺要求严格。

国宴餐具，也均经过精心设计，能够体现中华民族特有文化风格。我国历来讲究“美食配美器”“美味还须美器盛”，非常重视菜点形态和器皿的配合。釉中彩瓷不仅瓷质细腻、釉面润泽，而且是一次高温釉烧而成，属于环保瓷，被誉为“国际绿色产品”，也常作为政府首脑互赠礼品之用。

7. 国宴形式多样

当今，国宴的种类与形式趋于多样化，按照宴请目的、宴请时间、宴会类型等可分为欢迎宴、送别宴、午宴、晚宴、国庆招待会、新年招待会、冷餐酒会等多种形式，规格与人数灵活，可在不同地点举行，以适用于不同的对象和场合。如人民大会堂大多承办大中型国宴，一次可容纳 5000 名宾客；钓鱼台国宾馆一般承办小型国宴，设席于亭台楼阁和水榭园林之中，有浓郁民族风情。此外，各省省会和著名风景区内亦有设备一流的迎宾馆（如西安的丈八沟宾馆、武汉的东湖宾馆、长沙的蓉园宾馆、上海的西郊宾馆），也可接待外国首脑和社会名流。

国宴就餐形式实行分餐制，这样做既减少浪费又卫生方便，也利于服务员提供规范化的服务。宴会的进餐用具有筷子、刀叉等。

二、国宴氛围的设计

国宴氛围设计主要包含国宴环境的选择和装饰美化等多方面的内容。国宴在氛围营造过程中应把握好以下几点。

1. 体现国宴的规格

国宴是以国家的名义举行的政治宴请活动，无论是何种形式的国宴，对外都代表着国家形象，其规格是其他任何形式的宴席无法替代的。所以，在国宴就餐氛围营造方面，首先应体现国宴的高规格特征。

国宴高规格特征可从宴席举办地点、场景的布置、美化等方面来体现。国宴的场景布置要求选用名贵的花卉草木绿化，餐室悬挂国旗或国徽，装点名人字画，需要时还要聘请著名的书法家书写宴席席谱。同时，借助装饰美化来突出宴席的主题。例如北京第29届国际奥林匹克运动会开幕欢迎国宴，宴会迎宾厅以巨幅苏绣《万里长城》作为背景；北京第29届国际奥林匹克运动会闭幕欢迎国宴，以迎客松和牡丹花的中国国画作为背景；第6届国际奥林匹克残疾人运动会北京欢迎国宴，宴会厅主体墙面上方有残疾人运动会会徽，对面是用汉字书写的“同一梦想，同一世界”的标题，宴会厅侧面则用冰雕残运会吉祥物装点宴会厅，烘托出平等、参与、奋斗、自强不息的精神等。

2. 体现国宴的政治特色

国宴的举办大多带有一定的政治目的，或是国家元首互访，或是国家庆典，或是国家政治会议，或是民族民俗节庆等，国家领导人一般都要举行国宴，以增进互信友谊，创建和谐、平等、和平、友好、共进的政治氛围。在进行国宴的场景布置时，若是两国元首参加的国宴，要在宴会厅悬挂两国国旗，宴会厅的正面并列悬挂或竖立两国国旗。悬挂国旗前要对旗帜的图案、标记作认真地鉴别、校对，防止倒挂或错挂，国旗一定要挂正挂牢，间隔和高度要一致。由中国政府宴请来宾时，中国的国旗一般挂在左方，外国的国旗挂在右方，来访国举行答谢宴会时则互相调换位置。国宴上还要演奏两国国歌以及检阅仪仗队等政治活动。国徽、国旗、党旗、国歌等都是国宴中必不可少的元素，以此来体现鲜明的政治特性。

3. 展示特色民族风情

每一个民族都有着特色鲜明的优秀文化传统和独特的民族特色，在举办国宴时应注意彰显民族特色，增进文化交流。

中国进餐追求祥和、热烈、圆满，所以宴席餐桌大多以圆桌居多，寓意团圆、圆满等；餐具以筷子为主，但为照顾国际友人的饮食习惯，会准备一些西餐的刀叉之类的餐具；宴会的装饰物以民族的特色饰物为主，例如中国的山水画、中国的苏绣、中国的名人字画、中国的传统实木家具、传统仿古家具等；宴席服务人员的着装、发式、妆梳等符合本民族的特色，如女性的旗袍，男性的马褂等。

我国的国花是牡丹，代表着富贵、华丽、圆满，在奥运国宴中多处都以牡丹花的图案或牡丹鲜花或牡丹国画等装点宴会。例如2008年8月9日晚，在北京钓鱼台国宾馆芳菲苑的盛大国宴上，该馆首次在主宾席上应用了牡丹插花，666朵牡丹鲜花组成一个圆形图案，为前来参加北京奥运会开幕式的各国首脑与贵宾送上美好的祝愿（图5-1）。

4. 营造友好、和平、真诚、和谐、喜庆等良好的就餐氛围

国宴也属宴会，具有宴会的一般属性，为人们提供友好、明快、友善、祥和、平等的就餐氛围，以便顺利完成政治活动，建立友好长久的国际国内平等友好的政治关系。另外国宴也属于政治活动之一，对外，国家元首代表着国家尊严形象，国虽大小有别，但其尊严无大小之分，必须要体现和平、平等的主题；对内，国家元首是国家的最高领导人，负责内部的安定团结，任何一小部分都是不可分割的，故团结、和平、友善、平等、民主、祥和是国宴

图 5-1　国宴牡丹插花图

的永恒主题。

营造和平、友善、平等、民主、祥和的国宴氛围可以从宴会的主色调、肴馔设计、餐具设计、酒水选择、礼宾仪仗、宴会乐曲、席间曲艺、宴席台面装饰、服务人员的着装、语言、步态、形象等多方面来综合考虑。

三、国宴肴馔的设计

国宴肴馔的策划，是宴席的重要组成部分，除需要满足宾客生理需求外，还要具有向宾客展示本民族的饮食文化的属性，在设计时应突出以下几点。

1. 展示民族优秀饮食文化，尊重贵宾的民俗饮食习惯

在设计国宴肴馔时要注重本民族优秀饮食文化的展示与宣传，适当的设计些国菜、典故名菜，如福建的佛跳墙、云南的过桥米线、四川的宫保鸡丁等；同时，还要兼顾贵宾的饮食喜好、民族信仰、生活习惯与忌讳、年龄、性别、身体健康状况等，合理设计菜谱。在菜肴整体设计时应注意季节的变化和营养需求，口味偏清淡；多使用蒸、炖、煨、烧等以水和蒸汽为传热介质的烹调方法；菜肴造型应突出简洁、美观和大气；国宴多采用分餐制，菜肴的盛装设计应便于分餐。

2. 方便食用、文明饮食，力求精美

在国宴就餐过程中要体现饮食的高度文明，肴馔的设计应该在保证美味、营养、适口等基础上，要充分考虑食用的方便性和肴馔的美观性。例如在人民大会堂举办的国宴，由于参加人数较多，故冷菜相对较多，而热菜相对较少，辅以点心和风味小吃。

国宴的肴馔大多是盛装在象形的餐具中，每位贵宾一份，既美观，又便于宾客食用，菜肴的形状等大多被设计成小块形状，各种肉类菜肴还要进行脱骨处理，热加工须熟烂，便于贵宾咀嚼，不会出现尴尬局面。例如国宴菜肴清蒸狮子头、佛跳墙、红烧裙边等菜肴，一菜一器，一人一份，不但质地酥烂，便于贵宾食用，而且餐具造型优美，衬托出肴馔精美。

3. 肴馔的烹饪与国际接轨

国宴中的肴馔烹饪在某方面代表着国家最高烹饪水平，在国际交往中，不但要展现本国的烹饪优秀文化和精湛的技术，同时也应与时俱进，接受和运用国际上比较先进的烹饪技术和设备，进一步提高本国的烹饪技术科学含量，使之烹饪的肴馔国际化，以适应更多的国际贵宾享用，创建饮食无国界，饮食无障碍，饮食国际化。

我国国宴烹饪技术在保持了淮扬风味的基础上，融进了许多其他国家的优秀烹饪内容，从而使中国国宴菜肴的适用范围更为广阔。肴馔在烹饪方面借鉴了许多烹饪中的科学成分，诸如科学配餐、营养量化、肴馔标准化、装盘设计等等。设计出一批适合在国宴中选择的中西结合肴馔，不但丰富了我国的烹饪饮食文化，也使国内贵宾品尝到国际流行菜式的风格。例如国宴肴馔法式焗蜗牛，此菜选用优质上等蜗牛和黄油、蒜蓉等主辅原料经过烤制而成，菜肴营养丰富，采用焗的烹调方法进行烹饪，是一道经典中西合璧的国宴菜。

4. 肴馔命名朴实无华、名副其实，同时便于翻译

我国菜肴的命名方法多种多样，归结起来大致有两大类，即写实命名方法和寓意命名方法。国宴上的肴馔一般宜采用写实命名法，最好是采用主辅料命名，或口味加主辅料结合命名，或烹饪方法加主料进行命名等，让贵宾看后能够大致了解肴馔的口味、主要烹饪原料、做法等。例如板栗鸡块、虾仁西芹、葱烧海参、鲍汁白灵菇等，这样不但简单、朴实，便于贵宾阅读，一目了然，而且便于外文翻译。

在进行菜名翻译时，一些中国菜名中蕴涵的中国文化，只能尽量去涵盖，不宜在席谱（菜单）上使用大量的篇幅进行解释，例如宫保鸡丁、麻婆豆腐、过桥米线、佛跳墙、臊子面、东坡肉等的翻译应尽量用汉语译音来翻译，其由来、典故、做法等，则应由宴会服务人员以美食使者的身份，在就餐时向贵宾讲解。

5. 国宴餐具设计力求精美

精美的餐器，可为精致的菜肴提供一个展示的舞台，赋予灵魂。国宴是一个国家最高级别的宴席，在某方面反映出一个国家的餐饮科技水平和民众整体素质，历来受到行业和国家礼宾部门的重视，我国国宴中所用的餐具大都来自专门的生产厂家，为专用餐具。

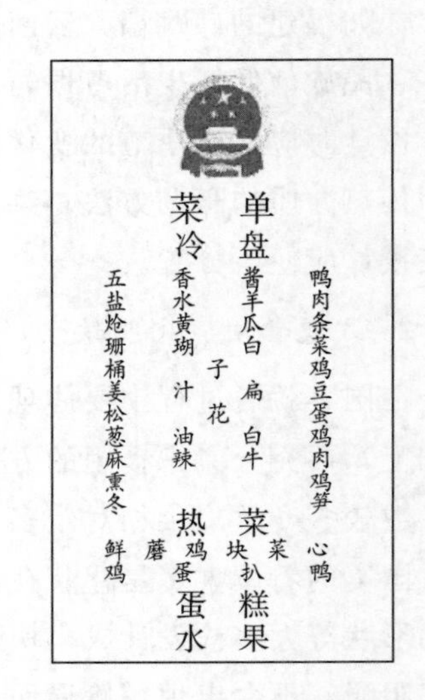

图 5-2　国宴菜单

四、国宴席单的设计

国宴席单，也叫“国宴席谱”。国宴席单在一定程度上映射着一个国家和民族的特色文化，代表着国家荣誉，在设计时特别慎重。我国的国宴席谱按照是否打印分为两种，一种是打印席谱（如右图 5-2 所示），另一种是手写席谱。前者是将设计好的宴席肴馔打印在事先准备好的设计精美的席谱上，主要适用于一般的政治活动国宴中；后者则是由国家

著名的书法家书写在席谱上，装裱精美，主要适用在国际重大政治交往活动中。无论哪种形式的席谱，在席谱的正上方都要镶嵌中华人民共和国国徽，显示郑重，代表国家宴请。

我国国宴中的席谱过去多以单页为主，如今多为对折式的席谱，也可以设计成其他富有中国传统文化气息的席谱，如中国传统宫灯形的席谱、扇面形的席谱等，以彰显中国的传统文化。

五、国宴礼仪的设计

国宴礼仪的设计主要由接待程序、宴席安全、宴席席位安排等几方面构成，在具体的设计过程中应注意以下几点。

1. 体现平等，尊重贵宾的风俗习惯

国宴礼仪设计，首先要体现平等原则。国与国之间是平等的，所有国家都是国际社会的平等成员，作为国际交往中非常重要的国宴，在礼仪设计方面必须遵循这一准则。平等原则具体表现在：国家的尊严受到尊重；国家元首、国旗、国徽不受侮辱；国家的外交代表，按照国际公约的规定，享有外交特权和豁免；不以任何方式强制他国接受自己的意志；不以任何借口干涉别国的内部事务；在交往中，实行“对等”和大体上的“平衡”。

国宴礼仪设计还要尊重贵宾的风俗习惯，由于各民族在长期的生存发展中形成了各自独特的社会习惯，包含了独特的饮食习俗、社会习俗和礼节礼貌等，故在举行国宴时要考虑到贵宾的风俗习惯，以表示对贵宾的尊重。忌讳以酒、美人照和美女雕塑作为礼品赠送。

国宴礼仪接待中的服务员，要有较高的服务素质和服务技巧，不卑不亢，端庄稳重，风度优雅，落落大方。服务员都要融会贯通地掌握和知晓礼仪风俗和讳忌、国宴菜点的风味和特色等等。特别是主宾席，如果外国元首的个子高，为他服务的服务员的个子也不宜低；如果外国元首的个子矮，为他服务的服务员的个子也要与他看齐，不宜让一位高高的服务员来为他服务，这样显得不礼貌。

2. 宴席礼宾程序遵照国际惯例

国宴礼宾程序要求较严格，必须按国际惯例去做。例如：选择宴请时间时要避开重大的节假日，或对方有重要活动或禁忌的时间。

确定国宴宴请时间时最好事先能征询贵宾的意见。

要注意到菜谱和所上菜的配料是否适宜，对于希望了解中国饮食文化的外宾来说，品尝各地的土产品和独特风味比什么高档菜肴都更有吸引力。除了菜，还要注意饮料，一般说，要尽量用酒精含量较低的酒，而像茅台这样的烈酒只有在比较特殊的场合才使用。对信奉伊斯兰的宾客，不可提供含有任何酒精的饮料。

3. 合理科学安排贵宾席位

国宴席位安排一般是按对方提供的礼宾顺序名单排列席位，应事先安排好座次，并通知出席者，以便参宴入席时井然有序。在席位安排时应按席位设计原则和宾客特殊要求综合设置，并精心制作席卡。

4. 国宴引导入席礼仪

（1）迎宾

宴会开始前，主人应站在大厅门口迎接客人。对规格高的贵宾，还应组织乐队奏欢迎曲。客人到来后，主人应主动上前握手问好。

（2）引导入席

主人请客人走自己右侧上手位置，向宴会厅走去。主人陪主宾进入宴会厅主桌，接待人员引导其他宾客入席后，宴会即可开始。

（3）致词、祝酒

宾客入场就绪，宴会正式开始。全场起立，乐队奏两国国歌，现场的服务员，都要原地肃立，停止一切工作。我国习惯在开宴之前讲话、祝酒，客人致答谢词。宴会期间或宴会后安排歌舞、文艺节目助兴。

5. 国宴礼宾服饰体现民族特色

国宴接待工作必须符合外交部礼宾司的要求，其工作人员是从全国各地挑选和经过正规培训的，要求文化素质高，仪容风度好，具有高度的责任心和娴熟的业务技能，熟悉各国各民族风土人情，遵守外事纪律。他们应着装高雅，举止大方，轻灵敏捷，彬彬有礼，表现出中华民族的优良的风范。

国宴礼宾服务人员的服饰设计应体现民族特色，这既可以向国际贵宾展示本民族优秀的服饰文化，也是对本国优秀的文化的保护，让其传承下去。

六、国宴酒水的设计

国宴上所选用的饮料和酒水以本国的名酒、国酒、饮料等为主，适当配置一些国际知名品牌的饮料和酒水。例如我国人民大会堂国宴用酒，过去白酒主要以贵州茅台为主，啤酒以青岛啤酒、五星啤酒居多。近年来，国宴主要选用新一代的北京啤酒、长城干白葡萄酒、燕京啤酒、王朝葡萄酒、椰子汁、碧云洞矿泉水、浙江龙井茶等。

世界其他各国的国宴“御用”名酒主要有法国的白雪黑钻香槟；意大利的天方夜谭干红2003；瑞典的无极伏特加 Level；希腊的茴香酒普洛玛莉（Plomari）；德国的贝克啤酒；墨西哥奥尔买加（Olmaca）等。

七、成功案例赏析

国宴名称：二十国集团领导人第十一次峰会杭州欢迎晚宴。

时间地点：2016 年 9 月 4 日晚上 19：00，杭州西子宾馆漪园宴会厅。

宴席主人：中华人民共和国国家主席习近平及其夫人彭丽媛女士。

礼宾程序：礼宾司预先向各国来华参加二十国集团领导人第十一次杭州峰会的嘉宾国领导人和国际组织负责人及配偶发出国宴邀请函及请柬。

习近平和彭丽媛在西子宾馆迎宾厅同贵宾们一一握手，互致问候，合影留念，然后在九号楼前的大草坪上与 G20 峰会嘉宾集体合影留念，随后沿湖边小路漫步前行漪园宴会厅。

宴会现场演奏，丝竹悠扬，情景交融，嘉宾在领宾员的带领下，入席、落座。

习近平发表致辞，代表中国政府和中国人民热烈欢迎各位贵宾的到来。

宴会结束，习近平和彭丽媛同贵宾们一同乘船，前往西湖岳湖观看主题为《最忆是杭州》的文艺晚会。

参加人员：时任阿根廷总统马克里、法国总统奥朗德、印度尼西亚总统佐科、韩国总统朴槿惠、墨西哥总统培尼亚、俄罗斯总统普京、南非总统祖马、土耳其总统埃尔多安、美国总统奥巴马、澳大利亚总理特恩布尔、加拿大总理特鲁多、德国总理默克尔、印度总理莫迪、意大利总理伦齐、日本首相安倍晋三、英国首相特蕾莎·梅等有关国家领导人和国际组织负责人。

席位安排：在领位员的引领下，宾主按照席位卡落座，习近平及其夫人和联合国秘书长潘基文及美、俄总统奥巴马、普京等在主桌落座。

宴会用曲：参加 G20 杭州峰会的首脑和贵宾，在欢快热烈的中国音乐《喜洋洋》乐曲声中步入西子宾馆宴会厅；当贵宾们入座后，一首极富浙江特色的《马灯调》成了宴会音乐表演的第一道大菜。这场精心准备的伴宴音乐会，是以浙江交响乐团西洋乐队及竹笛演奏者为主体，加入浙江音乐学院两位二胡手，组成中西合璧乐队，共演奏土耳其《我的黑发姑娘》、乍得《不屈不挠》、老挝《占芭花》、意大利《重归苏莲托》等 9 段联奏曲 30 首中外曲目。宴会最后以中国乐曲《花好月圆》结束。

宴会布置：宴会正面背景墙是一副真丝绸壁的《西湖全景图》，向到场的各国首脑毫无保留地展示了西湖的美，杭州的美，中国的美。宴会主桌台面“西湖梦”。桌面如卷轴画卷般铺开，展现了一副自然秀美的西湖画卷，将雷峰夕照、断桥残雪、三潭印月、宝石流霞、平湖秋月等西湖绝美景点搬上了餐桌，堪称西湖微缩景观。各国贵宾们对欢迎晚宴的设计赞不绝口，纷纷拍照留影。宴会场景布置如图 5 - 3 所示。

图 5 - 3　2016 年 G20 峰会宴会场景布置图

宴会服务服饰展现“西湖秀”。宴会开始时，服务员们身着西湖元素的晚宴特制服装款款而至，此时，服装、餐具、台面花艺与宴会厅的真丝绸壁的《西湖全景图》融为一体。宴会服务员服饰如图 5 - 4 所示。

宴会席单：宴会席单设计成丝质杭绣扇面形，用红木托架进行反衬，突出地方特色。设计如图 5 - 5 所示。

图 5 - 4　2016 年 G20 峰会中服务员服饰

图 5 - 5　2016 年 G20 峰会宴会席单

宴会菜谱：晚宴菜单共 14 道菜，以杭帮菜为主，菜名体现了团结合作与包容的力量，即：八方迎客（富贵八小碟）；大展宏图（鲜莲子炖老鸭）；紧密合作（杏仁大明虾）；共谋发展（黑椒澳洲牛柳）；千秋盛世（孜然烤羊排）；众志成城（杭州笋干卷）；四海欢庆（西湖菊花鱼）；名扬天下（新派叫花鸡）；包罗万象（鲜鲍菇扒时蔬）；风景如画（京扒扇形蔬）；携手共赢（生炒牛松饭）；共建和平（美点映双辉）；潮涌钱塘（黑米露汤圆）；承载梦想（环球鲜果盆）。

礼宾用品：欢迎晚宴礼宾用品“西湖情”，紧扣“西湖盛宴”主题，以西湖山水为核心设计元素，综合运用丝绸、书法、木雕、竹雕、团扇等传统工艺，以最富浙江地域特色的文化和艺术瑰宝向世界来宾表达西湖青山绿水间的拳拳盛意。

宴席饮品：农夫山泉矿泉水、西湖啤酒、加多宝、可口可乐、伊利牛奶、张裕干红。

宴席餐具：欢迎晚宴餐具“西湖盛宴”，餐具设计创作灵感来源于水和自然景观。整套餐瓷体现出“西湖元素、杭州特色、江南韵味、中国气派、世界大国”基调。整席餐具以西湖山水为核心设计元素，与主背景和主桌台面融为一体、相得益彰；在图案设计上，设计均取自西湖实景，如茶和咖啡瓷器系列餐具图案是西湖的荷花、莲蓬造型，壶盖提揪酷似水滴。汤盅的外形设计灵感来源于海上丝绸之路的宝船，汤盅盖的提揪则是简约的桥孔造型。在餐具器型设计上，以西湖十景为原型创作设计，将三潭与葫芦的造型进行艺术融合，地域特色鲜明；花面设计上，以浙派水墨山水技法表现雷峰塔、保俶塔、苏堤等西湖景致，突出烟雨西湖的朦胧美感；适当以金边银线作为点缀，营造中国气韵。部分餐具如图 5 - 6 所示。

图 5－6　2016 年 G20 峰会部分餐具图

第三节　喜庆宴席的设计

喜庆主题宴席涉及面较广，凡是因喜事或庆贺某事而举办的宴席均可归类为喜庆宴席，如婚礼宴、生日宴（寿宴）、满月宴、圆锁宴、谢师宴席、庆功宴席、乔迁新居宴席等。喜庆主题宴席在我国由来已久，代代相传，承袭至今，其越发的被人们重视，特别是人生中的几个值得庆贺的重要时期，置宴席款待亲朋已成为一项必备活动。

现在，喜庆主题宴席已成为餐饮企业创收的一个重要方面，备受餐饮企业重视，成为餐饮企业重点开发的一个项目。为了便于学习，本专题从喜庆主题宴席的特点、喜庆宴席氛围的营造、肴馔设计、席单设计、礼仪设计、酒水设计和成功宴席赏析等七个方面，加以说明。

一、喜庆主题宴席特点

1. 突出喜庆

喜，是生活幸福的标志，也是民间家家户户所祈求的，是生活诸事遂心如意的象征。喜庆主题宴席最大的一个特点是喜庆气氛突出，应着重布置，使参宴人员和宴会的各个环节过程都沉浸在喜庆欢乐之中。

2. 择良辰吉日

择良辰吉日是喜庆宴席的另一大特点。喜庆之日，置办喜庆宴席，分享喜庆之气。但凡是喜庆宴席大都挑选在黄道吉日举办，寓意吉祥如意，寄托着人们对美好生活的向往。择吉有两种，一种是科学择吉，一种是方术择吉。科学择吉是运用人类的智慧、知识和经验，寻找、确定人世间种种活动的适宜时空点，其要领在于尽可能充分把握天时、地利、人和，以及由以上三者之间的和谐关系所造成的适宜机遇。在现代社会，人们更多的是自觉或不自觉地运用方术择吉，民间比较认可这种择吉方式，流传甚广，是精华与糟粕的混合物。这种择吉源远流长，在民间具有深远而广泛的影响，是人类趋吉避祸的一种心理趋向。在喜庆宴席中，婚礼宴席、开业庆典宴席、乔迁宴席和诞辰宴席等对择吉较为看重。

3. 典礼仪式隆重

典礼仪式隆重也是喜庆宴席有别于其他宴席的标志之一。喜庆主题宴席在开餐前大多要举行一系列约定俗成的庆典仪式，其核心内容为祈求喜气迎门，好事连连，也是对未来的一个良好祝愿。同时，所有的来宾一般要向东道主道喜、纳福，以表心意。

二、喜庆主题宴席氛围设计

喜庆主题宴席，根据其特征，主要突出喜庆、祥和的热闹氛围，以下介绍常见的喜庆宴席的氛围设计。

1. 婚宴氛围设计

婚礼宴席是所有喜庆宴席中典礼最为隆重、礼节最为复杂的宴席。古时，按照婚宴主家身份的不同，将其分为出嫁宴席、迎娶宴席、和亲宴席三种。近现代主要以婚礼举行风格进行分类，主要有中式传统婚礼（有民间传统式婚礼和宫廷式婚礼）、现代式婚礼和西式婚礼三种。婚礼各种典礼仪式和酒席也多在酒店进行举办，婚礼举办的场景和档次规格根据主家的选择而定。在此，以传统中式婚礼宴席、西式婚礼宴席和现代婚礼宴席为例，作以简介。

（1）传统中式婚宴

传统式婚礼宴席厅堂布置，一般以中国传统的物件来营造喜庆氛围，在宴会门口悬挂婚联和大红色“双喜”字，宴会厅的窗户张贴喜庆剪纸，厅内新人入场的通道铺红地毯，厅内悬挂大红灯笼。设婚礼主场地，场地主体背景以喜庆的红色为主（见图 5－7），并悬挂喜字。宴席娱乐乐队多用民族乐器，如笛子、唢呐、二胡、葫芦丝等，宴席用乐以喜庆民乐为主，如《百鸟朝凤》《金蛇狂舞》《猪八戒背媳妇》等节奏欢快的民乐。戏曲多采用《打金枝》《花为媒》《西厢记》等民间爱情戏曲。宴会主桌的台面装饰，或以鲜花花坛，或以食品雕刻的龙凤呈祥等。宴席中的糖果讲究用专用的喜字糖袋或糖盒分装，宴席中的烟酒要带喜字，宴席餐桌一般要套红色的桌裙等等。餐桌以各种字头命名，例如白字席、头字席、偕字席、老字席、花字席、好字席、月字席、圆字席等，意取白头偕老、花好月圆等。

（2）现代式婚宴

现代式婚礼宴席厅堂的布置（见图 5－8），多采用现代装饰元素，如鲜花、拱门、花台、礼炮、水晶灯、花环、各式蜡台、插花艺术等物件装饰厅堂，厅堂四处弥漫着欢乐的气息。常见的现代婚礼宴席场景布置有童话世界、瑶池仙界、水晶世界等。①童话世界主要利用各种彩带、气球、台式花座、艺术插花、地毯和各种卡通动物来营造，场景或是以绿色为主色

图 5-7 中式婚宴背景墙

调，或是以紫色为主色调，或是以粉红色为主色调等，给人以身临其境之感。②瑶池仙境则是利用制雾机、泡沫机、鲜花和布景道具营造一种云雾缭绕的神仙居住地的景象，给人以神仙般的感觉。③水晶世界则是利用水晶灯、彩帐、鲜花、泡沫机等进行布景，主要利用人造灯光来营造梦幻水晶世界，给人以漂亮的水晶感觉。

图 5-8 现代式婚宴门厅布置

现代式婚礼宴席，也有选择在户外举行的，则有一种很浪漫的感觉。在户外的婚礼宴席布景主要凭借优美的自然风景为依托，然后再搭建一个小舞台，用鲜花和地毯铺地，色调以绿色和白色为主，给人以清新、自然之感，如图 5-9 所示。宴席娱乐乐队以电声乐队为主，乐曲多选用流行歌曲，例如《小城故事》《康定情歌》《知心爱人》《誓言》《告白气球》等歌曲。主桌台面装饰以多层造型蛋糕为主，也有用鲜花或绢花制作花坛装饰。

图 5-9　户外婚礼场景布置

（3）西式婚宴

西式婚礼宴席厅堂的布置，以白色为主色调，如白色的纱帐、白色的百合花、白色的花形蜡烛、白色的餐台、白色的桌椅等，新人入场的通道也是白色的，给人以纯洁、圣雅之感，如图 5-10 所示。宴席的就餐方式多选用自助形式，宾客就餐比较自由，典礼上司仪装扮成牧师的形象为新人主持婚礼。宴会乐队多选用西洋乐器，如西洋鼓、长号、黑管、小提琴等，宴席用乐以各种西方圆舞曲为主。一般男服务员要着燕尾服，女服务员着西式套装。宴席中的各种布置讲究干净、整洁，插花艺术性特别强。西式婚礼宴席既可以在户外进行，也可以在室内进行。

图 5-10　西式婚宴布置

2. 寿宴氛围营造

我国有尊老、爱幼的传统美德，每逢长辈的生日，晚辈常常要为长寿的老人举办寿辰宴席进行庆贺，同时也将老人的福气分享给晚辈，祝愿大家都能幸福、健康、长寿。人们习惯从过周岁开始到百岁，年年过生日。每逢十叫“大生日”，不逢十为“小生日”，十二岁的生日叫“圆锁”。过大生日时有“男不过三十，女不过四十”之说法，六十以上叫“过寿”。过生日时比较隆重的是周岁生日宴席、圆锁宴席、六十大寿宴席、六十六大寿宴席、七十大寿宴席、七十七大寿宴席、八十大寿宴席、八十八大寿宴席、九十大寿宴席和百岁寿庆宴席等，百岁以后一般不再举行大寿宴席，各地风俗不相同。过生日的人被称为“寿星”，周岁、圆锁中的寿星被称为“小寿星”，六十以上的被称为“老寿星”。

（1）周岁宴

周岁庆典宴席的宴会厅堂的布置，以红色、金色等明亮喜庆色彩为主色调，饭店要为“小寿星”设专座，并铺设黄色缎垫。同时还要设一个喜台，喜台上放置文房四宝等物件，用于“小寿星”“抓周”。周岁喜宴，参加的人员构成大多是一些亲戚，讲究不是很多。

（2）圆锁宴

圆锁庆典宴席是小孩由少年步入青年的标志，也是比较隆重的宴席，前来参加的亲朋好友比较多，既有小朋友的好朋友，也有父辈的好朋友，又有长辈的好朋友。宴席厅堂布置以小寿星为中心，厅堂色调以粉红色、橘红色或金黄色为主色调。根据规格和档次，厅堂可布置成不同风格的童话世界，可用心形或阶梯形烛台、生日大蛋糕、面锁、金鱼花馍、莲花花馍、乐队、彩帐、小寿星的照片等等营造圆锁宴席氛围。宴席开始时会安排开锁、小寿星致词等一系列的活动。宴席乐曲主要有《步步高》《花好月圆》《童话圆舞曲》等，以祝福小寿星健康成长，幸福快乐。主桌的台面设计以多层蛋糕进行装饰，意取人才辈出。

（3）长寿宴

长寿庆典宴席是为六十岁以上的老寿星而举办的庆典宴席，以百岁大寿庆典最为隆重，不但亲朋好友到场贺寿，有的地方官员也会前来贺寿。寿庆宴席厅堂布置和装饰要突出喜庆、长寿的主题，如图 5－11 所示。传统的寿庆宴席厅堂，正厅墙壁中间一般要悬挂仙寿图。在悬挂仙寿图时讲究男寿悬挂南极仙翁图，女寿悬挂瑶池王母图，或八仙庆寿图、三星图等；或以金纸剪贴大“寿”字或百寿图挂于礼堂正中，正中设礼桌，两旁设寿星椅，礼桌上陈设寿桃、寿糕、寿面、水果等。地上置红色拜垫，以备后辈行礼。寿宴主桌正对百寿图，桌面装饰雕刻老寿星或仙鹤起舞等作品。宴席用乐多是欢快的传统曲子，或传统的地方戏曲，如《麻姑献寿》《八仙贺寿》《群仙贺寿》等。宴席厅堂门外可摆放寿字拱门、寿星气人等，营造寿庆气氛。宴会厅堂还要悬挂寿联、寿幛。寿联多为五字或七字，也有达数十字的。寿联的内容，以切事、脱俗、工整而有韵味为上乘。撰拟寿联，必须认清对象，立定主旨，选用恰当的词句，注以流畅的气势。寿联力求其以少数文字，包含很多的意思，多用成语、典故、专名；但用成语、典故、专名时，必须先了解其含义，如祝 60 岁寿用“花甲”，祝 70 岁寿用“古稀”。寿幛是用绸布题字为祝寿之礼，也称礼幛。寿幛用字简短，有一个字的，如“寿”字；有四个字的，如“寿比南山”等；通常四字为多，大多用大幅红绸缎，剪贴金纸，有用红纸的立轴，通称“寿轴”；也有外装玻璃框的，通称“寿屏”。寿联、寿幛又因男女的不同和年龄的不同而有所区别。例如六十岁男性的寿联“二回甲子春初度，举国星歌醉太平”，六十岁女性寿联“过去春光才两月，算来花甲已初周”，寿幛为“甲子重开萱开周甲”等。九十岁寿幛为“九大日丽、天保九如、颂献九如、福备九畴”，百岁寿幛为“百年人瑞、百福骈臻、寿庆期颐、荣登上寿”。

图 5－11　寿宴场景布置

3. 乔迁宴席氛围营造

乔迁宴席的厅堂布置一定要突出乔迁新居的喜庆主题，宴席厅堂内可设主背景墙和小舞台，墙上面可以张贴新居图片，并张贴乔迁新居祝福吉祥语，小舞台供举行乔迁庆典仪式用，如图 5－12 所示。宴席用曲以美好祝福主题歌曲或戏曲为主，例如《美丽的草原我的家》《情深意长》《有一个美丽的传说》《但愿人长久》《全家福》《黄土情》《欢乐新村》《田野新曲》《喜庆丰收》等等。宴席厅堂既要悬挂灯笼、喜联，还要给人以清新、舒适之感。宴席主桌台面装饰鲜花或食品雕刻作品，另外还要备一张供桌，上摆五谷、水果等。

图 5－12　升迁宴席布置

4. 其他喜庆宴席氛围营造

升迁宴席、升学宴席、谢师宴席等喜庆宴席在场景布置上与其他喜庆宴席一样，也要利用酒店现有条件，迎合宴席主题营造喜庆就餐氛围。例如升迁宴席在宴会厅堂内悬挂祝福条幅和东道主的生活工作图片，升学宴席可在宴会厅堂内悬挂被高校录取学生的照片及录取通知书，谢师宴席可在宴会厅堂内悬挂恩师的照片以及同优秀学生的合影等，除此之外，还要用鲜花、花环装饰厅堂。宴席用曲以旋律轻快的曲子为主，例如《甜蜜的家庭》《鸟投林》《长相思》《走进新时代》《花月良宵》《山寨情歌》等。宴席主桌台面装饰鲜花（如牡丹、鸡冠花、月季花、康乃馨等），或仙鹤，或麒麟，或白菜蝈蝈等造型雕刻作品，以营造良好的就餐氛围，并给人以美好的祝福。

三、喜庆主题宴席肴馔的设计

喜庆主题宴席的肴馔是宴席重要的内容之一，在众多的喜庆宴席中以婚礼宴席的肴馔最引人注目。婚礼是人生众多仪礼中人们最重视的仪礼之一，而婚宴又是整个婚礼过程的关键所在。我国民间早有“无宴不成婚、无酒不嫁女”的说法，更加验证了婚礼宴席的重要性。餐饮企业要根据宾客的需求设计出科学、合理，令宾客满意的宴席肴馔。在进行婚宴肴馔设计时应注意以下几点。

1. 肴馔数目取双数

一般“红、白”喜事中的红喜事（婚宴或喜庆宴席）菜肴的数目为双数，取好事成双之意；白喜事（丧宴）菜肴的数目为单数。喜庆宴席的肴馔数目通常以八个、十个或十二个居多，分别象征八面来财，十全十美，月月幸福。如：江南地区流行“八八大发席”婚礼宴席，全席由八道冷菜、八道热菜组成，办宴时间通常也选于农历双月的初八、十八、二十八，表达“要得发，不离八、八上加八、发了又发”的吉祥寓意。

寿庆宴席的肴馔则要突出“九”或“九”的倍数（或约数），古人认为“九”是阳数、吉数、最大的数，象征着长寿、永恒、吉祥、康乐。例如九九上寿席、十八罗汉席、三蒸九扣席、六合同春席等。

2. 肴馔命名以美好寓意为主

宴席中的肴馔多采用寓意命名法，选用吉祥用语为喜庆肴馔命名，以寄托美好的祝愿，从心理上愉悦宾客，烘托气氛。例如婚礼宴席中的“珍珠双虾”可以取名为“比翼双飞”，“奶汤鱼圆”可以取名为“鱼水相依”，“红枣桂圆莲子花生羹”可以取名为“早生贵子”，“鱼香肉丝”取名为“余情相思”等；圆锁宴席中，“虾籽烧海参”取名为“望子成龙”，“飞龙烧黄蘑”取名为“前程无量”，“母鸡炖馄饨”取名为“百鸟朝凤”，“冬菇拼素鸡”取名为“素衣仙子”等等。

另外还要选用寓意美好的食材，以突出吉祥如意。如婚礼宴席的开始一般是红枣、喜糖、核桃、花生、瓜子等，最后的水果也以桃子、苹果、杏为主，意取早生贵子、甜甜蜜蜜、幸福平安之意；寿庆宴席中的寿桃、长寿面、大柿子等食品，意取幸福长寿、事事如意等；乔迁宴席中的苹果、糍粑和鸡等，意为家宅平安、亲密无间、彼此关照和吉祥如意等。

3. 肴馔突出本店特色

每一个餐饮企业要想在餐饮市场站稳脚跟，都必须有自己的拳头产品或看家肴馔，形成自己的特色，也是区别于其他酒店的标志。在喜庆宴席中应适当安排部分特色肴馔，可以设计出不同风格和档次的多套喜庆宴席肴馔，也可以根据宾客的实际需求调整部分肴馔等，切实为宾客服务，满足宾客多层次需求。

4. 肴馔造型优美

古人讲："货买一张皮"，是说包装和良好的外形对产品的重要性。喜庆宴席的肴馔具有自身的特殊性，当然更需要良好的包装，具有一个良好的外形，给顾客良好的第一印象，赢得好评，以留下美好的印象。例如婚礼宴席中的鸡一般用整鸡，取完整、美满之意，烹调方法以红烧、红扒、香酥等居多，在装盘时点缀成趴在窝中，或用雕刻花卉点缀，取名为"凤凰扒窝"或"丹凤赏花"等；鱼一般用两条，在盘中摆成太极形或腹对腹等形，意取和顺幸福、成双成对、相亲相爱；寿庆宴席中的龙须面，也称长寿面，要求长而不断，在装盘时可用雕刻的龙头或象形水果龙头点缀，意取龙口夺食，分享寿星福气等等。

5. 肴馔的色彩丰富

艳丽的色彩给人欢快的感觉，喜庆宴席肴馔的色彩设计应注重色彩的丰富性，以营造喜庆氛围，突出吉祥热烈的主题。喜庆宴席的肴馔一般以红色为主色调，例如婚礼宴席中"凤凰扒窝"、金龙肉条（也叫"扒肉条"，色泽金红）、两情相悦（也叫"红烧鱼"，也是采用红烧方法成菜，色泽红色）等；寿庆宴席中的寿桃（红色）、长寿喜面（茄汁制作的面条，红色）、如意金龙（大虾制作而成，色泽红色）、麒麟送子（茄汁麒麟鳜鱼，色泽红色）等；状元宴中的独占鳌头（红烧甲鱼）、锦团三元（茄汁虾团）、一鸣惊人（酥皮烤鸡）、金榜题名（红扒猪手猪拱）等。

四、喜庆主题宴席的席单设计

喜庆宴席席单常见的有大众通用席单，也有根据宾客的要求设计成的个性化席单。喜庆主题席单的设计都要力求精美，印刷力求精致，如图 5－13 和图 5－14 所示。

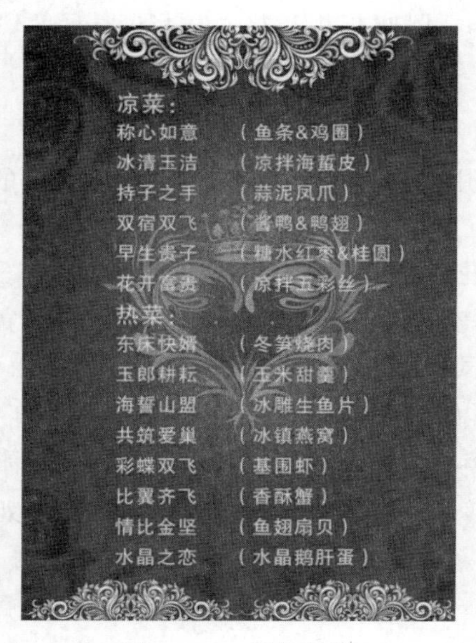

图 5－13　婚宴席单

图 5－14　寿宴席单

喜庆主题宴席的席单多以红色为主色调，可以在正面设计成各种卡通、象形动植物的形象，也可以添加宴席主人的照片；底面既可以设计成承办酒店的简要介绍，也可以设计成新人的简介或祝福语；席单的内部印刷宴席的肴馔名称（由于宴席肴馔大多采用寓意命名的方法，一般要在肴馔名称后注明主辅料和肴馔口味），以及宴席用曲等内容。宴席席单既可以设计成单页，也可以设计成对开式，一般寿宴、喜宴多为对折式，乔迁、开业等宴席多为单页席单。席单格式比较灵活，画面美观。例如婚礼宴席中席单正面图案一般为玫瑰花、卡通新人、鸳鸯鸟、双鱼图等，或将新人的婚纱照印在正面；寿辰宴席的正面一般为烫金大寿字，底面则是寿星的生平简历，内部有寿星生活照，寿星的人生感言和宴席菜谱等等。

五、喜庆主题宴席礼仪的设计

喜庆主题宴席的礼仪隆重，根据宾客的要求和宴席的规格标准的不同设计出多种不同风格的礼仪接待形式，供宾客选用。在此以婚礼宴席礼仪为例，进行介绍。

传统中式婚礼接待礼仪，以古朴，乡风浓郁，礼节周全，喜庆吉祥以及热烈张扬气氛等特点而受到了人们的喜爱。婚礼中花轿接新人是传统婚礼的核心部分，根据参加的人数不同分四人抬，八人抬两种；根据装饰的不同又有龙轿，凤轿之分。花轿除轿夫之外，还有笙锣，伞，扇等仪仗，一般的轿队少则十几人，多几十人，很是壮观。花轿仪仗所有人员着红色传统古装；新人的服装为凤冠霞帔，或长袍马褂。新娘蒙红盖头，在伴娘的伴随下，由新郎手持的大红绸牵着，慢慢地登上花轿，再由轿夫抬到酒店宴会厅。然后由司仪主持庆典仪式，一般有新人入场、介绍恋爱经过、拜天地、向父母行礼、向来宾行礼、饮团圆酒、燃放礼花、新人入席等，席间新人还要向所有来宾一一敬酒，最后拍全家福留念，奏《难忘今宵》《友谊地久天长》《永远是朋友》等乐曲欢送宾朋，庆典仪式结束。

西式婚礼礼仪最突出的特点表现在婚宴、司仪主持上。西式烛光婚礼内容程序：主持人致开场词，新人入场，司仪向宾客介绍新人的父母；司仪站在台下（婚礼现场专门设置一个讲台）听从督导引领；请证婚人讲话（时间大约 3 分钟）；在婚礼的音乐声中，新人宣读爱的誓言（第一段新娘朗读，第二段新郎朗读，第三段新郎新娘合读）；双方家长代表发言；蛋糕放在舞台的左边，高度一般是三层或五层，上面再放一对新人模型，代表新生活的第一步；新郎新娘倒大号香槟塔，香槟塔放在舞台右边，喻示让爱源源不断流长；新郎新娘喝交杯酒；婚宴开始，先向双方父母敬酒，表达感谢养育之恩；新人双双第一次退场。新娘换礼服，新郎换好燕尾服再重新步入婚礼现场；新人第二次双双退场；新人换装，再双双步入婚礼现场向父母献花；婚宴正式开始，新郎新娘开始敬酒。婚宴结束后，新人和双方父母在舞台上向所有来宾致谢。新郎新娘站在鲜花拱门口目送客人离去。

六、喜庆主题宴席酒水的设计

婚庆是喜、生日是喜、团圆是喜、升迁是喜，人逢喜事精神爽，喝酒已成为人们庆祝喜庆气氛的一种必不可少的方式。中国社会调查事务所调查发现，因“喜庆事”喝酒的场合占到了 50%以上。喜庆宴席中多选择带喜、庆、福、禄、寿等吉祥字样的酒水，根据办宴目的的不同而有所选择。

喜庆宴席中的其他饮料主要有可乐、果汁等；宴席中除了各种饮料外还要备喜庆红色香烟等。

七、喜庆主题宴席赏析

1. 案例一

宴席名称：现代婚礼宴席——海誓山盟喜宴。

举办地点：喜庆豪华婚礼宴会厅。

宴席主人：新婚夫妇。

礼宾程序：新人提前一周向亲朋发送婚礼请柬；新婚当日，新人提前30分钟到达，在宴会厅门口迎接宾客到来，并献上喜糖；乐队演奏迎宾曲；由司仪主持婚礼，举行婚礼仪式；放礼炮、放飞和平鸽和彩色气球；喝阖家幸福酒；新人致辞；新人婚礼仪式结束，新人退场；宴席开始；乐队演奏欢快的乐曲；宴席中间新人敬酒；宴席尾声拍全家福照，宾客与新人留念；宴席结束新人欢送宾客，乐队奏欢送曲。

参加人员：亲朋好友。

席位安排：新人坐在主桌上，主桌上安排有证婚人、新人娘舅等主要客人；随新娘来的娘家亲，安排在雅间。

环境布置：喜宴厅外部摆放皇家礼炮，门口两侧张贴大红双喜字和导向牌，通往宴会厅的甬道铺红地毯；宴会厅内用台立柱茶花艺术和纱帐点缀装点喜庆氛围，鲜花扎成彩色拱门，红地毯铺出一条通道，供新人入场举行婚礼仪式用；宴会主背景墙悬挂新人婚纱照和心心相印图案；主背景墙一侧安放大型投影屏幕，播放新人简历和恋爱画面；另一侧放阶梯烛台和婚礼蛋糕；餐桌上摆放红双喜火柴、红色香烟、红酒、喜庆宴用白酒和饮料以及喜糖、瓜子、水果等；每张餐桌上摆放宴席席卡和宴席席谱。

宴席用曲：《婚礼进行曲》《新婚曲》《回娘家》《喜洋洋》《百鸟朝凤》《喜拜堂》《山寨情歌》《知心爱人》《步步高》《走进新时代》《今天是好日子》《草原恋情》《敬酒歌》《花月良宵》等，中间穿插宾客即兴演唱，最后演奏《难忘今宵》《友谊地久天长》《永远是朋友》等，宴席结束。

宴席席谱：宴席席位卡和宴席席谱。席位卡为单页简洁式，正反面一样，印刷有百年好合、相亲相爱的祝福吉祥语；宴席席谱为单页简洁式，正面一对新人，另一面为宴席菜单，包含冷菜、热菜、点心、汤和水果等。

宴席肴馔：主桌摆放“龙凤呈祥”雕刻作品，其他桌摆放鲜花；冷菜有：天女散花（水果雕切艺术果盘）、月老鲜果（造型干果蜜饯）、三星高照（荤料什锦）、莲碧荷红（糖醋藕片）四喜临门（素料什锦）、凤立花蕊（白鸡拼绿菜花）等；热菜有：鸾凤和鸣（琵琶鸭掌）、麒麟送子（麒麟鳜鱼）、前世姻缘（三丝蛋卷）、珠联璧合（虾丸青豆）、全家欢庆（烩海参八鲜）、东床快婿（冬笋烧肉）、比翼双飞（香酥仔鸡）、鱼水相依（奶汤鱼圆）、枝结连理（串烤大虾）、玉郎耕耘（玉米松仁）等；汤菜：海誓山盟（全家福大烩）；点心：童子献福（豆沙包）、四喜蒸饺；果品：榴开百子（胭脂红石榴）、火爆金钱（糖炒板栗）。

宴席饮品：白酒喜庆汾酒（或口子十年窖或迎驾洞藏或今世缘）；红酒是长城干红；可口

可乐饮料、西瓜果汁和红茶等。

宴席餐具：喜庆专用餐具，主桌用镀金或镀银餐具。

2. 案例二

宴席名称：现代庆寿宴席——松鹤延年寿庆宴席。

举办地点：喜庆宴会厅，寿庆厅。

宴席主人：寿星子女。

礼宾程序：提前一周向亲朋发送贺寿请柬；寿庆当日，寿星子女提前 30 分钟到达，宴会厅门口迎接宾客到来，并献上寿糖；乐队演奏迎宾曲；由司仪主持拜寿仪式；放礼炮；行阖家幸福酒；主人致辞；寿庆仪式结束，老寿星退场入席；宴席开始；乐队演奏欢快的乐曲；宴席中间主人敬酒；宴席尾声拍全家福照，宾客与新人合影留念；宴席结束主人欢送宾客，乐队奏欢送曲。

参加人员：亲朋好友。

席位安排：老寿星在寿堂举行拜寿仪式，另外在雅间摆席就餐（由于老人上年纪比较喜欢清静）；寿星非常要好的同辈朋友安排在一起；其他亲朋在喜庆宴会大厅就座用餐。

环境布置：寿庆宴会厅外部摆放皇家礼炮、寿字气拱，鞭炮摆成寿字形，门口摆放百寿图屏风和寿星宴席导向牌，通往宴会厅的甬道铺红地毯；宴会厅内装饰梅花名画和寿幛，红地毯铺出一条通道，供寿星入场举行拜寿仪式用；宴会主背景墙装饰成寿堂点明主题；主背景墙一侧安放大型投影屏幕，播放寿星生活画面；寿堂正中摆放老寿星、寿婆和寿桃雕刻作品等；餐桌上摆放红双喜火柴、红色香烟、红酒、喜庆宴用白酒和饮料以及喜糖、瓜子、水果等；每张餐桌上摆放宴席桌卡和宴席席谱等等。

宴席用曲：《迎宾曲》《金婚曲》《闹新春》《生日快乐歌》《群仙拜寿》《同喜同乐》《皆大欢喜》《福星高照财神到》《喜洋洋》《二人转刘伶醉酒》《全家福》《欢乐农村》《黄土情》等，中间宾客互动，最后演奏《难忘今宵》《友谊地久天长》《永远是朋友》等，宴席结束。

宴席席谱：宴席席位卡和宴席席谱。席位卡为单页简洁式，正反面一样，印刷有寿比南山，福如东海等祝福吉祥语；宴席席谱为单页简洁式，正面福、禄、寿三星，另一面为宴席菜单，包含冷菜、热菜、点心、汤和水果等。

宴席肴馔：主桌台面摆放松鹤延年艺术花色拼盘，其他宴席台面摆放鲜花；冷菜四围碟：五子献寿（5 种裹仁酿拼）、四海同庆（四种海鲜酿拼）、玉侣仙伴（芋艿鲜蘑）、寿星鸭脯（酱焖鸭脯）；热菜：儿孙满堂（鸽蛋扒鹿角菜）、天伦之乐（鸡腰烧鹌鹑）、长生不老（海参烹雪里蕻）、洪福齐天（蟹黄烧豆腐）、罗汉大虾（两吃大虾）、锦绣鸳鸯鱼（两吃鳜鱼）、麻姑献寿（茯苓桃包）、返老还童（金龟烧童子鸡）；汤：益寿甘泉（奶汤乳鸽）；点心：佛手摩顶（莲茸佛手酥）、福寿绵长（长寿面）；寿果：方柿子和蟠桃。

宴席饮品：白酒有五粮液（或剑南春或杏花村）；红酒是长城干红；可口可乐饮料、西瓜果汁和红茶等。

宴席餐具：喜庆专用餐具，主桌用镀金或镀银餐具。

第四节　地方主题宴席的设计

我国历史悠久，气候多样，物产丰富，人口众多，人们生活相对固定，再加上人们的民俗习惯、信仰、饮食心理、气候等因素的影响，形成了特色鲜明、丰富多彩、别具一格的地方饮食和地方宴席。它的规格有高有低，民风淳朴，集中体现了一方饮食文化和饮食民俗。

随着人们生活水平的不断提高、旅游业的繁荣发展，地方主题宴席作为地方文化的重要组成部分，受到了地方政府和餐饮行业的重视，成为餐饮企业创收和重点开发的项目之一，它在打造地方宴席品牌、振兴地方经济和地方文化建设等方面都起着积极的作用。

一、地方宴席的特点

1. 地方文化浓郁

文化具有鲜明的地域性，其包含了建筑、服饰、语言、肴馔、礼仪、民俗、信仰等人类在此区域内社会历史发展过程中所创造的物质财富和精神财富总和。地方宴席作为地方文化的重要组成部分，带有显著的地方文化的特征。例如陕北人民世代生活在沟沟峁峁、绵延起伏的黄土高原，喝着黄河水长大，他们如黄土地般朴实无华，似黄河水般深厚高大，也正是这个特定的环境孕育了粗犷豪放、淳朴而有着北方游牧民族剽悍奔放的性情和淳朴的民风、民俗，形成了独特的地方宴席文化，比较有代表性的陕北荞面小吃席，该席是民间婚丧嫁娶招待宾客的宴席，席间唱着民歌、信天游和酸曲，装饰有民间剪纸。

2. 宴席肴馔多为地方名菜、名小吃，制作朴实

地方宴席的肴馔以地方名菜、名小吃为基础，突出反映了地方特色饮食文化。例如海南的四大名菜文昌鸡、嘉积鸭、万宁东山羊、和乐蟹是海南地方宴席上的特色肴馔。

3. 肴馔原料以地方特产为主

古人云："一方水土，养一方人"。我国各地由于气候、物产等使所出产的烹饪原料别具特色，而且被当地的厨师开发利用到了极致，因而地方宴席运用特产原料进行烹饪也成为此类宴席的一大特点。以江苏为例：江苏地区出产黄鳝、鲥鱼、鳜鱼、板鸭、麻鸭、豆腐、莼菜、双黄鸭蛋等烹饪原料，由此而开发的淮安长鱼席，即黄鳝席，品种达百种之多；扬州的三套鸭、溜子鸡、卤鸡、清炖甲鱼、大煮干丝、糖醋鳜鱼、双皮刀鱼、文思豆腐、清炖狮子头；镇江的水晶肴蹄、清蒸鲥鱼；靖江的肉脯；宜兴的汽锅鸡；南京的金陵盐水鸭、炖菜核、板鸭、松子肉、凤尾虾、蛋烧卖；苏州的松鼠鳜鱼、三虾豆腐、白汁鼋鱼、莼菜塘鱼片、胭脂鹅、八宝船鸭、雪花蟹汁、油爆大虾；常熟的叫花子鸡，无锡的镜箱豆腐、樱桃肉、梁溪脆鳝；徐州的狗肉等名菜名席。特色宴席有扬州红楼宴、镇江乾隆御宴和无锡太湖船宴等。

4. 餐具具有地方特色

在地方宴席发展过程中，就地取材，百花齐放，形成了各地的宴席特色盛装器皿，其餐具设计古朴、经济，部分餐具还是本地特产。例如内蒙古的枣木长方形描金方盘，多用于盛

装手扒肉、烤羊腿等菜肴；广东都市宴席多用各种象形餐盘，如鸭形汤盘、蟹斗、龙舟、气锅等；江苏地方宴席中的红泥砂锅等。

5. 宴席风格具有地域性

地方宴席受当地民俗民风的影响，形成了自己独特的宴席风格，具有鲜明的地域性。例如过去川江水深浪急，木船常常会被打翻，船工为了祈求平安，常在开船前宰一只鸡煮熟献给龙王。祭祀结束后船长将鸡分成八块与众人分食，喊号子、拉船的人吃鸡头和鸡脖子，划船的人吃鸡两只翅膀，撑竿的人吃鸡两条腿，伙夫和打杂的吃鸡脯，船长吃鸡背，意为让所有船工明确各自的分工，齐心协力，确保人、财、物的平安。

二、地方宴席的氛围设计

1. 宴席外围环境的设计

为突出地方宴席的文化内涵，渲染就餐氛围，使就餐者深切感受地方文化特色，在进行地方宴席氛围营造时，多采用内外结合的方式，即内部宴会厅氛围和外部环境氛围两部分。

地方宴席的外围环境设计，即就餐环境的建筑设计。目前，地方宴席就餐场所的建筑形式主要有三种，一是传统的地方建筑形式，二是仿地方建筑形式，三是现代元素的地方建筑形式。

传统的地方建筑形式，是地方旅游餐饮企业举行宴席的主要场所，它是餐饮企业把传统的地方特色建筑经过重新装修后用于餐饮经营，或民间人士把自己住家改建成餐馆进行经营的一种形式，其特点是古香古色，淳朴自然，原汁原味，让游客在原生态的自然中品尝地方的风味肴馔和感受地方风俗文化等。例如湖南凤凰古城的很多餐馆，它们依沱江而建，既是家庭居住的地方，又是凤凰古城典型的特色餐馆，是外地游客了解苗家风俗文化的平台；再如河南陕县的天井窑院，当地人依靠当地的旅游资源将自己家改建成农家乐，既吸引了游客来此地旅游，又可以在此品尝地方美食。地坑院构建方式独特，整体造型美观，居住舒适惬意，文化内涵丰富，堪称地下四合院，有抗震、防风、防寒、消暑、隔音、防盗等优点。院上四周用蓝砖砌成一米多高的拦马墙和落水檐，窑畔和脚都用蓝砖勾勒装饰，院中央挖三十厘米深、比院落边长窄两米左右的方坑，承接雨水和种植树木花草。木质门窗古朴典雅，向外开启的风门和窗户，逢年过节都贴春燕归巢、鲤鱼跃龙门、年年有余、四季瓜果等充满喜庆的纸花和传统的剪纸。窑院的奇特构思、科学设计和造型精巧，充分体现了当地人民的勤劳智慧，也是劳动人民富有创新精神的历史见证。除此之外，还有陕北的窑洞建筑、山西的晋商大院、古徽州建筑等等，以此开发的当地宴席都是成功的典范。

2. 宴席内部氛围设计

宴席内部氛围设计主要包括宴席厅堂的设计、宴席台面的设计和宴席主题的设计。

（1）宴席厅堂的设计

宴席厅堂的设计即宴会厅的装饰布置。根据宴会厅的装饰物和布置形式，地方宴席的厅堂布置主要有传统宴会厅堂设计和现代宴会厅堂设计两种风格。本文主要介绍传统宴会厅堂设计。

地方传统宴会厅堂设计，是按照当地人的生活习惯和民俗来布置装饰宴会厅堂，如在厅堂内适当摆放一些当地人的传统生活用品，或本地特产名贵花木，或营造当地的某一自然风景，或悬挂当地人生活、娱乐等照片以及相关的文字介绍等，让外地食客进一步了解一方风情。此类形式主要流行于一些旅游资源比较丰富的景点式餐饮企业。

（2）宴席台面的设计

地方宴席的台面设计一般会使用艺术插花、民俗饮食器具、食品雕刻作品等进行台面装饰和布置，以营造热烈欢迎五湖四海的宾朋在此就餐，向他们展示地方饮食文化，给宾客留下深刻印象。例如内蒙古牧区地方宴席台面的奶茶壶、银碗、木碗、骆驼骨筷子以及炒米、奶皮等风味小食品，很富有民族特色；山西一些地方宴席台面上摆放的各种造型优美的馍，用五谷制作的插花艺术作品等，展现山西饮食风貌等。

（3）宴席主题的设计

地方宴席的主题设计，是指宴席设计者根据宴席的规格和目的，整理设计代表地方宴席的中心思想，从而使宴席具有鲜明的特色，展示地方饮食风采。目前饮食市场上出现的地方宴席主要有地方传统宴席、地方小吃宴席、地方特产宴席、地方文化宴席、地方创新宴席等几种形式。

地方传统宴席，重在突出地方传统宴席的形式，包括排菜数量、服务礼仪、宴席餐具、宴席饮品等，要在传承中继承和展示，让食客了解地方传统宴席饮食风貌；地方小吃宴席，重在突出地方风味小吃的特色，包括它的口味、用料、历史、特殊餐具等，向食客解读小吃宴席的魅力；地方特产宴席，重在突出特产烹饪原料的独到之处，包括特产烹饪原料的肴馔、功效、口味、烹饪技艺等，向食客介绍本地特产、饮食文化；地方文化宴席，以地方文化为背景，以当地美食为依托，展示地方文化；地方创新宴席，则重在突出宴席创新，包括宴席肴馔的创新、宴席服务的创新、宴席环境的创新等，向食客介绍一个全新地方宴席等等。

三、地方宴席肴馔设计

1. 地方传统名菜入席

地方传统名菜，既是地方名菜，也是地方宴席的佳肴，制作工艺讲究，其背后一般都隐藏着一段地方的发展史，或地方传说，或名人典故，是地方特色文化的良好载体。我国各地都有一些名菜，例如山东名菜有葱烧梅花参、油爆肚头、油爆双花、布袋鸡、九转大肠等；广东名菜有香芋扣肉、片皮乳猪、糖醋咕噜肉、蜜汁叉烧肉、蟹黄鸡翼球、白灼螺片等；江苏名菜有大煮干丝、金陵板鸭、扒猪脸、鸭血粉丝、三套鸭、清炖蟹粉狮子头等。这些传统地方名菜，大多是地方宴席中的重量级肴馔，充实着地方宴席。

2. 地方特产烹饪原料入席

地方特产烹饪原料是指地方特有的、产量大且相对集中，在质感、口味等方面都有独特之处的烹饪原料，它既包含有烹饪原材料，也有烹饪半成品和成品，例如广西的荔浦芋头、台湾槟榔芋头、浙江金华火腿、江苏如皋火腿、云南宣威火腿、南京板鸭、湖南风鸡等等。用这些烹饪原料制作的肴馔，其口味、质感、营养、功效等方面都是其他地方同类原料所无法相比的，这也是地方特色宴席中的一大亮点。

3. 地方创新肴馔入席

地方创新菜肴是近年来随着烹饪技艺的交流和南北厨师人才流动等方面的原因，再加上地方烹饪技艺的吐故纳新，而出现的带有现代气息的肴馔，此类肴馔是地方宴席的新鲜血液，在地方宴席的传承和创新中占有一席之地。例如四川孔雀灵芝、推纱望月，山东蝴蝶海参、罗汉大虾，江苏菊花豆腐、松鼠鳜鱼，广东金龙脆皮烤乳猪、果味虾球，陕西金钱发菜、贵妃鲤鱼，甘肃花篮鲤鱼、宫灯鱼丝，内蒙古的金丝黄河鲤鱼、菊花里脊等等。这些创新菜肴是新型地方宴席主打佳肴，以它独特的方式充盈着地方宴席，同时也是传统地方宴席中的新面孔，为传统宴席注入了活力。

4. 地方风味小吃入席

地方风味小吃以其口味浓厚，地域性强，经济实惠，带有浓厚的乡风民俗，而受到人民大众的普遍欢迎和喜爱，也是地方特色宴席不可或缺的美食之一。例如山西平遥晋商家宴中著名的风味小吃有“头脑”、拨鱼、猫耳朵、莜面栲栳、闻喜饼等；再如浙江风味小吃虾爆鳝面、五芳斋粽子等；湖南著名风味小吃火宫殿油炸臭豆腐、姊妹团子、湘潭脑髓卷、衡阳排楼汤圆、洞庭糯米藕饺饵、虾饼、健米茶等等。

四、地方宴席席单的设计

地方宴席席单是地方宴席的脸面，也是给食客的第一印象，其设计和制作显得尤为重要。地方宴席席单一般有普通纸质席单、缎面席单、刺绣席单 3 种。

①普通纸质席单是一种比较经济的席单，但设计比较精美，席单内容一般采用打印形式，比较讲究的席单则请书法家进行书写。书写席单制作相对考究，对席单的材质质量要求比较高，图案设计精美，包装档次比较高，宴席席单书写工艺性比较强。②缎面席单是普通式席单中档次比较高的一种，包装精美，风格设计精美。③刺绣席单是指采用刺绣手法来设计制作的一类地方席单，流行在江南一带的高级地方宴席中，例如苏绣席单、湘绣席单等，制作精细，工艺性强，便于保存和收藏。

五、地方宴席礼仪的设计

宴席不仅是精美肴馔的组合，同时还是铺陈礼仪，展示地方文化的平台。地方宴席的礼仪主要表现在其接待礼仪和服务礼仪。

1. 接待礼仪

地方宴席的接待礼仪主要有家庭式、民俗式和其他式等几种形式。

家庭式接待礼仪，是在接待过程中以地方家庭成员接待为主，或者是由饭店宴会厅的服务人员扮成地方家庭成员进行接待客人的一种礼仪形式。此类接待形式主要适合乡村式的地方宴席，接待形式简便，乡风民俗气息浓郁，使宾客倍感亲切，特色比较鲜明。

民俗式接待礼仪，是以当地的一些特色民俗、民风等文艺形式迎接宾客参加地方特色宴席的一种接待礼仪形式。它是近年来我国旅游市场的不断发展而衍生的。例如秧歌队迎宾礼仪，秧歌舞，又称扭秧歌，历史悠久，是我国具有代表性的一种民间舞蹈形式，也是民间广场中独具一格的集体歌舞艺术，扭秧歌舞姿丰富多彩，深受农民欢迎、热闹非凡。此类接待形式主要适合一些团队旅游享用地方宴席时运用，特色鲜明，氛围热烈，民风淳朴。

其他艺术形式接待礼仪，常见的有文艺节目接待形式和礼炮列阵接待形式两种。前者是在贵宾到来之际，由文艺工作者表演一些地方特色浓郁的地方文艺曲目，迎接宾客的到来，如东北二人转、内蒙古草原迎宾曲、陕北民歌迎宾等；后者是一种高规格的接待形式，在宴会厅门口广场列队礼炮，当贵宾到来时鸣礼炮，迎接宾客的一种礼仪。

2. 服务礼仪

地方宴席的服务礼仪包含服务人员的服饰、服务语言、服务技巧，肴馔的上菜次序以及宴席中的乐曲等方面。

古今中外，不同时代、地域、民族的人，在衣着服饰方面有着许多不同之处，由此构成了衣着服饰的地方特色、民族特色和时代特色。这些鲜明的服饰也成为地方宴席服务人员服饰设计的参照对象，地方宴席的服务人员服饰也是地方文化的展示窗口，成为地方宴席中的一道风景。对宴席服务人员的服饰进行设计时，应以地方服饰特色与现代元素相结合的原则，同时还要结合服务人员的工作性质，使它具有传统服饰美感、现代服饰美感，穿在身上能体现劳动美感。

除服饰外，方言（地方性语言）也是当地文化标志之一，具有鲜明的特色，进而成为一些地方宴席服务人员服务语言的一大特色，给人以浓郁的乡音，倍感亲切，同时展示地方语言文化。在运用地方性语言时应将地方性语言与普通话相结合，以便于食客了解地方语言文化，又便于与服务人员交流。

3. 宴台服务礼仪

（1）上菜程序

地方宴席的上菜程序多遵照当地习俗和饮食习惯来设计。例如豫西“十大碗”特色水席，肴馔构成有红烧肉（俗名大烧），小酥肉（小烧），乱碗（俗名耙猪头，现代叫烩菜或全家福），红豆腐（油炸），白豆腐（辣），炖山珍（黄花菜），炖海味（海带）和豆芽、粉条、萝卜丝三个凉菜。春秋季节常换一个为野菜（早春蒸白蒿、荠菜，仲夏至夏季有灰条、人苋，秋天有萝卜缨、红薯梗等）。上菜的顺序和位置是先热后凉，中间大烧、小烧，与桌纹垂直且与正门相对的方向为上，桌正中上方摆金针，相对下方摆海带，左摆红色、右摆白色菜。简单地说来就是：大烧、小烧、耙猪头乱碗；上珍下带；左红右白；两头凉菜。

（2）席位设计

地方宴席的席位设计除遵循宴席席位设计原则外，还应遵照当地习惯。例如徽文化底蕴深厚的徽州地方宴席座位安排大致有六条原则：递代法（如婚礼宴席新婚男方主宾席位是新娘，回门宴席主宾则是新郎）；父子不同席（主要体现长者在上、晚辈在下）；不同的酒宴规矩多（如寿宴，女婿在正席，大女婿居首，其他女婿依姐妹大小入席；建房宴，一律以砖、木、石师傅为上宾就座；乔迁喜宴，则以岳父母为大，分两桌、各居首席）；主宾男女分桌，夫妻对应入座；子可顶父席，父不能代子；非正席座位比较自由。对各种不同的酒席，其席位座次都有明确的安排，不能随意。

（3）席曲的设计

地方宴席戏曲的设计以地方传统喜庆剧目为主，重在向宾客展示地方文化魅力。例如陕北地方宴席中的酸曲、宁夏地方宴席中的席曲、江苏地方宴席中的昆曲、安徽地方宴席中的黄梅戏和凤阳花鼓等等。席曲的合理设计不但可以展示地方特色文化，还愉悦了宾客的情志，进一步渲染了宴席气氛，使地方宴席高潮迭起。

六、地方宴席的酒水设计

地方宴席的酒水设计，应以地方特产为主，如安徽的古井贡酒，口子窖、迎驾贡酒、沙河酒；山西的汾酒、竹叶青、太原特曲、长治潞酒、汾雁香酒；新疆的伊力特曲、古城酒等。

七、地方宴席成功案例赏析

1. 案例一

宴席名称：八公山下豆腐宴。

举办地点：八公山大泉村度假旅游宴会厅。

宴席主人：地方接待部门。

礼宾程序：东道主提前30分钟到达，宴会厅门口迎接宾客到来。

参加人员：游客、美食爱好者等。

席位安排：两种排位方法，一种是采用地方民间习俗安排席位；一种是采用现代接待礼仪安排席位。

环境布置：宴厅外部摆放当地名贵花木，进入宴会厅的甬道铺红色地毯；宴会厅摆放灵璧石盆景，墙壁上装饰管仲等历史人物画像和芜湖铁画，徽州漆器屏风装点宴席厅；餐桌上摆放宴席席卡和宴席席单等等。

宴席用曲：宴席中表演民间特色曲艺，如亳州清音、花鼓灯舞蹈和黄梅戏《天仙配》等。

宴席席谱：普通的豆腐宴席一般只提供席单，而高档的豆腐宴席除宴席席单外还要有宴席席位卡。宴席席单为单页简洁式，正面是豆腐宴席相关介绍和订餐联系方式，另一面为宴席菜单，包含冷菜、热菜、点心、汤和水果等，也有将菜谱写在青阳折扇（九华折扇）上。席位卡为单页简洁式，正面为阜阳地区的剪纸图案，另一面为手写参加宾客的姓名或职位。

宴席肴馔：冷菜一主五围：主盘是造型优美的艺术花色拼盘“寿桃豆腐”，围盘是香椿豆腐、海米豆腐、熏豆腐、咸鸭蛋豆腐；头汤为鸡丝豆腐羹；前点为茯苓玫瑰酥；热菜有仙人指路、金玉其外、虎皮扣肉、螃蟹抱蛋、豆腐凤尾三球、三鲜豆腐箱、丰收葡萄豆腐、荷花豆腐、桂花炒豆腐和拔丝葫芦豆腐；汤菜为奶汤白玉豆腐；主食是蝴蝶面、冬瓜饺。

宴席饮品：白酒有迎驾贡酒、华玉泉酒和米酒；啤酒以龙津啤酒为主；茶有黄山毛峰和祁门红茶；饮料有苹果汁、草莓汁、黄安橘汁等。

宴席餐具：安徽合肥南洋瓷质餐具为主，根据菜肴的构思搭配特色竹编餐具。

2. 案例二

宴席名称：宁波十大名菜席。

举办地点：地方星级酒店（宾馆）宴会厅。

宴席主人：地方接待部门。

礼宾程序：东道主提前30分到达宴会厅，在宴会厅广场采用狮舞（宁波市宁海县一带民间喜庆活动形式，它有独舞、对舞、群舞，以三狮共舞为多，一雄一雌一仔，边舞边敲锣打鼓，气氛热烈）或大头和尚舞（在宁波市郊、鄞州区广为流传的民间舞蹈）等礼仪迎接宾客的到来；宾客到齐后入席，宴席开始，席间演奏浙江古筝曲目，穿插甬剧，宴会结束时奏欢送曲，主宾道别。

参加人员：贵宾、游客等食客。

席位安排：采用现代宴席席位安排形式进行席位编排。

环境布置：宴会外部采用当地名贵花木进行布置，宴会厅甬道铺红色地毯；宴会厅内的桌椅采用传统工艺制作的骨木嵌镶桌椅；宴会厅屏风采用当地朱金木雕屏风；宴会厅服务人员的服饰设计含有当地渔民传统服饰元素；宴席上摆放席位卡和宴席席单。

宴席用曲：以浙江筝曲为主线，主要表演曲目有《高山流水》《灯月交辉》《月儿高》《四合如意》《霸王卸甲》《三十三板》《海青拿鹤》《小霓裳》等。

宴席席谱：提供宴席席位卡和宁绣宴席席谱。席位卡为单页简洁式，正面设计精美，是酒店宴会宣传图案和联系方式，另一面则是宾客的姓名或职位；宴席席单是传统宁绣中的精品“金银彩绣”，古色古香，富丽堂皇。

宴席肴馔：四鲜果（葡萄、蜜梨、金橘、西瓜）；冷菜四荤四素；冰糖甲鱼、剔骨锅烧河鳗、苔菜小方烤、苔菜拖黄鱼、腐皮包黄鱼、网油包鹅肝、荷叶粉蒸肉、黄鱼海参羹、彩熘全黄鱼、炒鳝背；风味小吃三北豆酥糖、苔菜千层饼等。

宴席饮品：白酒是宁波10年陈酿；红酒选用宁波金色时代干红葡萄酒、宁波绿色时代干红葡萄酒；饮料有猕猴桃果汁、杨梅果汁等。

宴席餐具：使用上林湖青瓷餐具（上林湖是我国越窑青瓷发祥地和著名产地）。

第五节　景致宴席的设计

景致宴席是以景物或风景为宴席肴馔造型对象的一类宴席，其主要体现了当地秀丽迷人的景色和与美景有关的典故、历史文化等。

随着我国旅游市场的不断扩大，景致宴席作为旅游文化的重要组成部分，受到旅游餐饮行业和游客的特别重视，近年来得到了空前发展。一些地处风景名胜古迹或历史名城的餐饮企业为适应旅游市场，移景入席，在打造地方宴席品牌、振兴地方经济等方面都起着积极的作用。现代比较有名的景致宴席有陕西的长安八景宴、浙江杭州的西湖十景宴、新疆的天山风光宴、辽宁锦州的八景宴、江苏南京的秦淮景点宴、山东青岛的风光宴、辽宁鞍山的千山宴、广东潮州的八景宴、云南大理的风花雪月宴、江苏连云港的风光宴、甘肃的敦煌宴、河南洛阳的牡丹水席、广东的花城花市花宴等。

一、景致宴席的特点

1. 肴馔造型优美，大多是工艺佳肴

肴馔造型优美、工艺性突出是景致宴席的一大显著特点。菜肴以表现美好景致为中心，根据烹饪工艺和菜式的不同，肴馔在造型工艺上也有所不同。

2. 宴席肴馔的造型手法以写意方法为主

宴席肴馔的造型常用方法归结起来有两种，即写实表现法和写意表现法。写实表现法是指把烹饪原材料运用烹饪技巧来真实地刻画事物的一种艺术表现方法，它能真实地反映事物的表象外貌，是现实物象的等比例缩小或放大，但在烹饪艺术造型中不会严格按照实物进行表现，而是按照烹饪艺术造型规律适当地进行调整，给人以真实之感。写意表现法是运用烹饪原料结合精湛的烹饪技艺，来表现某种物象形态，它不要求表现物象的逼真，而是注重肴馔造型的神态、意境和抒发餐饮工作者的情感，展示餐饮工作者的综合审美能力等。

在景致宴席中肴馔大多数是采用写意表现方法，借助食品雕刻、面塑、烹饪实物、鲜花等使宴席肴馔的造型达到神似的目的，来营造某种意境。例如秦淮景点宴席中的乌衣夕阳、文德分月、香君桃扇等，敦煌风景宴中的大漠雄关、敦煌飞天、敦煌梦幻、月泉灌汤珍珠丸等菜肴，它们都是采用了写意表现方法来进行烹饪艺术造型的。

3. 宴席菜品名称多在地名后缀景点而成

景致宴席中的大菜一般都是以历史名城的秀美景色为造型对象，命名往往也是采用当地的几大景点进行命名，一菜一景，将名城各大景观再造于餐盘之中，形成了集食用、观赏于一体的文化宴席。例如陕西名厨根据古长安的八大景点雁塔晨钟、骊山晚照、灞柳风雪、曲江流饮、咸阳古渡、草堂烟雾、太白积雪、骊山烽火等八景设计而成的景致宴席；杭州名厨根据古西湖十景三潭印月、南屏晚钟、双峰插云、雷峰夕照、花港观鱼、柳浪闻莺、断桥残雪、平湖秋月、曲苑风荷、苏堤春晓等十景设计而成的西湖十景宴，辽宁的名厨根据锦州的古八景紫荆朝旭、锦水回纹、凌河烟雨、笔峰插海、虹螺晚照、石棚松雪、汤水冬渔、古塔昏鸦等八景设计而成的锦州八景宴等。

4. 充分体现当地高超的烹饪技艺和文化内涵

景致宴席以其独特的视角向世人解读精深的文化内涵，其创作团队汇聚了当地餐饮业内知名人士和文化人士，共同进行总结创作，可以说是当地餐饮发展的一个里程碑，代表了当地一个时期的饮食文明程度。例如甘肃的敦煌宴，不但有精美绝伦的景致造型肴馔、设计讲究的餐器和高超的烹饪、服务技艺，又有让人流连忘返的敦煌舞蹈、歌曲、飞天古乐等文艺形式助兴，还有仿唐古建筑装饰一新的幽雅环境，使宾客身临其境、心旷神怡，从而把宾客带到了一个欣赏地方美景、品尝地方美食、了解地方文化、享受地方娱乐的世外桃源，放飞心情，愉悦情志。

5. 景致宴席多在文化旅游历史名城的餐饮名店经营

景致宴席多是文化旅游历史名城的名店经营，如杭州西湖边上的西子宾馆、天香楼；南京夫子庙的秦淮人家宾馆。

二、景致宴席的氛围设计

景致宴席的氛围营造总的要求是回归自然，为宾客提供一个轻松、环保、健康、舒心的良好就餐氛围。

1. 宴会厅的外围氛围营造

景致宴席宴会厅的外围环境是招牌，是宾客的第一印象，直接体现着本酒店的特色和风格。例如西安唐乐宫命名，取意于唐代“五音八乐”和“欢乐殿堂”双重含义。唐乐宫是一座融文化娱乐和餐饮为一体的综合型企业，其中以“歌舞剧院餐厅”最负盛名，是采用中国唐代艺术风格装潢，面积2000多平方米，可容纳600多位宾客同时用餐。丰盛的美酒佳肴，绚丽多姿、热情洋溢的唐宫乐舞，独具匠心的风格理念，烘托出豪华典雅的艺术气氛。再如敦煌宾馆始建于一九七九年，是一座园林式的宾馆，主楼外形仿照敦煌莫高窟景点设计而成，宾馆绿化成荫，文化氛围浓厚，设备齐全，还开发了具有浓厚民间风情的农家园一处，占地近40亩，组建了敦煌宾馆飞天歌舞团，每晚为宾客演出具有敦煌特色的敦煌乐舞。

2. 宴会厅的氛围营造

景致宴席宴会厅的布置装饰以地方文化和景点文化相结合的形式为主，例如在宴会厅悬挂景点照片信息，介绍和相应的菜品照片、创制过程、主辅原料等，还可以悬挂接待的主要贵宾照片以及对此宴席的评价等。宴会厅的主色调秋冬季节以黄色、红色等为主，春夏季节以淡绿色、白色、紫色等为主。

三、景致宴席的肴馔设计

景致宴席的肴馔应以本地景点景致为造型对象，以本地特产原料结合当地地方文化等来进行设计，此类宴席菜点或是仿胜迹形象于其中，或寓掌故传说于佳肴，使宾客好似在恍若重游胜景，又在品味地方肴馔独有韵味，可谓景中有宴，宴中有景，充分体现饮食文化的博大和展示地方文化以及餐饮业的精神风貌。

1. 大件菜肴的设计

大件菜肴是景致宴席的主要菜肴，也是宴席的精华所在，在宴席中占有非常重要的地位。在此我们仅以陕西西安饭庄成功研制的长安八景宴席为例（见图5-15），加以说明。

长安八景宴，取材于长安八景的胜迹，利用各种烹饪原材料，精工制作而成，具有一菜一格、一菜一景，融美味艺术于一体等特点，可让宾客既品赏了陕西菜的风味，又重温了“长安八景”的胜景，是陕菜中一朵艳丽多彩的奇葩。①冷菜“古城十三花”，以古城长安大雁塔作主盘造型，辅以“四荤”“四素”“四花”12个围碟组成的大型佐酒花拼，将12个6寸碟冷菜摆成四方形，四周是4个高装碟，4个素碟、4个花碟，中间主盘是大雁塔，造型富丽壮观，典雅大方，味型多样，口感爽适，有浓郁的地方特色；②晚霞映牛舌，以“骊山晚照”胜迹为造型对象，选用秦川牛牛舌和番茄酱烹制而成，把诗人赞颂的“入暮晴霞红一片”胜景尽收盘中，牛舌细腻，筋绵柔软，味醇爽口，色泽红亮；③灞柳雪花鸡，以“灞柳风雪”胜迹为造型对象，用鸡脯肉、清水马蹄、鸡蛋、香菇、韭叶和调味品制成，鸡脯肉色白如雪，肉质鲜漱，清香味美，把食者引入到“阳春柳絮飘似雪”的美景之中；④曲江雏鹌宴，以“曲江流饮”胜迹为造型对象，用雏鹌、稠酒原汁和多种调味品等精制而成，外酥里鲜嫩，一菜三味，味味醇厚，低脂肪，高蛋白质，营养丰富；⑤金枣晨钟糕，菜肴特点一菜多味，鲜嫩清爽，富有营养；⑥雪山汆金鱼，取材于“太白积雪六月天”的胜迹，是用鸡脯肉、发菜、鸡蛋、鸭掌、樱桃和多种调味品制成，色彩协调悦目，筋韧耐嚼，清爽利口；⑦骊山烽火鲜果，取材于“骊山烽火”的典故，以饮誉全国的临潼石榴、火晶柿子和苹果，以及梅杏、鲜桃、葡萄、红枣、鸡蛋、白糖等制成，汁甜鲜美，解酒消食，形象逼真；⑧华松扒熊常，以“华岳仙拳头”胜迹为造型对象，用秦岭地区的牛筋、牛头肉和华山松子烹制而成的山珍菜，色泽红润，肉质筋绵，松子清香，营养丰富，强身壮筋。

图 5 - 15　长安八景宴全图

2. 其他肴馔的设计

其他肴馔是指衔接景致宴席大件肴馔之间的肴馔，它主要是本地的一些特色肴馔，以当地特产原料烹饪的菜肴、地方风味小吃、地方传统菜肴等为主，对大件肴馔起到很好的衬托和辅助作用。例如长安八景宴中配件主要有牛羊肉泡馍、浆水面、水晶饼等肴馔。

四、景致宴席的席单设计

为了能够突出地方文化和旅游景点特色，景致宴席的席单制作以体现景点旅游产品为主，向宾客展示景致宴席独特的文化内涵和历史人文，常见的有普通式席单和工艺式席单两种形式。普通式席单一般用在中等旅游景致宴席中，以纸质居多，正面以饭店或精美的肴馔图片印刷最为多见，另一面书写宴席菜单，又有单页和对折式两种。工艺式席单是一种以工艺产品为载体，在其产品上书写（或印刷）宴席菜单的一种席单，它具有很好的工艺性和收藏价值，例如扇面席单、小葫芦席单、牛角刻字席单、剪纸席单等。

五、景致宴席的礼仪设计

景致宴席的接待礼仪是要突出隆重热烈欢迎的气氛，同时还要铺陈地方文化，展示地方风采。

1. 接待礼仪设计

景致宴席的接待礼仪需根据宴席的接待性质进行确定，内容应与景致的人文、历史、风俗相关。

2. 服务人员的服饰设计

景致宴席服务人员的服饰设计应加入景致的风景，融入本地的历史文化，同时增加现代元素。

3. 宴席席位的安排

宴席席位的安排同样遵循席位安排原则，以长者或身份较为尊贵客人坐主位，其他依次排列，具体可结合当地实际情况进行微调。

4. 席间酒礼设计

除常规酒礼外，为了进一步突出景致宴席的地方文化，往往在宴席进行过程中设计一个小小的席间酒礼，将宴席掀起层层高潮。例如内蒙古阿拉善盟四杯酒，是在一个大托盘中放置四个小酒杯，杯中斟满酒，无论是敬酒还是回敬，每一次都喝的是四的倍数，意取事事如意。

5. 席间曲艺设计

景致宴席席间曲艺设计要突出地方传统曲种剧目，以短小、喜庆为主。例如甘肃的花儿、宁夏的宴席曲。

六、景致宴席的酒水设计

景致宴席的酒水设计以本地特色白酒、红酒等为主，突出本地文化特色。如南京秦淮景点宴席选用洋河大曲蓝色经典系列酒，敦煌风景宴席中选用“大敦煌酒”“敦煌玉液”等酒水。

七、景致宴席案例赏析

1. 案例一

宴席名称：敦煌风景宴。

举办地点：敦煌宾馆宴会厅。

宴席主人：地方接待部门。

图 5－16　敦煌风景宴部分菜肴图

礼宾程序：东道主提前 30 分钟到达，在宴会厅门口迎接宾客到来；迎宾服务人员着设计精美的敦煌特色服饰迎接宾客的到来；导宾服务人员引领宾客到指定宴会厅入席，并斟上八宝盖碗茶；宴席开始后，表演敦煌歌舞；宴会尾声时，表演敦煌舞蹈《欢迎再来敦煌》，在宴席欢送曲中宾主道别。

参加人员：游客、美食爱好者等。

席位安排：采用现代宴席席位安排形式进行席位编排。

环境布置：宴厅外部摆放当地名贵花木，或敦煌沙雕作品，或飞天迎宾雕塑，进入宴会厅的甬道铺红色地毯；宴会厅摆放漆雕飞天仙女座屏或大型敦煌壁画作品，墙壁上装饰甘肃工艺品厂出产的梅、兰、竹、菊等漆雕挂屏；宴会厅悬挂仿唐宫廷宫灯，餐桌上装饰雕刻作品或插花艺术作品，并摆放宴席桌卡、宴席席单和敦煌飞天烟灰缸等等。

宴席用曲：宴席中敦煌乐舞表演，例如敦煌舞《鼓与琵琶》《敦煌神韵》《千手观音》等，双人舞《山泉情》，女声独唱《常相思在敦煌》，舞蹈《丝路驼铃》，男声独唱《天堂》，中间穿插敦煌沙画艺术表演，二胡独奏《阳关三叠歌》，最后表演敦煌舞《欢迎再来敦煌》等。

宴席席单：普通敦煌宴席一般只提供席单，而高档的敦煌风景宴席除宴席席单外还要有宴席席位卡。宴席席单为单页简洁式，正面是敦煌宾馆外景图片和敦煌宴席相关介绍和订餐联系方式，另一面为宴席菜单，包含冷菜、热菜、点心、汤和水果等；席位卡一般为单页简洁式，正面为甘肃飞天仙女剪纸图案以及宴席名称，另一面为手写参加宾客的姓名或职位。

宴席肴馔：冷菜一主六围：主盘是造型优美的艺术花拼“莫高神韵”，围盘是地方小菜六个，讲究装盘技巧；主要菜式有雪山素驼掌、飞燕游古城、梦幻敦煌、丝路风情、月泉春色（汤菜）、罗汉献宝、敦煌烤鸭等；大件菜肴有大漠古法石烹鱼、雄关烽火、快马加鞭、胡羊肉、紫果羊肝等；配套小吃有石子锅盔、窝窝面、兰州拉面、荞麦呱呱等；水果有敦煌瓜、李广杏、阳关葡萄、鸣山大枣等。

宴席饮品：白酒有敦煌酒、敦煌玉液、敦煌宴和敦煌养生酒，根据宴席规格选择其一；葡萄酒有敦煌精品干红葡萄酒、敦煌干红葡萄酒、敦煌红原汁葡萄酒系列，选择其一；茶有八宝盖碗茶；饮料有敦煌西瓜汁、香瓜汁等。

宴席餐具：敦煌宾馆自行设计的高档瓷制餐具，酒具则选用敦煌夜光杯。

2. 案例二

宴席名称：秦淮景点宴。

举办地点：南京秦淮人家宾馆宴会厅。

宴席主人：东道主。

礼宾程序：东道主提前 30 分到达宴会厅，在宴会厅前迎接宾客；迎宾服务人员着江南特色服饰或明清时期的特色服饰迎接宾客的到来；宴会厅摆放苏绣巨幅工艺作品座屏，宴会厅悬挂中式仿古宫灯或秦淮鱼灯，导宾服务人员引领宾客到指定宴会厅入席，并行元宝茶礼节；宴席开始，席间演奏秦淮乐曲，穿插江南小曲、江南小调等，宴会结束时奏欢送曲，主宾道别。

参加人员：贵宾、游客等食客。

席位安排：采用现代宴席席位安排形式进行席位编排。

环境布置：宴会外部采用当地名贵花木进行布置，宴会厅甬道铺红色地毯；宴会厅内的桌椅采用传统工艺制作的骨木嵌镶桌椅；宴会厅屏风采用当地朱金木雕屏风；宴会厅服务人员的服饰设计含有当地渔民传统服饰元素；宴席上摆放席位卡和宴席席单。

宴席用曲：以秦淮歌曲主线，主要表演曲目有《秦淮灯船》《夜泊秦淮》《情系秦淮》《春在秦淮》《踏歌秦淮》《秦淮芬芳》《梦秦淮》《秦淮人家幸福多》《秦淮花灯谣》《梦幻秦淮》等，最后《难忘今宵》《友谊地久天长》等欢送宾客离席。

宴席席单：提供宴席席位卡和香扇席谱。席位卡为单页简洁式，正面设计精美，是酒店宴会宣传图案和联系方式，另一面则是宾客的姓名或职位；宴席席单是采用扬州工艺厂出品的丝制香扇，一面是秦淮宾馆宣传图片，另一面书写宴席菜谱，古色古香，富丽堂皇。

图 5－17　秦淮人家宴会厅布置

宴席肴馔：花色艺术冷盘：秦淮灯火，围碟：盐水大虾、卤鸭肫、熏火腿、南京板鸭、鸭胰白、蛋黄鱼糕、黄瓜和香肠等拼成灯笼形状；热菜大件：香君桃扇（典出《桃花扇》）、文德分月（典出“文德桥上月当头”诗句）、泊舟听笛（典出王献之邀恒伊吹笛的故事）、桨声灯影（典出朱自清散文《桨声灯影里的秦淮河》）、京城聚宝（再现石头城中的中华古堡）、乌衣夕照（典出刘禹锡“乌衣巷口夕阳斜”的诗句）、十里珠帘（刻画十里秦淮银妆珠串的旖旎风光）、魁星点斗（仿拟泮池边的魁光阁，兆示文运兴旺）等。

宴席饮品：白酒有洋河蓝色经典、朱元璋白酒和汤沟至尊，任选其一；啤酒有天目湖系列啤酒和秦淮人家牌啤酒；饮料有水蜜桃果汁、澳宝米酒、南京龙雾茶。

宴席餐具：选择高档景德镇瓷器餐具，使用特色茶具。

第六节　全席宴席的设计

全席是全席宴席的简称，是指完整的、完备的、整体的一类宴席，或是一类原料，或是整只原料，或是单纯的一种原料，或是某一类烹调方法，或是南北大菜，或是某一类风味大菜等烹饪或组成的宴席，此类宴席突出一个“全”字，以精纯、严密、整齐和高雅著称。

全席宴席早在虞舜时期就已出现，如虞舜时期的燕礼：“一献之礼既毕，皆座饮酒，以至于醉，其牲用狗”是全狗席的启蒙，它为今后的全席奠定了良好基础，并经过历史车轮和历代厨务工作者的不断改进和发展，袁枚所著的《随园食单》《奉天通志》《清稗类抄》等书中都有全席的记载。满汉全席、全羊席等大席标志着全席宴席进入成熟阶段。

狭义的全席主要指以一种原料为主或以一类烹饪原料设计制作而成的宴席；广义的指除包含狭义外，还包括其他所有的能够以全面概括的全席，本文中所要探讨的就是狭义的全席。

一、全席宴席的特点

1. 突出全字

全席宴席的类型比较多，例如主料全席、系列全席、风味全席、技法全席、一料全席等无论何种全席，首先都离不开一个全字。它们或是在菜肴设计上凸显全料，或是凸显技法的多样而全，或是凸显风味的全，或是凸显某一料的全等，始终是围绕全字做文章。它要求名品荟萃、自成体系、制作精细、阵容强大、气势恢宏、陶冶性情、愉悦身心。

2. 精益求精，风格各异

全席宴席的种类繁多，特色各异，以精求专，风格多样。例如技法全席，以烹饪技法为特色，最有代表性的宴席是满汉全席。此席又称烧烤大席，突出烧、烤两大特色烹调方法，再辅以其他肴馔和隆重的礼仪；再如主料全席，以一种烹饪原料作为主料进行烹饪，最有代表性的宴席是全羊席。此席常见的有两种形式，一种是以内蒙古和新疆为代表的烤全羊席，一种是以宁夏为代表的全羊席，前者以整烤全羊为主菜、大菜，辅以其他小菜，后者是取羊身上的不同部位采用不同的烹调进行烹饪，从羊头到羊尾都是烹饪材料；再如内蒙古呼伦贝尔大草原的全鱼席，则是选取草原湖泊里的鲤鱼、草鱼、鲫鱼、淡水虾等为主料进行烹饪，展现草原淡水鱼风味系列美食等。

3. 以菜为纲，妙趣横生

全席宴席与其他宴席相比较，最大的特点就是以菜为纲，调节宴席就餐节奏，重在品食特色肴馔，妙趣横生。喜庆宴席重在突出喜庆主题，景致宴席重在景食合一，商务宴席重在商务交流，国宴政治色彩浓郁，唯独全席宴席重点在菜肴上、主要话题也在菜肴上，饮食文化内涵也突出了全席肴馔的特色。例如剑门豆腐宴，以豆腐为主料，精烹细做，引出许多典故。宴席典故菜品主要有姜维脱险、张飞卖肉、曹操用计、草船借箭、茅庐飞雪等三四十款，集趣味性、技艺性、艺术性、文化性等一起，妙趣横生。

4. 特产原料，彰显技艺

全席宴席产生的比较早，这与我国早期宴席种类比较少和食物相对匮乏、用料单一有着必然的联系。随着时代的进步，全席宴席发展较之其他宴席也比较成熟，大都使用特产烹饪用料进行开发、创新，烹调技艺极其精湛。例如延庆豆腐宴，选择北京近郊延庆特产豆腐进行烹饪，有玉皇庙的水豆腐、柳沟的火盆豆腐、永宁的古城豆腐等；云南石屏的井水豆腐宴，以石屏井水豆腐为主料，进行开发研制等。特产原料主要受地域气候、环境、人文等影响，在质感、口味、文化等方面具有独到之处，再加上特殊的烹调技艺的运用，从而使宴席特色更加突出。

5. 酒水饮料，朴实无华

全席宴席突出特色、特产，自成风格，在酒水选择方面也有独到之处。例如剑门豆腐宴的酒水配备，它配以当地农家自酿土酒和自产茶，乡风淳朴，别有一番风味；而安徽八公山豆腐宴的则配以口子窖酒和黄山毛峰（或太平猴魁茶），宴席规格高，彰显豆腐文化宴席内涵等等。

二、全席宴席的氛围设计

全席宴席种类繁多，特色各异。

1. 主料全席的氛围营造

主料全席，指以一种烹饪原料为主进行设计开发的一类宴席。其氛围营造应突出主要烹饪原料的文化气息，例如在宴会厅、迎宾厅摆放主要烹饪原料的模型、采集用具，描述原料的营养、保健功能、工艺品以及名人关于主要烹饪用料的题字、题词、水墨画、留念照等资料，同时结合现代声光设备，营造文化氛围。

2. 烹饪技法全席的氛围营造

烹饪技法全席，重在展示各种烹饪技法的一类宴席。其氛围营造应突出烹饪技法的相关文化气息，例如在宴会厅的合适部位摆放金鼎、大石锅、石磨、大铜锅等相关烹饪器具、明档烹饪设备、特殊肴馔盛具以及相关原料的模型、标本或模具等，同时结合现代声光设备，营造文化氛围。

3. 系列全席的氛围营造

系列全席一般指某一个系列或类型的烹饪原料组成的宴席，例内蒙古大草原全鱼宴，宴席中以草原湖泊中的草鱼、鲤鱼、鲢鱼、鲫鱼等为烹饪原料开发的宴席。其氛围应突出系列烹饪原料的相关文化气息，例如在宴会厅的适当位置摆放原料特产地的自然景观、原料模型、当地乡民劳动生产场景、相关新闻、名人题词等，也可适当配置一些有关养生、健康饮食的相关信息，同时结合现代声光设备，营造文化氛围。

4. 山珍全席的氛围营造

山珍全席是以山珍为宴席主要烹饪原料设计开发的一类宴席，例如长白山山珍宴、五台山台蘑菇宴、阿尔山山珍宴等。其氛围应突出山珍烹饪原料的相关文化氛围，例如在宴会厅的适当位置摆放山货实物、山货相关挂图、山货采集工具、山货品质鉴别、山货的相关传说、山货与名人的逸闻趣事等，同时结合现代声光设备，营造文化氛围。

5. 海鲜全席的氛围营造

海鲜全席是以海产原料为主要原料进行设计开发的一类宴席，例如大连海鲜宴、青岛海鲜宴、宁波海鲜宴等。其氛围应突出海鲜原料的相关文化氛围，例如在宴会厅的适当位置摆放海鲜实物、海鲜相关标本、海洋捕捞生产场景、海鲜的饮食保健资料信息、海鲜产品的相关传说、享用海鲜宴席的逸闻趣事等，同时结合现代声光设备，营造文化氛围。

三、全席宴席的肴馔设计

全席宴席的肴馔设计一定要处理好四层关系。①第一层要控制好总体数量，宴席肴馔太少显的单薄，缺乏宴席应有的气势和氛围，太多了，不但备料制作有难度，其售价也容易偏高，势必会影响到销售，一桌菜肴以 20 道左右最为合适，每位宾客的就餐分量控制在 600g 左右为宜；②第二层要处理好全席菜品组成比例关系，即冷菜、热菜、面点、大菜、造型肴馔等之间的关系，一般来说冷菜控制在 20%左右，热菜控制在 40%左右，造型菜肴控制在 30%，点心和水果控制在 10%左右；③第三层要处理好烹饪原料的专与博的关系，用料太专一就缺少变化，给人过于呆板之感，而过于广博，则会产生喧宾夺主之弊，最好是物尽其用，做到同中有异（辅料）和异中存同（主料），突出特色；④第四层要处理好肴馔制作工艺的繁简关系，烹饪工艺的繁简代表着宴席的档次和规格，烹饪工艺过于繁琐，虽然宴席的档次提高了，但制作复杂，费时费力，人力投入大，技术难度大，很难大量供应市场，而烹饪工艺过于简单，则宴席档次低，制作简单，无技术含量，一桌成功的全席宴席的工艺肴馔一般控制在 20%～30%之间为宜。

全席宴席的主菜设计应遵循五个原则。

（1）选用特产原料制作

烹饪原料是宴席成功的保证，用特产原料来设计宴席肴馔最能体现当地的饮食特色。

（2）突出烹饪工艺的艺术性

宴席肴馔的烹饪工艺是宴席的规格和档次的代名词，越是高档的宴席，其中主菜、大菜的烹饪工艺难度越大，技艺性越强。例如孔府豆腐宴中的主菜一品豆腐，它将一块细嫩的豆腐做成一个近似鼎形，内部盛装素烧山珍，造型优美，工艺复杂。

(3) 肴馔设计文化内涵要丰富

例如安徽八公山豆腐宴中的主菜淮南特色美食奥运豆腐，先将豆腐制泥后，加入鸡肉、肥膘肉等放入玻璃容器后，在其表面装点奥运纹饰，菜品设计与时俱进，时代气息浓郁。再如剑门豆腐宴中的“火烧赤壁”肴馔的设计，白色豆腐片居于盘中，油炸锅巴块围在盘边，一锅汤汁，被搁在酒精小炉上当场烧滚。当滚烫的汤汁浇淋在豆腐盘里的锅巴上，青烟及火焰腾空而起，惊心动魄、趣味横生。

图 5-18　一品豆腐

(4) 宴席餐具设计要具有特色

餐具是菜肴的施展美丽的舞台，对肴馔起到了很好的美化作用。例如延庆豆腐宴中的主菜石锅豆腐，选择乡土气息浓郁的石锅来盛菜，它既是炊具，又是盛具，特色鲜明。

(5) 肴馔风味突出地域性

我国风味菜系繁多，在菜肴设计上应结合本地的风味特色，突出地域风味。

四、全席宴席的席单设计

全席宴席的席单设计应围绕全席宴席的特色做文章，深挖艺术元素，凸显文化内涵。例如全荷宴的菜单设计成荷叶形单页，正面以荷叶为背景，突出荷花，花蕾上一只蜻蜓，旁边书写宴席席名，下方书写订餐电话，反面用印刷体书写全荷宴菜单和酒水，很是精美；再如安徽八公山豆腐宴席单为对折式，封面为八公山景区大门，白墙灰瓦，古香古色，封底为汉代刘安的画像，旁边有历代诗人的一些赞美豆腐的绝句，文化气息浓郁，内部则是豆腐宴席席谱和精美的主菜图片。

五、全席宴席的礼仪设计

全席宴席的礼仪应以当地的民俗礼仪为主，突显民俗的淳朴。例如宁夏的八宝茶礼仪、内蒙古的献哈达礼仪等。宴席服务人员的服饰设计也应注重民间文化元素的运用。例如双流蜀风牧山文化旅游走廊的荷花宴，服务人员着采莲姑娘服饰，服装纹饰有牡丹、兰花、荷花、荷叶等多种纹饰，突出了采莲女的自由自在，善良朴素，活泼可爱，乡风浓郁。而宁波渔家海鲜宴，服务人员应着渔家姑娘服饰，纹饰新颖、蓝白相间，生活气息浓郁。

全席宴席的席间娱乐节目设计也很重要。例如巴蜀双流公兴镇，打造荷花观光走廊，建千亩荷塘印象园，挖掘荷花文化，游客可以欣赏到千娇百媚的荷花，还可以身处荷塘，吃荷花全宴，席间的背景音乐采用《荷花》《采莲曲》，在美食中享受视听，在视听中享受美食，让人流连忘返；在宁波海鲜宴中则以《渔家姑娘》等为背景音乐，让人浮想联翩，有身临其境之感。宾客还可以欣赏到渔家姑娘的相关舞蹈等，意境深邃，给人以协调美感。

六、全席宴席的酒水设计

全席宴席的酒水设计以本地特产酒水为主，也可以配置酒店或民间自酿酒水和自产的茶水饮料。例如巴陵全鱼宴中配的是岳阳市民间自酿的清酒和碧竹酒。这酒用糯米酝酿而成，装进坛子，密封，数年之后启封。从荷塘中带茎拔起一顶荷叶，叶上盛酒，又用玉簪刺叶与茎的连接处，再将荷茎弯曲如象鼻，荷茎多孔，酒从茎中流出，装进竹筒里，既有莲气，又染竹香，说不尽的清纯。宴席中还可以配置古越楼台花雕黄酒、当地名茶、纯净水、鲜果汁和饮料等。

七、全席宴席案例欣赏

宴席名称：巴陵全鱼宴（湖南岳阳古称“巴陵”，“巴陵全鱼席”是洞庭水乡的著名宴席。相传乾隆皇帝游江南之时，路经巴陵，品尝全鱼席后，赞不绝口，赐名“巴陵全鱼席”）。

举办地点：岳阳南湖宾馆。

宴席主人：旅游饭店接待部门。

礼宾程序：东道主提前30分到达宴会厅，在宴会厅前迎接宾客；迎宾服务人员着渔家服饰迎接宾客的到来；宴会厅适当位置摆放渔猎巨幅湘绣工艺作品屏风、各种活鲜鱼类展品、各种水产雕塑工艺品等，宴会厅悬挂中式仿古宫灯或鱼灯以及木制或竹筒雕屏，导宾服务人员引领宾客到指定宴会厅入席，并送热湿毛巾，行茶礼；宴席开始，席间演奏当地民歌曲，穿插《渔家姑娘》等舞蹈，宴会结束时奏欢送曲，主宾道别。

参加人员：贵宾、游客等食客。

席位安排：采用现代宴席席位安排形式进行席位编排。

环境布置：南湖宾馆地处岳阳市南湖旅游度假风景区，依山傍水，环境清幽，南国风情，沿湖绿化旅游走廊环绕。四季花草香郁，珍禽翔集，是一座新型的园林式绿色生态宾馆。宾馆素有“岳阳国宾馆”之美称，是接待经营型涉外宾馆。宴会外部采用当地名贵花木进行布置，宴会厅甬道铺红色地毯；宴会厅内的桌椅采用传统工艺制作的骨木嵌镶桌椅；宴会厅屏风采用朱金木雕屏风；宴会厅服务人员的服饰设计含有当地渔民传统服饰元素；宴席上摆放席位卡和宴席席单。

宴席用曲：以湖南民歌为主线，辅以民间舞蹈、民间特色音乐、渔家姑娘舞蹈等，例如歌曲《浏阳河》《辣妹子》《四季花儿开》《洞庭鱼米乡》《小背篓》《湘女多情》《龙泉调》等，最后《难忘今宵》《友谊地久天长》等欢送宾客离席。

宴席席单：席单设计为对折式简洁席单，封面为酒店外景、封底为金鱼戏莲水墨画和巴陵全鱼席题字，内部为宴席菜单，包含冷菜、热菜、点心、汤和水果等；席位卡为单页简洁式，正面为酒店标志以及宴席名称，另一面为手写参加宾客的姓名或职位。

宴席肴馔：此席采用新鲜鱼做主料，以本地出产的藕、莲、笋、栗、蘑菇、百合等为辅助原料，佐以生姜、葱、蒜、辣椒、胡椒等可烹制出不同风味的菜点，斑斓多彩，风味飘香。清蒸甲鱼不仅味道鲜美，汤清肉嫩，有滋阴补肾的功能，而且鱼形完整，鱼头挺立，四腿平展，栩栩如生，被誉为鱼席上的头菜。巴陵全鱼席深受中外游客喜爱，有“未尝巴陵全鱼席，不算真正到岳阳；登上君山不食鱼，人生少得三分意”之说，洞庭水乡人特别器重鱼，民间就不“无鱼不成席”的说法。全席主打菜肴有翠竹粉蒸鳜鱼、竹筒鱼、麦穗鱼、蝴蝶飘海、八宝珍珠鱼、清蒸水鱼、松鼠鳜鱼、怀胎鲫鱼、红烧乌龟、铁板鱼、葱煎鳊鱼、糖醋全鱼、奶汤鮰鱼等等，琳琅满目，香气袭人，且营养价值极高。

宴席饮品：白酒有土家贡酒、土家苞谷烧酒、滴水洞酒和湘土情糯米窖酒，任选其一；水果有望城樱桃、提子、双峰西瓜、冰糖橙等；茶有君山银针茶、金银花茶供选择；矿泉水有落马坡矿泉水、滴水洞矿泉水。

宴席餐具：选择高档醴陵五彩瓷器餐具，使用特色茶具。

第七节　仿古宴席的设计

仿古宴席兴起于20世纪七八十年代，是为了适应我国旅游观光业和餐饮服务业发展需要，仿照古代宴饮格局和情趣，用仿古菜式或现代创新仿古菜式、仿古礼制，并借用仿古环境等设计而成的一类中高档宴席。多见于历史名城、文化古都、人文胜地或对外开放口岸等，服务对象大多为外宾、归侨、港商、台商、游客，以古色古香的就餐环境、浓厚的古代饮食文化和丰盛精美绝伦、风味独特的肴馔和美酒等为基本特征。

目前，餐饮市场上推出的比较有特色的仿古宴席主要有两大类，即宫廷仿古宴和官府仿古宴。宫廷仿古宴，一般是以历史文献、档案材料、古典名著等记述和文物资料作为依据，按照“古为今用、推陈出新”的原则设计而成，例如西安的仿唐宴、湖北的仿楚宴、山东的始皇冬巡宴、内蒙古的诈马宴、开封和杭州的仿宋宴、辽宁的仿清宴等。官府仿古宴，一般是以旧社会官宦人家所享用的肴馔为蓝本，精心设计而成的一类宴席，例如河北的直隶总督宴、山东的孔府宴、陕西的官府宴、江苏的随园宴、北京的谭家宴等。这两种仿古宴席市场并存，就餐规格和消费档次相对较高，注重质量和信誉，取长补短，互为发展。

一、仿古宴席的特点

仿古宴席大都由烹饪名家和社会历史学家相互合作设计而成，在特定的就餐环境中享用仿制的历史名肴，其科学性、真实性均具有一定的现实意义，社会效益和经济利益双赢，其社会知名度大，在众多的宴席中，独树一帜。

1. 食客主要为外宾和国内贵宾及美食团队

由于仿古宴席的成本较高，销售价格昂贵，文化内涵深厚，就其服务对象多为高端服务，消费群体大多数是外宾和国内高消费群体以及大型旅游团队。

2. 宴席菜式大多在古籍典藏中有所记载

仿古宴席中的菜式设计均为古籍典藏中真实记载的菜式，追求历史的真实性，以缩短时空感，追叙历史，感受历史。例如山东文登市烹饪专家和历史学者，根据秦始皇一统江山后东巡胶东一带历史资料和秦汉的食谱记载设计而成的“仿始皇东巡宴”，其菜式有炙肠、鱼脍、豕腊、炙虾、炙鸟、炙鲤、鱼羹、炙排等，这些菜式在《礼记》《周礼》《诗经》《吕氏春秋》等典籍中有所记载，包括原料的选用和简单的制作方法；再如仿楚宴中的菜式二饮品、二禽品、二酱品、二兽品、二点心、二畜品、二蔬品、二鱼品、二羹品、二主食等，以《楚辞·招魂》和《楚辞·大招》中的食谱为蓝本；西安曲江酒楼经营的仿唐宴中的菜式则是以唐代韦巨源的《烧尾宴席单》和隋唐笔记以及史书为依据等。

3. 服务人员的服饰多为古代特定历史服饰

身穿印有历史元素服饰的服务人员在仿古宴席环境中为宾客服务，可为宾客营造身临其境之感，使宾客仿佛回到已逝的历史漩涡中，感受古代贵族饮食生活。例如仿楚宴中服务人员的服饰，女服务员着仕女楚装，戴骨饰、头插雉翎、赤足、裸腕，男服务员着卫士戎装；再如河北保定会馆直隶官府宴会服务服装，借鉴了清朝的宫廷服饰特点，整体色彩以黑色和深蓝为主，男装胸前绣有武官的“麒麟补子”，女装的胸前绣有文官的“仙鹤补子”，服装在肩部饰以“云肩”造型，为着装者增添了高贵的气质，袖口应用了简化的“马蹄袖”风格，使着装者干练利索，在服装下摆则采用了“海水江崖”的设计，让着装者显得秀美而俊逸，服装简练大方，体现出浓郁文化气息和鲜明现代感的巧妙结合。身着这些传统服饰的员工，为顾客进行直隶官府菜的服务，与整体宴席环境和谐统一，成为直隶官府宴文化氛围的重要体现。

4. 餐室装饰和建筑风格以某一历史时期为背景

仿古宴席的餐室环境装饰和建筑风格以某一历史为背景，追求与历史吻合，给人以真实感。如西安唐乐宫的建筑风格，设计者借古喻今，用昔日盛唐的概念、元素和风土人情去演绎现代的盛世，运用声、光、电的科学技术和最新的建筑装修技术、材料、手法去营造一个古代的空间，用现代文明去渲染一个时代的断面，金碧辉煌的唐乐宫给人梦回唐朝般的震撼；再如北京北海仿膳饭店，当走进香蜜湖东座酒店一楼，迎面就可以看到爱新觉罗·溥杰先生亲笔题的“中华御膳酒家”匾额。这里雕梁画栋，宫灯高悬，餐厅配以明黄色的台布、餐巾、椅套，以及标有“万寿无疆”字样的仿清宫瓷器，陈设古朴典雅，具有浓郁的宫廷特色。

5. 宴席服务礼制复古，餐饮与旅游、文化相结合

仿古宴席的服务礼制仿照古代某一时期的礼仪典制，并与现代餐饮运营管理模式和旅游需要相结合，进行复古，给食客以身临其境之感。如北京仿膳饭庄的宫廷宴中的接待礼制就是仿清朝宫廷礼制，大臣要员、格格、公主迎接宾客，宫女传菜、上菜、分菜，席间穿插宫廷歌舞；再如内蒙古诈马宴中的服务礼制是仿照元代宫廷礼制，食客席毡而坐，一人一案，席间穿插宫廷歌舞、赛马、摔跤等娱乐节目。

二、仿古宴的氛围营造

1. 宫廷仿古宴席的氛围营造

宫廷仿古宴席的氛围应根据不同历史时期的政治、经济、文化等因素，突出富丽豪华、

金碧辉煌的皇家富足氛围。例如西安大唐芙蓉园“御宴宫”处于开放式水体中，运用多种园林置景手段营造浓绿深荫、轻风微波、水色宜人的意境，典型的园林庭院式仿唐建筑群，是大唐芙蓉园对外经营的独立项目，位于园区的西翼，紧邻西大门，并设有独立出入口。其东侧规划为著名的长安八景之一“曲江流饮”。仿唐宴重点对唐代宫廷御宴、民间食品、养生食品及曲江历史上的主题宴会进行钩沉稽古和继承创新，形成文化含量高、特色强、合乎现代美食体验需求的系列化产品，同时依托大唐芙蓉园的唐风建筑和园林环境，营造出集美食、美器、美景、美乐为一体的唐宴氛围，形成曲江美食旅游的精品。再如内蒙古自治区成立40周年时，成吉思汗陵推出的一项古色古香的旅游项目——仿元诈马宴，在成吉思汗行宫高大的宫帐中举办，再现了元朝时期“内廷大宴”的隆重与肃穆，包内饰品、器物的陈设，家具式样的选择、壁上字画的图案、服务人员的衣着和美味佳肴等无不紧紧扣住“古”字，透出富丽堂皇。

2. 官府仿古宴席的氛围营造

以保定会馆直隶官府宴席和谭氏官府宴席的就餐氛围为例加以说明。

直隶官府文化宴席主要有直隶官府一品团拜宴、总督福寿宴、新年夜宴、总督中秋团圆宴、官员接风送别宴、官家堂会宴等，是直隶官府菜六大文化的集大成者，让宾客置身充满直隶风情的装修文化中，享受宴饮中的每一道青花瓷系列专利器皿盛装的精心烹饪的精美肴馔，由身着一品文武官补服的服务员热情服务，感受古典厚重的直隶风情宴。保定会馆北京店——直隶会馆，外立面运用了中国木结构的精髓——斗拱，夸张手法的运用，体现了我国古建筑的神韵。一楼大厅装饰清朝直隶疆域图，再现昔日直隶省的广阔疆域，如旟（yú）镇冀门、御题棉花图、淮军公所、古莲花池等。三楼雅间内集中展示了扁鹊、荀子、祖冲之、赵匡胤、关汉卿、纪晓岚等直隶历史名人，营造出直隶官府厚重的文化底蕴。四楼雅间以清朝时期的直隶各府作为雅间的名称，并运用砖雕、木雕、石雕、铝板腐蚀等艺术手法处理，再现了保定府直隶总督署、古莲花池、正定府的赵州桥、广平府的五灵丛台、承德府的避暑山庄等，除了这些元素的运用外，还增加了天津府的泥人张、河间府的吴桥杂技、宣化府的蔚县剪纸等非物质文明元素的运用，铸就了悠久的直隶官府餐饮文化。电梯门采用清朝一品文官的仙鹤补子来装饰，特色鲜明，从细节上呼应整个餐馆的主题。而宴会餐桌上的自动转盘平时装饰以各种高雅的盆景、鲜花、插花、绿色生态植物等，转盘中间的留白处以老照片做装饰，顾客可边用餐边欣赏什刹海、未名湖等京华名景。总台则设计成一个展览柜，展示老照片、老盛器、老菜谱，充分利用一切空间，将功能延伸，与就餐环境相得益彰。肴馔餐具使用青花瓷器皿，如温碗、温酒壶、泡饭碗、浓汁盅、鲍鱼盏等，更直接体现了直隶官府菜的厚重、大气和多样性。

谭氏官府菜上海虹桥店未设大堂，仅设17间包房，配有牌匾、编钟、屏风，小桥流水等景象，没有前厅却有前台，直直的走廊通向的就是17个独立的包房。包房曲径通幽，分别用誉满江南的园林美景命名，如拙政园、黄鹤楼、古猗园等。包房内从踢脚线、护墙板、顶角线、门套、窗花、圆台、方椅等皆为红木所制；四壁悬挂的皆是名家字画；金色的餐巾碟，杏黄色包边的餐盘、杏黄色的餐布，加上一袭杏黄色上装的女服务员和优雅的中国古典名曲，一种置身于皇府中的感觉油然而生。

三、仿古宴的肴馔设计

1. 以史为源，与时俱进。

只有深挖历史根源，才能再现原汁原味的历史风韵，特别是宫廷式仿古宴席。如在设计仿唐宴时，就必须对唐代历史、文化、社会等方面进行细致的研究，尤其是对唐代的社会生活史有一个全面的了解，才能对菜品进行复古式设计。每个肴馔都要有翔实可靠的史料依据，对口头传说而无可靠依据者一概不得选用。所用的原料是唐代社会中真实存在的，重在保持历史的真实性。原辅材料搭配尽量按史料的记载去做，尽可能保持古代菜点的特有风韵。

2. 菜品为纲，辅以环境和服务

仿古宴席在研制的同时，还要注意餐具与环境等方面的配合，有的地方仿制了有古代风格的餐具，使器皿与菜肴更加和谐。有的地方在餐厅建筑和环境方面，尽量使其符合古代某一时期、某一特定地方的特有风貌。有的在上菜程序、进餐方式以及服务员服饰等方面尽量能与古代接近一致。这些都对仿古菜起到了烘托气氛、渲染韵味的作用，使进餐者有身临其境的感受，从而得到物质与精神交融的享受。

3. 扬善存真，取糟存精

对待烹饪中的传统技艺，不可全盘拿来，对不合理、不科学、现在已无使用价值的工艺，要进行合理的取舍和改进。要继承那些能为今日所食用的菜点，而对那些今日难以食用或现实不能制作的菜点，则要除去。

四、仿古宴的席单设计

目前，仿古宴席的席单设计风格时常带有某一历史时期的文化元素，市场上常见的有卷轴式席单、竹简式席单、座屏式席单和皮画式席单等四种形式。

1. 卷轴式席单

卷轴式席单是仿照古代宫廷圣旨样式设计的一种席单，制作非常精细，其材质有绸缎蟠龙绣凤式样、高仿真纸质样式、丝绢绣品样式等多种，是仿唐、明、清等朝代宫廷宴席常用席单。

2. 竹简式席单

竹简式席单是仿照竹简样式设计的一种席单，制作极为精美，它以竹片为材质，经打磨、上漆、雕刻、穿线、刻字、上蜡等工序完成，是仿汉代宫廷宴席的常用席单。

3. 座屏式席单

座屏式席单是仿照工艺品座屏样式设计的一种席单，制作绝伦，其样式主要有扇形、圆形、花卉形等多种，是仿官府宴席常用的席单。

4. 皮画式席单

皮画式席单是仿照古代皮画设计的一种席单，制作精致，其材质有牛皮画、羊皮画等多种，它以各种动物的皮为材质，经过熟化处理、打磨、做旧、绘画、写字等工序完成，是仿元代等宫廷宴席的常用席单。

五、仿古宴的礼仪设计

仿古宴席的礼仪设计需尊重历史，铺陈古朴端庄的典制礼仪。

六、仿古宴席的酒水设计

仿宫廷宴席一般选用名贵的贡酒或皇家自酿美酒，如仿汉、秦、唐宫廷宴席中选用西凤酒、黄桂稠酒等；仿西夏宴中的西夏王酒、西夏王葡萄酒等。而茶则多选用贡茶，如仿唐宴席中的宜兴茶（江苏宜兴茶被列为贡茶珍品）和鸠坑贡茶（鸠坑贡茶是产于浙江淳安的一种茶叶，早在唐代就有“睦州贡鸠坑茶”之美誉）；仿清宫宴席中的洞庭碧螺春茶、西湖龙井、君山毛尖、普洱茶等。

仿官府宴席中选用的白酒一般以地方名酒或自家酿制为主，特别高档的宴席则配备皇帝赏赐的皇家用酒，茶则以当地名茶为主，辅以全国名茶。例如孔府宴中的孔府家宴、醉卧兰陵酒等。

七、仿古宴席案例欣赏

宴席名称：仿唐宫廷御宴。

举办地点：西安唐城宾馆。

宴席主人：地方旅游接待部门。

礼宾程序：东道主提前 30 分钟到达宴会厅门口迎接宾客到来；迎宾服务人员着设计精美的唐朝服饰，发髻高高挽起，分列在门两旁，迎接宾客的到来；导宾服务人员引领宾客到指定宴会厅入席，并送上热湿毛巾、让座沏茶；宴会开始，由一名“宦官”手执拂尘，宣读“圣旨”，说明宴会名目、性质。乐队奏起丝竹，大家举杯相敬。每上一道菜，都有“官家”出面宣读菜名，解释菜品富含的文化韵味；席间表演唐乐舞，吟诵唐诗。宴会结束，在宴席欢送曲中宾主道别。

参加人员：游客、美食爱好者、贵宾等。

席位安排：采用现代宴席席位安排形式进行席位编排。

环境布置：古色古香的大门和牌匾，红色映衬，庄重而不失富贵。装修以大红和金黄为主色调，金碧辉煌迎面而来，体现了皇家风范。金黄色的壁纸、仿古的花瓶等做装饰，大有帝王风范。宴厅外部摆放当地名贵花木，饭店建筑含有唐朝民居建筑元素，通入宴会厅的甬道铺红色地毯；宴会厅装饰宫帐，墙壁上装饰历史名人的字画和蓝田玉雕；宴会厅使用木雕桌椅、屏风，悬挂仿唐宫廷宫灯，餐桌上装饰雕刻作品或插花艺术作品，并摆放宴席桌卡、宴席席单等。

宴席用曲：宴席中适当设计安排唐朝宫廷歌舞表演助兴，例如《梦回大唐》《唐乐舞》等。《唐乐舞》是唐代最著名的代表性乐舞，文献记载玄宗皇帝擅长音律一日梦游月宫仙境，目睹众仙女身着彩云般美妙的服饰在天宫中曼舞轻歌，梦醒之后谱出韵律交与爱妃杨玉环编排成歌舞，充分体现了盛唐王朝百国朝贺，民族交融的鼎盛景象和风土人情。

宴席席单：普通宴席一般仅提供席单，高档宴席还要提供席位卡。菜单设计成卷轴状，由黄色绸缎装裱，装饰以龙纹图案，席谱书写为一般印刷体，特别高档的宴席，要请书法家书写。席谱内容包含冷菜、热菜、点心、汤和水果等；席位卡设计成挂件或座屏式，一面书写宴席名称，一面书写宾客职位和姓名。

宴席肴馔：菜式以唐韦巨源《烧尾宴食单》中给唐中宗进献的食品为主，共数十道。冷菜有"辋川小样"（花样冷拼盘）、五牲盘（以五种畜肉脍制成的拼盘）、"三皮丝"（凉菜）等；热菜有遍地锦装鳖（甲鱼热菜）、光明虾炙（明灯形大对虾制热菜）、浑羊殁忽（仔鹅放进羊肚烤制后只吃鹅肉的热菜，是淮扬名菜"三套鸭"的前身）、黄金鸡（李白十分喜爱的热菜）、凤凰胎（鱼白和母鸡肚子里的软蛋制成的热菜）、甲乙膏（牛肉、豆豉制成的菜）、黄芪羊肉（药膳热菜）等；汤菜有素驼蹄羹、卯羹（兔肉汤菜）、乳酿鱼（即奶汤锅子鱼）、醋芹（以芹菜为主料制成的汤菜）等；面食有见风消（泡泡油糕）、金线油塔、樱桃毕罗（花样蒸饺类）、长命面（臊子面）等。

宴席饮品：白酒有太白酒、金西凤酒、杜康酒等，根据宴席需要选择；黄酒选择黄桂稠酒；茶有宜兴茶、黄山毛峰、八宝盖碗茶等，根据宴会需要选择；饮料有猕猴桃汁、西瓜汁；配以天然矿泉水等等。

宴席餐具：旅游饭店自行设计的高档瓷制餐具，酒具则选用仿唐制餐具、酒杯。

第八节　文化宴席的设计

文化宴席，指以某一特定文化为背景设计而成的一类宴席，是近年来随着我国餐饮业崛起和文化强国而兴盛并得到了迅猛发展的一类宴席，为我国餐饮市场繁荣注入了活力。目前餐饮市场上比较常见的文化宴席很多，根据宴席的文化特点，主要可分为人物宴席、历史文化宴席、佛道文化宴席等几大类。

人物宴席，指以某一历史时期或近现代名人、伟人为背景设计的宴席，它或以人物的生平，或以日常典故，或以某一特定事件，或以日常趣事等为宴席的主线，进行宴席肴馔设计，辅以优质的服务。例如以越国美女西施一生悲欢离合遭遇为主线设计而成的"西施宴"，以汉代美女王昭君出塞为历史背景设计而成的"昭君宴"，以宋代大诗人苏东坡的饮食特点设计而成的"东坡宴"，以唐代大诗人李白的生平设计而成的"太白宴"，以元代成吉思汗的出征故事设计而成的"成吉思汗君王烤肉宴"等。

历史文化宴席，指以某一特定历史文化为背景设计而成的宴席。它以菜肴为辅，注重文化氛围的营造，充分利用某一特定的历史文化元素，以缩短时空感，让宾客有身临其境之感，融入特定的历史中。例如湖北荆州的"楚文化宴"、陕西西安未央宫的"汉文化宴"、内蒙古呼和浩特的"蒙元文化宴"、辽宁沈阳的"清文化宴"、北京的"红色文化宴"、河南开封的"宋文化宴"、江苏无锡湖滨饭店的"吴文化宴"、四川成都的"蜀文化宴"等。

佛道文化宴席，指以佛家、道家文化为背景设计而成的宴席。它有特殊的规定，即应该吃什么，不应该吃什么，应该怎样吃，不应该怎样吃，都有“说法”，并能从宗教经典中找到依据，教徒按教义宗旨去置办礼宴，成为对宗教虔诚的标志。例如大乘佛教灵隐寺的“素席”、小乘佛教布朗族的“赕（dǎn）什拉宴席”、全真派武当山的“混元大席”、青城山正一派的道教养生席“鹤翔长生宴”、伊斯兰教逊尼派的“宁夏清真十大碗”、上海功德林素菜馆经营的“功德林素宴”、辽宁沈阳太清宫的“太清宫斋席”等。

一、文化宴席的特点

文化宴席，是在文化旅游成为趋势和时尚的背景下不断发展成长起来的，繁荣了我国餐饮市场，进一步丰富了宴席的文化内涵，经过发展不断地走向成熟，有着鲜明的特点。

1. 宴席主题鲜明

文化主题是此类宴席的中心思想和灵魂之所在，无论是菜式设计、服务礼仪，还是环境装饰、餐具的选用等都有鲜明的主题，而且风格统一，突出特定的文化主题。在此仅以陕西西安长乐未央宫汉文化主题宴为例，加以说明。

a.长乐未央汉街及包间　　b.宴会乐舞

c.长乐未央特色宴会肴馔

图 5－19　长乐未央汉文化主题宴餐厅

伴随着汉文化的强势复兴，西安旅游股份有限公司精心打造的汉文化主题餐厅长乐未央应运而生，品汉餐、着汉服、逛汉街、赏汉舞、畅饮西汉美酒，在亦真亦幻间感受汉韵食风。步入长乐未央，无处不在的汉文化符号、随处可闻的汉文化典故，使宾客在大汉盛世的氛围中沉醉。身着汉服的服务人员热情地礼迎来宾，宾客在享受优质服务的同时，领略汉服风采，承载着千年文化底蕴的汉服定能让宾客眼前一亮，陷入遐想。特色鲜明的汉街有古朴的街道、典雅的包间、仿古的阁楼，仿佛在现实与梦境中穿梭，让宾客在历史的回眸中感受浓浓的汉文化气息。长乐未央专门聘请中国烹饪大师及西安著名历史学者对汉饮食文化进行深入挖掘，秉承汉代饮食烹饪技法，使得每种“汉宴”都有着它不同的故事和风味。开发的汉宴有“四海皆朋宴”“一统江山宴”“大汉迎宾宴”“昭君出塞宴”“与子偕老宴”等汉文化宴席，适合各种不同的场合宴请宾朋，不仅寓意吉祥，而且每种宴席都有相关的历史文化渊源。

2. 宴席文化气息浓郁

文化宴席非常注重宴会就餐环境的文化装饰，充分运用各种文化元素装点宴席空间，文化气息浓郁，有特定的地理位置优势和深厚的文化底蕴。如扬州烹饪大师与学者设计的“扬州八怪宴”，中国烹饪文化现代引路人箫帆先生用“绿扬邨外板桥东，富春茶社遇鲲公，黄慎昨来小盘谷，菜根香好话金农”的诗句概括扬州风物与扬州八怪的美食情缘。八怪以不入俗流的创新精神改变了清代文人画沉闷的风气，给中国画坛注入清流，以郑板桥为首的八怪“诗书画三绝”，以诗人的感悟品鉴饮食，崇尚“儒家风味孤清”，在他们的诗画题跋行文中散落无数淮扬民间菜点，充溢着个人特有的饮馔视角。以“瓦壶天水菊花茶”开文宴之篇，铺陈书屋茶食四品、香叶冷碟八味，借园大菜十二道、玲珑细点六款，板桥道琴雅韵作为收官之作。席间八怪风雅故事娓娓道来，喜怒骂笑，幽默诙谐，在品尝返璞归真的菜品时感悟人生哲理。

3. 菜肴紧扣宴席主线

文化宴席的菜点紧扣演戏的主题，形成特色鲜明的一道风景。例如沈阳鹿鸣春饭店经理、烹饪大师刘敬贤根据《诗经·鹿鸣》中的主旋律：“呦呦鹿鸣，食野之苹，我有嘉宾，鼓瑟吹笙”设计的“鹿鸣宴”，该席冷菜主盘为造型花拼“鹿鸣翠谷”，大件热菜有“魁星荟萃”“蟾宫折桂”“金花报喜”“锦上添花”“连中三元”“独占鳌头”“平步青云”“一鸣惊人”等，菜肴命名讲究，暗扣中举办置鹿鸣大宴的掌故。再如内蒙古名师、烹饪大师王文亮根据昭君出塞的故事并结合内蒙古地方菜肴烹饪特色设计而成的“昭君宴”，宴席由四部分组成，一为迎宾序曲，奉上草原特色食品奶茶、炒米、奶皮、黄油、白糖等，辅以桃仁、杏仁、果脯、青梅等；二为草原吉音，奉上造型冷菜“仙鹤舞琵琶”，辅以四荤六素冷菜；三为天赐良缘，奉上楚乡告别（红颜寄情思、万里扣香肉）、平沙落雁（百灵歌玉窠、金牛吻香莲）、昭君入塞（草原牛奶羹、塞外三宝鲜）、胡汉和亲（鸳鸯活鲤鱼、糯米结同心）、民族大团结（五环映驼峰、北国玉米乡）；四为芳名千古，奉上子孙发财、莜面窝窝、酸油奶酪、华莱士、天冬瓜、苹果梨等。宴席菜肴紧扣宴席主题，向人们讲述了王昭君离别故乡，来到塞外，演绎了一段胡汉和亲的历史佳话。

4. 文化特色多元化

文化宴席所表现的文化特色是多种多样的，呈现出多元化发展态势，既有特定的历史文化主题宴席，还有名著、历史人物主题文化宴席和宗教文化宴席等。如新疆南部喀什地区设计的维吾尔族民俗宴席“喀什风情宴”，是典型的民俗风情文化宴席，该席以古丝绸之路文化为背景，结合当地饮食风貌，古风新韵，使许多游客和美食家流连忘返。青岛的“青岛风光宴席”，是典型的风光文化宴席，该席用菜品再现了栈桥海滨、湛山风光、瑞雪崂山、春意八大关、夕照小鱼山、盛夏浴场、樱花汇泉、水族世界、琴岛碧海、教堂秋色等气吞云山、雄奇风光、气韵传神的自然风光。无锡的“西施宴”，是典型的人物文化宴席，该宴以人物的生平、典故或饮食特点为依托设计而成，菜点有太湖泛舟、西施浣纱、蠡湖飘香、吴宫一绝、萝焖肉、馆娃玩月、箭泾采香、山粉豆腐、琥珀银耳、游风归隐等菜肴等。

5. 宴席菜式呈多样化，迎合大众消费

文化宴席由于包含的种类比较多，菜式变化多样，基本迎合了大众消费。菜式既有造型优美的艺术菜肴，也有借助精美餐具来提升菜肴意境和品位的高档次菜肴，还有使用普通餐具装点的大众菜肴；既有高档原料的菜式，也有中低档普通原料的菜式，还有经过适当美化和技艺处理的精美菜式等。宴席菜式档次呈多样化发展态势，以适应不同档次的消费群体消费。如四川成都武侯祠锦里三顾园行政主厨沈明杰研发的“三国宴”，以中国古代的三国经典故事为背景，将地道川味融入故事情节中，以形、音、意三种方式呈现历史、文化与美食的相互交融，席中包括八阵图、同时瑜亮、锦囊妙计、草船借箭、减兵增灶、木牛流马、水淹七军、万箭齐发、三国军粮、长坂坡、青梅煮酒等精美肴馔。“青梅煮酒”以汉代酒具“爵”为盛器，让食客回到当初曹操和刘备饮酒论英雄共议天下事的情景。四星级京川宾馆设计的“三国宴”在菜式设计和造型上则有所不同，主要有三顾茅庐、群贤聚会、锦囊妙计、五虎上将、空城计、草船借箭、三足鼎立、九进中原、左慈献鱼、鞭打督邮、相煎太急、蜀国军粮、水煮三国、桃园三结义，小吃还有华佗神丹、望梅止渴等。肴馔式样或是写实，或是夸张，或是谐音，或是借助餐具，或是借助美化方法等，意境深邃、式样多样。

二、文化宴席的氛围设计

文化宴席的氛围营造要紧扣宴席主题，可通过就餐环境的装饰、饰物的摆放、文人墨宝、建筑风格等元素的运用，营造出特色鲜明的文化宴席氛围。如北京延安食府的红色文化宴的宴会氛围，食府的环境装饰主导思想是：“在北京，学一学延安精神；在北京，吃一顿咱陕北饭；在北京，下一回乡，插一回队；在北京，住一回咱陕北窑洞”。延安食府，有“七大”主题宴会厅，基本按照当年中共七大会址的样子建筑而成。食府通过五星红旗、宝塔、窑洞等元素的运用，为宾客再造了陕北红色年代氛围，再加上热情的陕北妹子、香喷喷的陕北菜、大炕桌花棉被等，仿佛走进了当年红色革命领导人们居住和开会的院子。京城首家儒家文化主题餐厅的文化宴席氛围营造，以孔子倡导的“诗书礼乐”为主题，用现代的儒家思想理念表达传统的文化形式。用来自孔子家乡大成殿的石雕龙盘柱装饰在餐厅大门两侧，仿制的孔府内宅贪照壁镶于大堂，侧墙用现代手法表现出鲁壁藏书，大堂内的新杏坛令人回首千年，用实物展现的欹器、编钟、奎文阁等古物，悬挂《论语》经典语句（如“有朋自远方来，不亦乐乎”“四海之内皆兄弟也”“己所不欲，勿施于人”“德不孤，必有邻”“礼之用，和为贵”等来弘扬先师孔子的仁爱、和谐思想），勾起了人们对孔孟的追思，深厚的文化内涵尽在餐厅的各个角落。

三、文化宴席的菜肴设计

文化宴席的菜肴设计在菜肴款式、肴馔命名、器皿的选择、肴馔的搭配、肴馔的艺术造型、烹饪材料的选配、肴馔的装饰美化、肴馔的烹饪工艺、肴馔的调味等方面都要与宴席的文化主题相统一，达到水乳交融的地步。在此以无锡蠡园的西施宴加以说明。

无锡蠡园的西施宴是让游客乘船进入蠡湖，在游船上品尝美味佳肴，别有一番情趣。西施宴的菜肴由 8 个冷碟、8 道大菜、1 道甜食、1 道点心和 1 盘水果所组成。所用原料虽不是山珍海味，却做得非常精致考究。西施，姓施名夷光，春秋末年越国人，世居浙江诸暨萝山下西村，故名西施。西施幼承浣纱之业，故世称“浣纱女”。西施出身寒微，但天生丽质，姝妍绝世。西施的一生多姿多彩，本是小家碧玉，吃的是浙东乡下的山野蔬食，入吴宫后，每天改吃苏州风味的宫廷大菜，吴灭亡之后，与范蠡隐居蠡湖之滨，又变成一介平民，吃的是太湖水产和无锡佳肴。故而西施菜肴的特色是浙江绍兴民间菜、苏州先秦宫廷菜和无锡地方菜的结合，其既有富家豪门宴会的华贵，又有山村乡野的清淡。西施宴的每一道菜名，都包含了一个美丽动人的传说。第一道是太湖泛舟（头盘加 8 冷碟）：盘中以梁溪脆鳝和琥珀桃仁堆成两座山型，象征无锡的两座名山，惠山和锡山，成品外观乌黑油亮，入口香脆，滋味甜中带咸。第二道是西施浣纱：用优质上汤与龙口粉丝烹制而成，上汤象征西施浣纱的若耶溪（即浦阳江流经苧萝山的河道），龙口粉丝则象征西施所浣之纱。第三道是蠡湖飘香：原先是用河豚来加工制作的，现用太湖银鱼取代，传说西施沉湖以后即化为银鱼。此菜是以银鱼为主要原料，经过炸制而成的一道香松可口的菜肴。将银鱼洗净后用调料腌渍入味拌入干淀粉，使其有弹性，然后用手转成球，沾上面包屑，入六成热的油锅中炸制成熟，装入盘中并加以点缀即成。第四道是吴宫一绝：原用西子舌配以太湖白鱼做成的鱼圆烩制而成。西子舌，又名西施贝，亦名沙蛤，产海边沙中，相传西施入宫后，最爱吃此物，故得名。此处用鸭舌代替西子。第五道是苧萝焖肉：此为诸暨、绍兴地区的传统名菜，多以猪肉配以嫩芥菜干焖制而成，亦称干菜毗猪肉。此菜肉色红亮，油而不腻，越焖越香。第六道是馆娃玩月：该菜用牛蛙腿与鸽蛋烹制而成，借蛙与娃谐音，象征西施的昔日居所馆娃宫；鸽蛋纵切成两半，嵌于菜上，以喻玩月。第七道是山粉豆腐：亦称西施豆腐，相传是西施用山粉（葛粉）加多种原料调制而成的豆腐羹。第八道是箭泾采香：此菜系用清蒸草鱼配以金花菜、香菇、火腿而成，以草鱼喻西施所乘之舟，“采（金花菜）香（香菇）”系取谐音而成。第九道是琥珀银耳（甜汤）：即桂圆银耳，有养血安神之功能，可滋阴润肺，因其含有胶质，故亦可美容，西施肤如凝霜，颜似天仙，正合此意。第十道是游凤归隐：即甲鱼乌鸡汤，该菜为江浙名菜，借用西施在吴灭之后，归隐蠡湖的史实，以乌鸡代表凤（暗喻西施），以甲鱼代替龟（归字谐音），因甲鱼沉于汤底，故称之为隐，而且甲鱼乌鸡汤还是极有营养和保健价值的佳肴。此外，还有一品银芽（清茶）、太湖船点和一盘应时水果等。整个席宴，通过服务小姐娓娓动听的讲述，每一个小故事，犹如沿着西施自越入吴最后归隐蠡湖的足迹走了一遍。

四、文化宴席的席单设计

文化宴席的席单设计，常见款式从形式上看主要有折子式、工艺式、书画式、竹简式等形式，从材质上看主要有丝绢、纸质、竹质、瓷质等，最常用的材质为纸质。①折子式，是借鉴古代朝廷臣子向皇帝上书的折子形式设计而成，多为纸质材质，设计精美。此款除红楼宴中选用外，仿古宴也可以选用。②书画式，是借鉴书画的格式设计而成，多为纸质材质，装裱与书画的装裱一致，墨香浓郁，具有一定的收藏价值。③工艺式席单是借鉴各种工艺品的制作方法设计而成，常见的款式有扇面形席单、屏风式席单、圆形席单、象形席单、彩绘瓷盘席单等多种。例如京剧文化宴“国粹宴”的席单为瓷质圆形彩绘席单，景德镇瓷文化宴的席单为彩瓷圆形席单，陕北红色文化宴的麦秸烫字席单等，都很有特色。④现代单页席单，多运用在现代文化宴席中，席单制作并不复杂，简洁明了。例如辽宁凤凰饭店开发的满族“福文化宴”的席单，为单页简洁式席单，款式新颖，突出了宴席中的大菜，图文并茂，色彩鲜艳，一目了然，便于宾客阅读。

五、文化宴席的礼仪设计

文化宴席的礼仪设计要符合宴席的主题，并与之保持一致，以丰富文化宴席的内涵。例如红楼文化宴席中的礼仪设计，服务人员穿着浅黄缎花上衣和黑裙，别具江南风格，笑脸相迎宾客。根据宴席的需要演奏“红楼梦十二支曲”《终身误》《枉凝眉》《恨无常》《喜冤家》《虚花悟》《聪明累》《留余庆》《好事终》《飞鸟各投林》等，还可以根据书中的人物故事编排一些红楼舞蹈供宾客欣赏，重温巨著的无穷魅力。席间以酒赋诗传令，猜拳联句，饮酒时玩击鼓花的游戏，展现清代盛世酒礼、酒俗、酒歌、酒令等诗酒文化的高度水准。在红色文化宴席中服务人员着带有抗战时期服饰元素的服务装，让食客好似回到了红色革命区之感。迎宾时可行军礼，或安塞腰鼓迎宾，背景音乐适时播放革命歌曲，像《游击队之歌》《保卫黄河》《救亡进行曲》《歌唱二小放牛郎》《二月里来》《救国歌》《解放区的天是蓝蓝的天》《延安颂》《歌八百壮士》《团结就是力量》《南泥湾》《长城谣》《松花江上》《黄河颂》《四渡赤水出奇兵》《万泉河水清又清》《义勇军进行曲》《大刀进行曲》等歌曲。跳忠字舞，使用延安颂图案的餐具、茶具等。

六、文化宴席的酒水设计

文化宴席的酒水是宴席不可或缺的部分，在设计时应与宴席的主题一致，同时也可根据宾客的要求辅以市场酒水。例如常州东坡宴的酒水设计，白酒选用东坡家乡出产的历史悠久的泸州老窖、郎酒、锦竹大曲等名酒。甜酒选用苏东坡在杭州任上喜喝的绍兴陈酿或岭南自酿的天东门酒或桂酒。宴席用茶可选用西湖龙井、碧螺春等名茶。

七、文化宴席赏析

宴席名称：三国文化宴。

举办地点：四川成都武侯祠锦里三顾园。

宴席主人：地方旅游接待饭店。

礼宾程序：东道主提前 30 分钟到达，在宴会厅门口迎接宾客到来；迎宾服务人员扮成三国人物迎接宾客的到来；导宾服务人员引领宾客到指定宴会厅入席，并送上热湿毛巾、让座奉上迎宾茶；每上一道菜，由服务人员介绍菜名，解释菜品蕴含的文化韵味和菜式典故以及创作故事等；席间还表演三国乐舞，席间娱乐投壶游戏。宴会结束，在宴席欢送曲中宾主道别。

参加人员：游客、美食爱好者等。

席位安排：采用现代宴席席位安排形式进行席位编排。

环境布置：古色古香的大门和三国宴牌匾。装饰三国人物画像、摆设关公铜像，雅间分别以吴、蜀、魏等进行命名。宴厅内外部摆放当地名贵花木，饭店建筑运用木结构元素，通入宴会厅的甬道铺红色地毯；宴会厅装饰宫帐，墙壁上装饰历史名人的字画；宴会厅使用木雕桌椅、屏风，悬挂仿宫廷宫灯，餐桌上装饰雕刻作品或插花艺术作品，并摆放宴席席卡、席单等。

宴席用曲：宴席中可适当设计安排三国时期歌舞表演助兴，例如《长袖舞》《苍天》《乱舞春秋》《曹操》《三国恋》《醉赤壁》《大江东去》等。

宴席席单：普通宴席一般仅提供席单，高档宴席还要提供席位卡。菜单设计成卷轴书画式，装裱讲究，装饰以三国人物图案，席谱书写为一般印刷体，特别高档的宴席，请书法家书写。席谱内容包含冷菜、热菜、点心、汤和水果等；席位卡设计成挂件或座屏式，一面书写宴席名称，一面书写宾客职位和姓名。

宴席肴馔："三国宴"以中国古代的三国经典故事为背景，将地道川味融入故事情节中，以形、音、意三种方式呈现历史、文化与美食的相互交融。宴席菜式包括八阵图、同时瑜亮、锦囊妙计、草船借箭、减兵增灶、木牛流马、水淹七军、万箭齐发、三国军粮、长坂坡、青梅煮酒等11道菜品。此外还有备选菜品彩拼逐鹿中原、三足鼎立、群英会、鱼翅捞饭、舌战群儒、貂蝉汤圆、羽扇纶巾、空城计、同根相煎、茅庐窝窝头、一统天下等。

宴席饮品：白酒有太白酒、杜康酒等，根据宴席规格选择；茶选用极品龙井；饮料有各种果汁。

宴席餐具：选用旅游饭店自行设计的高档瓷制餐具，酒具选用仿古餐具、酒杯。

第九节　家宴的设计

家宴，是家人相聚的宴饮活动，泛指私人所设的宴席，主要有小家宴、大家宴、酒楼家宴三种类型。

小家宴，指以家庭为单位，在家举办的聚餐宴饮活动，它在菜品设计和数量上不同于日常饮食，其主厨一般由男主人或女主人来担任，也有从市场或饭店购买部分菜肴，晚辈子女承担了宴席的服务工作，宴席氛围特别轻松。此类主要以家人团聚，共同享受家的幸福氛围为目的。例如亲人团圆、挚亲来访等在家招待的宴席。

大家宴，指以家族、村镇、社区、相邻等为单位，在特定的广场或特定的场所举办的聚餐宴饮活动。其主厨可以是专业的也可以是非专业的厨师，服务人员大多为团体内部成员，也可以聘请专业餐饮服务团队来服务。宴席就餐氛围很是轻松，主要目的是弘扬正气、凝聚人气、祈福增寿、庆祝丰收、增进亲情、增进友谊等，增进内部的凝聚力和亲和力。宴席可以有固定的时间，也可以根据需要而设。例如广东平远县八尺镇进士公园广场所设的"进士家宴"（"进士家宴"是用当地土猪烹饪的全猪宴，寓意参加中考、高考的考生能够考上好学校，工作的人能步步高升。及第汤、客家红焖肉、竹笋焖猪肉等一道道客家经典美食让人感受到传统地道客家美味，品味浓厚的客家饮食文化）。

酒楼家宴，指为以家庭单位为主要消费群体而开发设计的一类酒楼经营性宴席。宴席一般由专业的服务团队来操持，有专业的厨师烹调肴馔，有经过专业培训的服务队伍提供优质服务，宴席主题则是私人之间的社交聚餐活动。宴席具有氛围轻松、就餐环境幽雅、菜式设计精巧、美轮美奂等特点。例如上海华夏家宴、北京梅府家宴、龙虎山天师家宴、山东孔府家宴、巴中市百姓家宴等经营性家宴。

家宴如果按照办宴的目的，主要可分为便宴、喜宴两大类。便宴，也称“一般家宴”，是比较随意的一类宴席，其办宴时间具有一定的随机性，就餐肴馔也具有一定的随机性，就餐时间相对比较短，参加人数相对较少，多用在招待临时来访的朋友、亲戚。喜宴，是一类正式的家宴，其办宴前要经过精心的筹划，对宴席肴馔也要求比较精美，宴席上所用到的礼仪、酒水以及要请的宾客都要进行筹划。此类宴席大多在大中型饭店进行举办，办宴的规模相对较大，参加人数比较多。例如寿宴、婚宴、家族聚宴等。

一、家宴的特点

家宴在人们日常社交和生活中扮演着重要的角色，家宴的规模和形式随着人类社会的发展而发展，与时俱进，有着鲜明的特点。

1. 选料朴实，应时应季

家宴在宴席选料上较为朴实，讲求时鲜，与季节同步。烹饪原料多是在市场上容易采购的、根据家庭收入可以消费得起的、还是家庭主人的拿手之作，这也是由家宴的特性决定的。家宴突出亲情，时刻以家为中心，其饮食活动虽然不同于日常饮食，但还是以日常饮食为基础的。例如一代国画宗师兼美食家张大千的家宴，每次宴客都在画室兼客厅“大风堂”举行，有时自己下厨烹调，取料朴实、匠心独运。

2. 接待自然，氛围和谐

家宴的宴席接待礼仪突出自然，就餐氛围和谐。家宴举办地大多是在家里，或是在饭店，办宴的东道主一般是家庭中的主人，被接待者也多为挚友、亲朋、家族内成员。办宴场所相对自由，所有来宾与办宴者的关系都比较亲密。

3. 菜品大众，制作简便

家宴的菜式比较日常化、家常化，制作简便，具有一定的随意性。家宴的菜品既可以是日常饮食中的菜式组合，也可以是根据宴席的主题设计一些高档次的菜式。宴席肴馔的制作，不像饭店那样专业，但较日常饮食讲究。

菜品大众化除指宴席菜品的日常化、家常化外，还有一层含义，即菜品还具有一定的地域化。由于人们生活方式、生活节奏、生活习惯、地域饮食、宗教信仰、特产等的不同，往往在家宴设计时带有鲜明的地域性。例如北京民间家宴包罗万象、丰富多彩，由于其特殊的地理位置，为我国经济、政治、文化中心，五湖四海人士云集，口味相互融合，其菜式在鲁、满菜式的基础上，吸收了其他各大菜系和风味菜，形成了特色鲜明的京式菜肴。李秀松先生在《鲁粤川苏家宴菜》一书中记录：“进学家宴菜式有韭黄瑶柱羹、草菇焗肥鸡、陈皮炖大鸭、生炒排骨、勤心上进、开卷生香、红皮万字、麒麟玉书、独占鳌头、宏图伊面等；饯行宴菜式有一帆风顺、竹报平安、红烧大生翅、蚝油网鲍脯、笋尖田鸡腿、金陵片皮鸭、菜胆上汤鸡、果露焗乳鸽、蟹汁时海鲜、双丝窝伊面、规划时果露等”等等。

4．突出交流，目的明确

家宴的性质决定了宴席的办宴宗旨是以延续友谊和亲情。家宴是一种增进友谊、联系情感、融合亲情的工具或媒介。无论是在家里还是在饭店举办家宴，宴席的谈话主题始终离不开相互的问候、邻里闲话、家庭成员的学业情况、工作情况、身体健康状况以及亲朋之间的感情纠葛等。例如人民艺术家老舍先生善良淳朴、古道热肠、十分好客。新中国成立前在重庆居住时，他生活拮据，为接待老朋友罗常培卖掉一套西装换回酒菜。新中国成立后，他家经常是高朋满座。他特别喜欢在秋高气爽、蟹肥之际邀请好友赏菊食蟹。一次在家宴请赵树理、欧阳予倩等好友，菜肴仅为盒饭（盒中分隔盛有火腿、腊鸭、酱肉等卤菜），餐后兴致分外高涨，老舍打头唱了一段京剧《秦琼卖马》，赵树理接着哼了一段上党梆子，其乐融融、亲密无间。

5．编排自由，各具特色

家宴就其宴席的规格来说，相对是中档消费，宴席菜式相对简单，注重口味、经济实惠，以大众消费为主。菜式编排相对自由，没有固定的模式，可以根据家庭菜肴的烹调条件和简易程度进行编排。一般来说先上冷菜后上热菜，热菜先上一些比较名贵或主厨拿手菜肴，后安排一般的饭菜等。

家宴的菜式可高可低，具有一定的随意性，但各具特色。家宴菜式特色有三：一是对汤要求高，讲究原汁原味；二是菜肴制作讲究、注重质量；三是带有鲜明的乡土气息。

二、家宴的氛围设计

家宴的氛围主要突显家庭和谐、祥和，家宴大多在自己家的客厅进行。为了适应餐饮市场的需求，出现了很多专门经营私房菜，以家庭团聚、亲朋聚会等消费群体为主的家宴餐厅。例如北京纳兰家宴、梅府家宴、大宅门餐饮会所等。

纳兰家宴，室内是仿清式的满族装修风格，古朴文雅，木质桌椅、清朝特色花纹青瓷餐具、仿古镂空格子窗，每一个细节都让人不由得想立刻换上清朝时代的服装做一回格格、阿哥。餐厅环境古朴文雅中蕴含着时代风尚，绛红色的靠墙沙发，绛红色的纱帘隔断，满眼的木器雕花以及屋顶上垂吊的欧式水晶吊灯，古朴文雅和现代时尚在此完美地融合在一起。餐厅服务也很有特色，服务员着清朝特色服装，以满清宫廷礼仪接待宾客。

梅府家宴，占地1000平方米，是环境优美，曲径通幽的三进院，原是清朝一个贝勒爷的次福晋的私宅，距今已有200多年的历史。院内种有白玉兰、翠竹、垂柳，还有两百多年的枣树。梅府分梅、兰、竹、菊四个厅，厅间有水墙、瀑布帘、养鱼池，厅内有梅先生访问日、美、苏等国家的照片。所有的家具都是按照20世纪二三十年代的风格精心设计，每件餐具上都有一个兰花手的精致图案，整个京剧情结在这里表现得淋漓尽致。进了院子里，满地的浅绿色温润的石块，左手的偏房里有个现代和中西式风格混合的酒吧，这是客人休息等候的地方，也是管家过来招呼宾客和宾客商量菜式的地方。空气中低低地放着唱片，全是梅兰芳的唱

a.梅府家宴大门

b.梅府家宴院内景致

c.梅府家宴小甬道

图 5 - 20　梅府家宴场景图

a.纳兰家宴

b.纳兰家宴雅间内景

c.纳兰家宴客厅装饰

图 5 - 21　纳兰家宴

段，让人领略到大师当年的风采和神韵。服务人员均在 35 岁以上，他们全以“老大老二老三”进行称呼，要的就是家的感觉。少东家学医出身，精通“望闻问切”，察言观色，他认为打心眼里的服务应该是像照顾家人那样照顾客人，亲和恬然，家的氛围浓郁。因时令的不同给客人上最新创意组合的菜，这也是秉承了梅家厨师们世代对梅家主人负责和精益求精的态度。

大宅门中式餐饮会所，集国内顶尖古建之大成，使用了大量的古砖雕、木雕、石雕等工艺，荟萃南北建筑文物，将其有机结合，还原历史风貌并回归其本身用途。会所中大量门扇和家具均来自中国百年前的名门望族，青石原木的温润与素雅，传统的青砖灰瓦，镂空雕花木门，舒适的家具装点，无不具有浓郁的中国特色，30 余间包房一间一景从命名到陈设都颇具传统文化的典故和渊源。每晚极具吸引力的堂会演出也是大宅门中式餐饮会所的保留节目。在二层大厅专辟古色古香的“戏台”每晚及预约宴会中都有独具特色的演出。其“王牌”节目包括川剧变脸、魔术杂技、曲艺柔术、中华武术、相声小品、京剧折子戏、京韵大鼓、戏曲经典唱段、琴书等。

三、家宴的菜肴设计

古人的家宴，是极讲究的，台湾著名作家高阳在谈吃专著《古今食事》中，讲到清代扬州的盐商吃鲥鱼，“出水入锅”“从江边挑行灶，蒸到宴前上桌”，这样分秒必争，是为追求极端的新鲜。说明了家宴对烹饪材料的选择是极其严格的。家宴的菜肴设计应根据办宴的环境和宴席承办的档次进行分类进行。例如平常家宴，应以家庭日常饮食为主，突出地域特色和当地特产；酒店经营家宴，则以私房菜为主，注重菜肴口味和菜肴的命名；家里举办，而菜点从酒店预订，则应按照宾客的尊贵程度和宴席的规格，进行设计菜点。随着人们的生活水平的不断提高，酒店家宴成为目前餐饮市场消费的一大亮点，本文介绍纳兰家宴、梅府家宴等成功家宴的宴席菜式。

纳兰家宴，菜品主打宫廷私房菜，属于清代贵族宴，是高端家宴，其名目繁多，规格讲究。菜式、材料都延续自宫廷，菜品暗含寓意。例如“福、禄、寿、禧”家宴，相传纳兰族人每年都要聚会，聚会时大家把各家上好的食品拿出来统一制作。主菜选用放养的鸡鸭、干贝、金华火腿等材料，经长时间炖制而成，按分量大小每家分得一份，由于族人很多，要讨得彩头，起名曰：“福禄寿禧”。比较有特色的菜肴还有相门牛肋、鸡豆花、红油鹿肉、家宴豆腐、桂花酥皮虾、纳兰千禧芸豆卷、脆皮羊腩、相府私家红烧肉等。纳兰家宴菜式在口味、选材、盛器和造型等方面下了很多功夫，集色、香、味、器为一体。

梅府家宴的菜式出自当年梅先生的家厨，制作者也是当年家厨的传人。当年梅先生每天演出结束后，一般要在家里开三桌席款待大家，家人一桌，朋友一桌，乐师、徒弟一桌。逢年过节，或者赶上个重要的日子，更要设宴。宴席的菜式是经过精心琢磨，并记录在案。现在的梅府家宴的厨师是当年梅先生的家厨王寿山的第三、四代弟子，严格按照当时的菜谱，重现当年的盛宴。梅府菜是淮扬菜和上海菜的结合，主打菜式有鸳鸯鸡粥、芙蓉鳜鱼片、青瓜酪、满园春色、灌汤虾球等，听起来很是入耳、寓意深邃。因为梅先生的职业原因，梅府的家厨擅长清淡的做法，这恰是梅府菜的特色。

四、家宴的席单设计

一般家宴的席单设计纯朴，制作简单，一般是打印菜谱，如果主人的书法造诣很深，则可以采用书法书写席单。一般家宴的席单旨在顺利完成宴席的制作和对家宴所需材料的采购。而经营性酒店经营的家宴则对席单设计要求比较讲究，需要花些心思，精心设计，以吸引消费者。

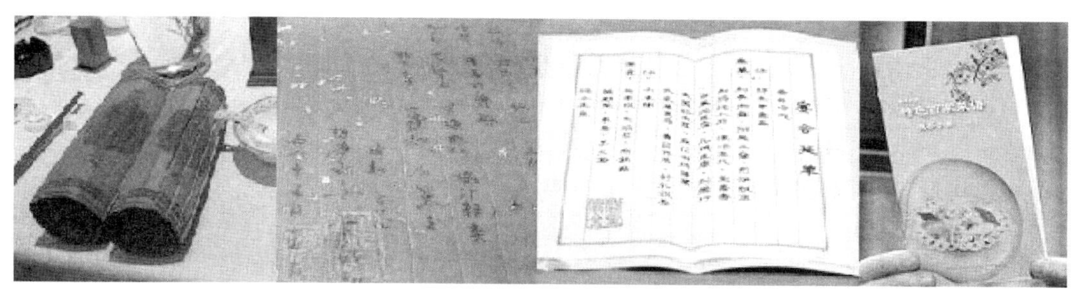

a.纳兰家宴竹简席单　　b.梅府家宴手写席单　　c.百姓家宴印刷席单

图 5－22　家宴席单图

经营性家宴席单的样式和种类在餐饮市场中繁多，有设计、装裱非常精美的席单，也有一般的纸质席单，还有直接书写席单等。各家根据自己的经营特色，设计与其装修风格、就餐环境和倡导的消费观念以及经营理念等相协调的席单。例如北京纳兰家宴的席单是竹简形式，其材质为仿紫檀环保型材质，古香古色中彰显高贵，文化韵味浓郁；北京梅府家宴的席单，一般则是由身着长袍的“管家”在一张烫有金边的红色宣纸上用毛笔书写的菜单，席单上盖有梅府家宴的手掌，字体隽秀、书香气息浓厚，具有一定的收藏价值。而高档的家宴则将席单书写在折扇或印有梅兰芳先生剧照的折子上，装裱精美；百姓家宴的席单，采用设计精美的对折印刷体席单，菜式字迹清晰，一目了然。

五、家宴的礼仪设计

《礼记·礼运》说：“夫礼之初，始诸饮食”，说明了礼仪的产生是与饮食分不开的，家宴更是离不开礼仪。在中国的人文传统里，家宴被赋予了身份、礼制、情感等多重内涵，尤其是在钟鸣鼎食之家，家宴更富有仪式感。

家宴的礼仪设计应当充分注重当地的民俗，与一般的正式社交礼仪有所区别，体现淳朴民风。宴请礼仪还是要讲究的，它不同于我们日常饮食。如清代名著《红楼梦》中大大小小的家宴，规矩是摆在第一位的。贾母永远排在第一尊贵地位，由于老太太最宠爱的贾宝玉、林黛玉，所以他们在家宴席位安排上的也就显得比较尊贵，二位永远陪侍在贾母左右，从没有动摇过。在贾府非常讲究忠义孝悌，对于下人的仁慈恩惠，也是非常重视的。不能坏了名声，不能坏了排场，不能“看着不像”咱们家的规矩。《红楼梦》中的家宴在乎规矩、在乎风雅。规矩有礼教制度的规矩，也有人情家风的传统。时代变迁，斗转星移，家宴文化所传承的长幼有序、礼义孝廉从来都不曾改变。

一些经营家宴的餐饮企业，根据自身的特色，设计出很多特色鲜明的、适合餐饮经营的礼仪，以营造尊贵、温馨、祥和的家庭氛围。例如纳兰家宴的宴会厅设计成清朝气息浓郁的艺术风格，所有的服务员都穿着清朝特色服装，然后用满清宫廷礼仪对待宾客。梅府家宴开在后海边的大翔凤胡同里，环境非常的好，很清静，还没到门口，“管家”已出来迎接，颇有“大宅门的风范”。服务员大多是35岁以上的邻家大姐，亲和恬然，让人感觉很舒服，服务也很贴心，周到。小胡同里两个红灯笼写着“梅府”二字，宅门宴会厅没有招摇的匾额梅府家宴没有经理，“管家”掌管着一整套就餐的流程，无须点菜。“管家”每日手写的菜单，是送与客人的见面礼。一切菜品和用餐顺序都设计成梅先生在世时的模样呈现。从上茶开始成套配置，就像你去别人家里做客。在此办置家宴，需要提前预约，主人家才能根据客人的数量和要求准备好当天最新鲜的食物，一切尽善尽美。庭院和宴会厅的背景音乐是梅先生生前的唱段碟片，仿佛来到梅先生的家里做客。

六、家宴的酒水设计

家宴的酒水设计可根据宴席的主题进行选用酒水，以具有吉祥、美好祝福意义的酒水为主。一般来说，欢迎家宴多选择迎宾酒、敬酒、迎驾酒等；家人团聚宴席多选择大团圆酒、吉祥酒、鸿运酒、丰收酒、财运亨通酒、盛世酒等；一般家宴多选择百姓家宴酒、孔府家宴酒等。酒水喜庆气息浓郁，或是迎宾，或是庆团聚，或是祝福财运亨通，或是家人团聚等，营造出家的氛围。

家宴的茶水可根据宴席的规格和家庭的承受能力进行选择。一般家宴多选择茉莉花茶、清茶、红茶等；高档家宴多选择毛尖、碧螺春、铁观音等名茶。饮料则多选择各种鲜果汁、地区特产矿泉水等。

思考题

1. 简述国宴的特点。
2. 根据所学的知识，设计一份国宴席单。
3. 简述喜庆主题宴席礼仪设计。
4. 简述地方宴席的特点。
5. 简述景致宴席礼仪设计。
6. 根据你所学的知识，设计一份全席宴席单。
7. 简单介绍仿古宴席席单设计的基本格式。
8. 简述文化宴席氛围营造的原则。
9. 根据你所学的知识，设计一份家宴席单。

参考文献

1. 朱俊波．宴席、人情与村落共同体——四川泸山垣山村的“九大碗”研究［D］．济南：山东大学，2022（03）.

2. 吴雄昌．客家菜主题宴席设计的探究——以“客家风情宴”主题宴席为例［J］．现代食品，2021（09）：103－106.

3. 林雪娇．民间宴席食俗的活态演化与发展路径——以京郊南部“十二八席”为例［J］．人文天下，2021（04）：24－28.

4. 孙继民，耿洪利．新见明代科举宴席公文初探［J］．河北师范大学学报（哲学社会科学版），2021，44（02）：50－59.

5. 陶宗虎．烹饪专业“模块化”教学模式改革探讨——以菜点创新与宴席设计课程为例［J］．黑龙江科学，2020，11（19）：4－7＋11.

6. 谭璐．《主题宴席设计》课程中文化主题宴席的设计构思［J］．青年与社会，2018（33）：84.

7. 王能文．宴席菜单设计的关联因素研究［J］．企业技术开发，2017，36（07）：113－114.

8. 梁颖．也谈宴席礼仪中“5W”酒水法则［J］．中国市场，2014（29）：139－140.

9. 杨敏．浅谈宴席面点的配备原则［J］．才智，2011（35）：176.

第六章　宴席设计实践

学习目标

1. 了解宴席设计的程序。
2. 熟悉主题宴席的业务流程、设计创新思路、设计原则等内容。
3. 掌握主题宴席创新设计方法，并能够独立完成主题宴席的设计。

在餐饮业飞速发展的今天，餐饮作为食用的基本功能已经不能满足人们的需要了，人们开始追求更高层次的享受，在精神上希望通过饮食让自己得到快乐和享受。宴席的主题特点成为酒店的标志，也成为他们吸引客户的重要手段。宴席的主题核心在于设计，宴席设计是宴席实践的产物，宴席实践促进宴席设计的发展，而宴席设计又指导着宴席实践。改革开放以来，我国社会发生了巨变，生产力的空前发展，社会物质财富持续快速的增长，使人们的生活质量有了根本改善，餐饮业顺势推进。如今全国各大中城市乃至县乡镇，高规格的宾馆、饭店或豪华的星级酒店林立，饮食市场呈现一派繁荣，成为国民经济增长的一条亮丽的风景线。宴饮消费渗透到社会生活的方方面面，也成了人们进行社会交往、满足欢乐和享受闲暇生活方式的具体内容之一。

本章将以日常生活中最常见的宴席类型，结合前面所学知识，进行主题宴席设计，将宴席设计落到实处，进一步为学生巩固知识。

第一节　婚宴——“百年好合”婚宴设计实践

在我国，中式婚礼还是最受欢迎的，喜庆浪漫的中式复古婚礼，将红色作为婚宴主打色彩，细节中融入中国传统文化元素。红红火火的中式婚礼，给人带来的不仅是一种喜庆的气氛，更多的是一种红红火火的盼望。随着时代的不断发展，旧时代一些婚宴习俗逐渐被更替，婚礼仪式也趋于简单化，但优良的婚宴礼节依旧在延续传承，在新的时代持续焕发光彩。本节以传统中式婚宴为基础，结合现代元素，设计现代式“百年好合”主题婚宴。

一、宴会基本情况概述

1. 宴会主题意义

中华文化的核心和精髓，在于“和合”二字。“和为贵”是中国传统文化的核心内容之一，也是中国人处事的思维方式，而“合”的思想贯穿于人们的审美意识，形成人们处世哲学和品质。百年指的是人生百年，好合就是好好地在一起，不离不弃，合起来就是寓意被祝愿的双方能一辈子和睦相处，和和美美地在一起，不离不弃，表达了祝愿者的美好祝福。

“百年好合”主题宴会的设计中，将传统的婚礼与现代婚礼结合，既弘扬了传统文化，秉承了中华民俗，又展示了现代婚礼的温馨与浪漫，突出了人生百年，不离不弃“百年好合”的主题。能够在现代酒店高雅的主题宴会氛围中，享受传统文化的经典，返璞归真，厚德载物，面对古色古香的宴会厅布置，在心灵深处留下最难忘的婚礼记忆与感触。

2. 宴席时间、地点及基本布局

宴会时间：××年十月十八日，10：00—14：00。

宴会地点：××酒店二楼宴会厅，现代厅。

宴席桌数、人数：桌数22桌，人数212人。

二、宴席场景布置

1. 迎宾区布置

迎宾区，即签到台铺红色绸布，桌上放置一盆红色桌花和一对穿古装的新人娃娃。签到本设计成画轴的形式，一方面用独特的签到形式给来宾留下深刻的印象，另一方面也表达对新人的美好愿景，用文房四宝做陪衬，韵味十足。如图6-1所示。

图6-1　喜宴签到台

2. 仪式区布置

花门：花门是走向仪式台的起点，在花门的上方用玫瑰花和百合花点缀，两侧用落地的红纱来装饰，突出主题的特点，使拱门看起来大气，喜庆。见图6-2（上）所示。

舞台：舞台的背景墙选用中式传统“双喜”做背景，配以传统的龙凤桌、龙凤烛、品字凳、官帽椅，旁边用红灯笼来进行点缀，对应主题，百年好合。地毯选用红色，红色代表着喜悦、吉祥，也符合传统婚宴中大众的审美。仪式台的两侧则放有鲜花和气球，整体风格充满浪漫的气息，整洁大方。见图6-2（下）所示。

图 6-2 花门（上）及舞台（下）示意图

3. 观礼区

（1）整体台席布置

宴席总设 22 桌，其中 2 桌主桌（左手边为第一主桌），18 桌副桌，2 桌备桌（备桌为备用，人数超出预定人数时才会启用），以舞台通道分隔两边。两主桌各坐 16 人，副桌坐 10 人。每桌桌距间隔 160cm，座距间隔 50cm，宴席桌号跳过数字 4，7，14，17，24 进行依次标号，主桌为 1 号桌，第二主桌为 2 号桌。

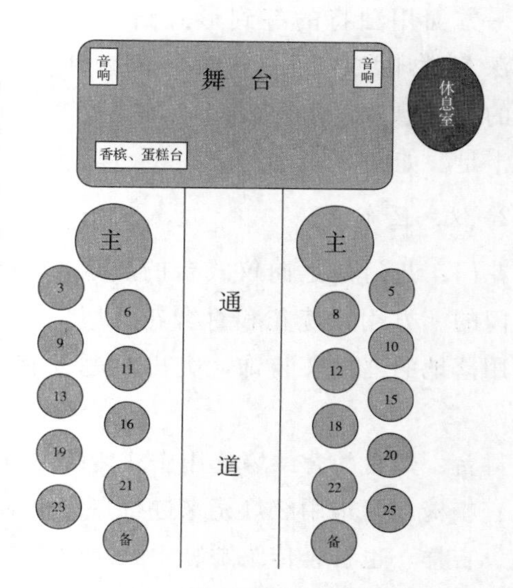

图 6-3 宴席台次布置示意图

（2）台面布置

餐桌采用中式圆桌，圆桌的特点寄托了中国人“团圆美满”的美好心愿，大红桌布，红色餐具，中央以红色灯烛和红色鲜花做装饰，将婚宴喜庆气氛烘托到极致，浓烈的色彩调配出一片浓浓爱意。见 6-4 所示。

图 6-4　台面布置示意图

4. 灯光、音乐布置

（1）灯光布置

本次宴会现场采用传统的红灯笼布置，灯光清亮大方，整体以用红色为主，既有良好的照明，又凸显出宴会厅的格调。宴会厅的墙壁上挂有文化元素的壁画、墙布，宴会厅顶部布置了吊灯，吊灯颜色也是暖黄色，柔和的灯光增添了宴会厅浪漫的气息。

（2）音乐布置

音乐是现代生活中不可缺少的部分，音乐能增加婚礼上的浪漫气息，增加情调。根据婚礼的进行，不同阶段的音乐也是不一样的。本次婚宴采用的曲目单见表 6-1 所列。

表 6-1　宴会背景音乐

宴会过程	歌曲名称
迎宾	《冬日恋歌》《只因为你》
宴会开始	《婚礼进行曲》
新郎、新娘入场	《今天你要嫁给我》
交换信物	《梦中的婚礼》
新人感言	《你懂得》
宾客用餐	《蒲公英的约定》《爱你》《最浪漫的事》《就是爱你》
新人退场	《百年好合》

三、婚宴服务设计

1. 整体流程设计

当一切准备就绪，首先迎宾，引领员带领宾客到签字台签字后，引领宾客入座，并奉茶水、点心，宾客入座后，举行婚礼仪式，新人入场，发表感言，交换信物。在此期间，服务员需要把冷菜上齐；热菜、主食、水果、点心相继上桌。其间帮助客人更换骨碟餐具，保持干净整洁。宴会结束，结算好账单，热情地送走宾客。打扫卫生，桌椅摆放好。

宴会流程时间安排见表6-2所列。

表6-2 “百年好合”宴会流程时间安排表

过程	时间
宾客签到	10：00—11：00
新人入场	11：20
仪式进行	11：30—12：10
宾客用餐	12：10—13：30
宾客离场	13：30—14：00

2. 迎宾服务

迎宾员在宴会厅门口热情地迎接来宾，面带微笑。服务员热情引导客人自由茶歇，而后将客人引至婚礼大厅。

3. 餐前服务

按要求将餐具、酒水、备用器皿等摆放好。确保室温适宜，灯光良好。餐厅服务员在进行餐前服务的时候首先要对自己的仪容仪表进行检查，其次是检查宴会所需要的餐具以及各种需要的工具是否缺少备用的量，及时补充。检查餐盘的距离，是否离桌面距离相等。若宾客对宴会酒水有醒酒要求，红酒要按醒酒的要求醒酒。

4. 餐中服务

当宾客坐好后，面带微笑向客人问好。服务员要在落台处站好，观察顾客以及时满足顾客的需求。顾客需要短暂离开座位时，应当主动询问客人有什么需求，并及时为顾客提供服务。宴会服务过程中，要微笑服务，运用技巧全方位服务。在服务过程中如出现失误，影响到客人，应马上道歉并纠正错误，及时采取补救措施。

5. 餐后服务

客人用餐完毕后，为顾客提供毛巾。询问客人意见，并对客人提出的建议表示感谢，送客道别并致意，欢迎下次光临。客人离开后，要及时翻台。收台时，按收台顺序依次先收玻璃器皿、口布、毛巾、烟灰缸，然后依次收取桌上的餐具，摆好桌椅，打扫干净宴会厅。

四、宴席肴馔设计

1. 菜单设计

根据顾客的需求，再结合主题设计宴会菜单，本次宴会的菜单分别有冷菜、热菜、汤、主食、点心、水果，一共20道菜肴，每道菜都有它的寓意，见表6-3所列。

表 6-3　"百年好合"宴会菜单

分类	菜名	主料	调辅料	烹调方法	口味	成本/元	售价/元
冷菜	捞拌海参（金玉良缘）	海参	青椒、红椒、葱、盐、味精、辣根、醋、糖	氽、拌	辣	30	68
	葱油木耳（喜笑颜开）	木耳	盐、葱、生抽、味精	焯、拌	咸鲜	10	28
	凉拌金针菇（长长久久）	金针菇	香菜、生抽、麻油、鸡精	焯、拌	鲜	10	30
	老醋蜇头（招财进宝）	海蜇头	葱、生抽、醋、糖、味精、麻油、油	烫、拌	酸、鲜	20	48
	凉拌藕片（延年益寿）	莲藕	酱油、盐、味精、葱、姜、蒜、辣椒油	焯、拌	辣、脆	10	28
	口水鸡（吉祥如意）	三黄鸡	姜、葱、盐、麻辣酱、花椒、油	氽、拌	麻辣	20	48
热菜	油焖大虾（群龙贺喜）	对虾	料酒、盐、糖、油、花椒、蒜、姜、高汤	煸、焖	麻辣	60	128
	清蒸石斑鱼（年年有余）	石斑鱼（2 斤）	葱、姜、盐、麻油、豆豉油、油	蒸	鲜美	150	256
	北京烤鸭（富贵盈门）	鸭子	盐、糖、酱油、绍酒、鸡精、五香粉、蜂蜜、醋	烤	咸香	50	118
热菜	三色百合（百年好合）	百合、西芹、银杏	盐、鸡精、银杏	炒	咸鲜	20	48
	清炒时蔬（花团锦簇）	白菜、鸡蛋、胡萝卜、香菇、豆芽	油、盐、味精、生抽	炒	咸	15	38
	烧汁牛仔骨（牛气冲天）	牛仔骨	青椒、红椒、糖、生抽、烧汁、鸡汁	煎、焗	咸香	50	88
	猪肉炖粉条（福运绵长）	五花肉	红薯粉、葱、姜、蒜、八角、冰糖	炒、炖	咸香	30	68
	羊蝎子（三阳开泰）	羊骨	花椒、香叶、八角、葱、姜	焖	香辣	60	98
汤	百合莲子汤（早生贵子）	百合、莲子	山药、红枣、银耳、冰糖	煮	甜	20	38
主食	扬州炒饭（幸福美满）	香米	火腿、鸡蛋、豌豆、黄瓜、油、味精、葱花、盐	炒	咸鲜	10	18

（续表）

分类	菜名	主料	调辅料	烹调方法	口味	成本/元	售价/元
点心	三鲜蒸饺（金玉满堂）	面粉、鸡肉、木耳、虾仁	姜末、味精、葱末、花椒、盐、酱油、麻油、油	蒸	鲜	18	38
	五谷丰登	玉米、红薯、紫薯、芋头、山药	/	蒸	香甜	15	38
	酒酿圆子（甜甜蜜蜜）	糯米粉	白糖、米酒	煮	甜	10	28
水果	水果拼盘（万紫千红）	草莓、甜橙、哈密瓜、樱桃	/	/	酸甜	35	68

2. 酒水单设计

本次宴会采用的是剑南春白酒。红酒采用的是张裕解百纳干红，饮料准备的是百事可乐和果粒橙。宴会酒水单见表 6-4 所列。

表 6-4 “百年好合”宴会酒水单

名称	成本/元	售价/元
剑南春（52 度/500mL）	484	598
张裕解百纳干红（12 度/750mL）	124	299
百事可乐（2L）	6.5	10
果粒橙（1.25L）	8	15

五、成本核算

菜肴：每桌菜肴共计 20 道菜肴。其中有冷菜 6 道，热菜 8 道，汤 1 道，主食 1 道，点心 3 道，水果 1 盘，每桌菜肴成本 643 元，售价 1320 元，共计成本 12860 元，售价 26400 元，盈利 13540 元。

酒水：宴会每桌酒水有剑南春 1 瓶、张裕解百纳干红 1 瓶、百事可乐 1 瓶、果粒橙 1 瓶，每桌酒水成本 622.5 元，售价 922 元，共计成本 12450 元，售价 18440 元，共计盈利 5990 元。

其他：为美化宴席环境，烘托气氛，本次宴席饰品布置等总计 13 件，总花费 3007 元。

本次宴会有 20 桌，共花费成本 28317 元，售价 44840 元，共计盈利 16523 元。本次婚宴属于中档宴会水平。宴会成本核算见表 6-5 所列。

表 6－5　“百年好合”宴会成本核算

名称	成本价/桌/元	零售价/桌/元	成本/元	售价/元	盈利/元
菜肴	643	1320	12860	26400	13540
酒水	622.5	922	12450	18440	5990
共计	1265.5	2242	25310	44840	19530
装饰饰品（共计 3007 元）	龙凤桌椅套，200 元；文房四宝一套，180 元；中式泥瓦喜人，99 元；宫灯，300 元；同心结一对，99 元；红喜字，150 元；花门，400 元；对联，160 元；红地毯，150 元；签到轴，160 元；鲜花，999 元；火盆，60 元；水牌，50 元				
合计盈利	44840－25310－44840－3007＝16523（元）				

六、应急方案

1．菜点、酒水方面

如若在宴会中，出现了因烹制火候不足或加热方法不当而导致菜品不熟或焦煳时，宴会厅领班或主管、经理应向客人表示歉意，在征得客人同意后，重新更换一份，并请客人原谅。在处理以上情况时，服务人员都要态度真诚，语言表达清楚，不能存在情绪。

若是出现菜点或酒水不足的情况，服务员应及时向现场督导或服务吧台反应，及时补充处理。

2．人员方面

若出现服务人员短缺，不能及时服务时，负责人应及时向其他部门或岗位调借。

若出现宾客人数超出预算，席位安排不足时，相关人员应及时开位备桌，并通知后厨部门调整出菜量。

3．其他方面

1）应急供电：出现突发停电时，及时启动酒店应急供电系统。

2）客人物品遗失：在婚宴这种大型宴会接待时，服务员必须要提醒客人妥善保管好自己的贵重物品，避免客人遗忘或丢失东西并且在显眼处粘贴温馨提示；若出现客人物品丢失时，在客人报失后，工作人员必须停下手中工作，及时热心地帮助客人查找；如若客人丢失较贵重物品时，应通知上级领导报相关派出所进行处理。

七、总结

本婚宴主题为“百年好合”，寓意新人能够长长久久，和和美美，一辈子情投意合，也象征着浪漫纯洁的爱情。结合主题，本次婚宴的宴会设计从宴会环境的要求、宴会设计的目标，宴会现场的环境布置、宴会的菜单设计和酒水、宴会的服务、宴会成本这几部分进行设计。在菜单设计上，通过营养计算系统计算出各类食物的推荐量，让各类食物达到膳食平衡的要求，荤素搭配，营养均衡。

第二节　商务宴会
——“团结　奋进”企业年会设计实践

年会是一个展现企业文化的最佳机会，还能提升企业内部的凝聚力。很多大型企业分支机构较多，员工彼此间也不太熟悉。通过年会节目彩排，可以增强员工间，乃至部门间的沟通，更有利于团队建设。本节以正式宴会中的商务宴会为基础，设计“团结　奋进”主题企业年会。

一、宴会基本情况概述

1. 宴会主题意义

常言道：“树多成林不怕风，线多搓绳挑千斤。”团结是成功的基础，是企业的力量之源，奋进是企业的立足之本。“团结　奋进”象征着互相支持、帮助，保持思想和行动上的一致性，奋勇前进。

2. 宴席时间、地点及基本布局

宴会时间：××年十二月十八日，16：00—20：00。

宴会地点：××酒店二楼宴会厅，现代厅。

宴席桌数、人数：桌数25桌（1主桌），人数260人。

二、宴席场景布置

商务宴请场景布置以简洁大方为主，突出宴会主题。

1. 基本场景条件安排

本次宴会为25桌以上（含25桌）的大型宴会，宴会场所要选择宽敞、安静的地方，避免嘈杂和拥挤。

宴会为正式晚宴，需合理安排人造光源。参加宴会人数较多，在保证基础安全设施的同时，适当安排空调机和加湿器，保证空气的清新和流通，并使空气的温度、湿度等保持在适宜水平（温度20～25℃，相对湿度40％～60％之间）。

2. 宴会室外环境布置

1）门头：门头或是企业展示墙，是进入会场的第一道展示标识，要做得显眼、美观、大气。门头搭建位置最好是横跨酒店入口道路，让人一进入酒店就能感受到年会的气息。

2）道旗：道旗是进入会场的第二道展示标识，从酒店入口开始摆放，沿着道路直到会场门口。道旗有两个重要的作用，一是展示作用，二是指引作用。道旗一般摆放在道路两旁，间隔距离根据路面实际而定，如果路比较直、视线好，可以摆放的距离远一点，弯曲路段要摆放近一点，交叉路口要重点摆放。

3）欢迎墙：欢迎墙是进入会场的第三道展示标识，放置在大堂门口里的左侧或是右侧，为桁架＋喷绘结构或是木质＋写真的组合。欢迎墙主要起欢迎、展示和登记作用。

4）指引牌：指引牌是指参会人员进入会场的一种指示标志，避免了参会人员找不到会场的尴尬场面。

3. 宴会室内环境布置

1）电子签到台：签到是一个很重要的环节，不仅会起到一个核定出席年会人数登记的作用，同时还是一个提供沟通、暖场以及奠定前期会议气氛的环节。

2）舞台：舞台是不可缺少的部分，它是年会中聚焦所有人眼光的区域，采用长形方木搭建的木质舞台，底部铺红毯，中央设置讲话戏台，背景采用LED面板，以企业文化和宴会主题为背景，两边以花卉装饰。

3）灯光、色彩、声音：为映衬主题，采用黄色的灯和白色的镁光灯，在提供充足的光源的同时，制造柔和温馨的氛围；色彩选用庄重又不失热烈的红色辅以温馨的紫色；另外，为了提高宴会档次，选择萨克斯作为背景音乐，以适当音量缓缓播放，既不影响交流，又能够提升宴会高雅的气氛。

4）台次布置：宴会总计25桌，260人次。设置一主桌，坐20人，余下24桌排列在后，每桌10人。每桌桌距间隔160cm，座距间隔50cm。宴会厅两旁靠墙分别设两组备餐台。整体台席布置如图6－5所示。

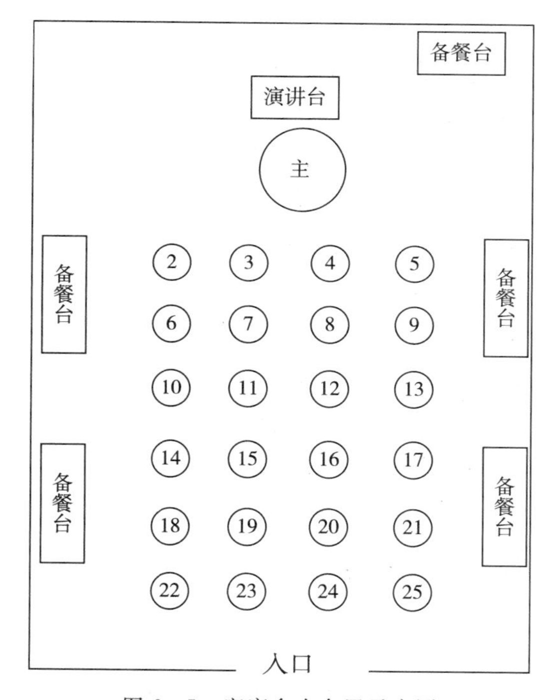

图6－5　宴席台次布置示意图

5）台面布置：采用中式圆形木质台面，主台面稍大，餐布、台布和椅套选用金黄色绸布，绣以中式风格的简单花纹，台面放置小型花瓶和木兰花，台布以龙凤为装饰吉祥图案。其余桌椅采用淡黄色绸布，同样绣以中式风格的简单花纹，台面放置小型花瓶和康乃馨，台布以孔雀为吉祥图案。餐具摆放以中式餐具摆放为主。

三、整体服务设计

1. 整体流程设计

入场、签到，领到场礼品，到会人员入座后，主持人开场白，宣布年会开始；总裁发表讲话，对年度成绩进行回顾与总结，并宣读下一年度的发展方向和目标；总经理宣布先进集体、先进个人名单，并对先进集体、先进个人进行颁奖表彰；开始上菜，主持人宣布晚会正式开始，表演节目开始；在表演节目中间穿插抽奖活动；节目表演与抽奖结束后，主持人致晚会结束语，并安排大家散场。

表 6-6 "团结 奋进"宴会流程时间安排表

过程	时间
宾客签到	16：00—16：30
人员入场	16：30—17：00
致开幕词	17：00—17：10
年会进行	17：10—17：40
宾客用餐	17：40—19：00
宾客离场	19：30
清扫场地	19：30—20：00

2. 服务设计

1）餐前准备。做好预先收集信息的工作。了解宴会规模、客人的喜好和特殊要求，提前做好相应准备。

2）做好员工的培训工作。提高员工素质，增加基本功训练和业务知识培训，提高员工服务技能。安排足够的人力，保证宴会质量。

3）按照预定情况进行摆台。按照标准的摆台方法进行摆台，餐具及餐桌上的设施清洁无破损、运行正常。

4）以情动人。作为高档宴会，除了舒适的环境，可口的菜肴，还要在"情"字上下功夫，做到热情、友好、好客、相助。

5）做好环境及设备的检查，如灯光、温度等，确保正常运行。

6）做好会后追踪服务，宴会结束后，由宴会销售负责人员亲自拜访或者打电话对客人表示谢意，并询问客人对此次宴会的满意度及所需改进的地方。

四、宴席肴馔设计

1. 菜单设计

根据顾客的需求，再结合主题设计宴会菜单，本次宴会的菜单分别有凉菜、热菜、主食、点心、水果，一共 23 道菜肴，见表 6-7 所列。

表 6-7 "团结奋进"商务宴菜单

分类	菜名	主料	调辅料	烹饪方法	口味	成本/元	售价/元
凉菜	风情牛肉干	牛里脊	花生油、酱油、白糖	拌	咸鲜	60	98
	陈醋浸蜇头	海蜇头、黄瓜	蒜、醋、香油、盐	拌	咸鲜	25	48
	杭式酱板鸭	鸭	盐、糖、葱	煮	五香	40	66
	酱香卤肘花	猪肘	盐、姜、葱、生抽	煮	酱香	30	58
	麻香金凤爪	鸡爪	葱、姜、料酒	煮	麻辣	25	48
	馋嘴茴香豆	茴香豆	盐、桂皮	煮	原味	15	36
	锦绣拌笋丝	青笋	醋、冰糖、盐	拌	原味	10	28
	百合拌秋耳	百合、秋耳	油、盐、蒜蓉酱、糖	拌	咸鲜	15	36

（续表）

分类	菜名	主料	调辅料	烹饪方法	口味	成本/元	售价/元
热菜	真菌松茸汤	松茸、鸡块	盐、姜、枸杞	煮	鲜香	60	98
	四喜大丸子	猪肉	藕、面包糠、鸡蛋、淀粉	炸	咸鲜	35	58
	御品贵妃鸡	贵妃鸡	姜、葱、生抽、糖、红葡萄酒	炸	麻辣	70	108
	金蒜蒸元贝	元贝	蒜蓉、粉丝、蚝油	蒸	鲜香	50	78
	清蒸桂花鱼	鳜鱼	姜、葱、植物油、胡椒粉、盐、生抽	蒸	原味	90	138
	法式牛骨仔	牛仔骨	黑胡椒、辣椒、洋葱、油、盐	炒	香辣	45	88
	鸳鸯幸福虾	虾	蒜、姜、葱、白酒	炸	蒜香	40	78
	红枣莲子银耳羹	银耳、红枣、莲子	枸杞、冰糖	煲	甜	20	45
	干煸四季豆	四季豆	油、生抽、食盐、蒜	炒	清淡	15	38
	菠萝咕噜肉	猪瘦肉、胡萝卜	青红椒、番茄酱、生粉、白糖、盐、油	炸	酸甜微辣	35	58
	荷塘秋月夜	荷兰豆、莲藕、胡萝卜	花生油、盐、糖、蚝油	炒	清淡	20	48
	浓汤浸菜胆	海参	木耳、青菜、盐、蚝油	煲	咸鲜	70	108
点心	美点双辉	糯米粉	红豆沙、熟白芝麻、栗子、燕麦片	蒸、炸	甜	25	48
主食	至尊炒饭	米饭、鸡蛋、虾仁	葱、黄瓜、胡萝卜、香肠、酱牛肉	炒	鲜香	30	48
水果	时令果盘	苹果、哈密瓜、西瓜、香橙、菠萝	/	冷拼	甜	40	58

2. 酒水单设计

本次宴会采用的是泸州老窖10年白酒，红酒采用的是云南干红，啤酒为百威，饮料准备的是果粒橙。宴会酒水单见表6-8所示。

表6-8 “团结 奋进”宴会酒水单

名称	成本/元	售价/元
泸州老窖10年	300	428
云南干红（750mL）	66	108

（续表）

名称	成本/元	售价/元
百威（450mL）	5	8
果粒橙（1.25L）	8	15

五、成本核算

菜肴：每桌菜肴共计23道菜肴。其中有冷菜8道，热菜12道，主食1道，点心1道，水果1盘，每桌菜肴成本865元，售价1515元，共计成本21625元，售价37875元，盈利16250元。

酒水：宴会每桌酒水有泸州老窖10年1瓶、云南干红1瓶、百威1打（12瓶）、果粒橙2瓶，每桌酒水成本442元，售价662元，共计成本11050元，售价16550元，共计盈利5500元。

其他：为美化宴席环境，烘托气氛，本次宴席饰品布置（门头、横幅、欢迎墙、道旗、红毯、花卉等），总花费4012元。

本次宴会有25桌，共花费成本32612元，售价68712元，共计盈利36100元。宴会成本核算见表6-9所列。

表6-9　“团结奋进”商务宴成本核算

名称	成本价/桌/元	零售价/桌/元	成本/元	售价/元	盈利/元
菜肴	865	1515	21625	37875	16250
酒水	442	662	11050	16550	5500
装饰饰品	—	—	4012	4012	0
共计	1307	2177	36687	58437	21750

六、总结

本年会宴主题为“团结　奋进”，寓意着增强内部员工凝聚力，象征着互相支持、帮助，保持思想和行动上的一致性，奋勇前进。结合主题，本次年会宴的宴席设计从宴席环境的要求、宴席设计的目标，宴席现场的环境布置、宴席的菜单设计、宴席的服务等方面着手，打造出真正“团结　奋进”凝聚人心的宴席。

第三节　家宴——“花好月圆”中秋宴设计实践

“很多年前，家宴于我而言，就是一家人老老少少，围在一张桌上吃大饭，然后顺便唠唠家常，聊聊开心的事、有趣的事，大家一起乐呵呵。可是今天，我想说点不一样的，或者说，我终于明白了，每年千里迢迢从千里之外赶回老家奔赴这场家宴的真正意义所在——温度”，这也是家宴不同于一般宴席的根本因素。从另一方面说，“宴，安也”，而家宴，就是寓意着家族的安定和团结。安定与团结是家宴的本质，美食肴馔只是这场聚会的延伸与载体。

本节以“团圆”为主题，以家宴为例，设计一场小型中秋节日宴席。

一、宴会基本情况概述

1．宴会主题意义

中秋节，时间是中国农历八月十五，农历八月是在秋季的第二个月，所以称为“仲秋”，十五又是月中，因此又称“中秋”。中秋节是中国传统节日之一。

关于中秋节的起源有很多种说法。一说：远古时期有位力大无穷的英雄名叫后羿，他射下天上九个太阳，令最后一个太阳按时升起落下，造福人类。一日后羿得到一包不死神药，后交给他的妻子嫦娥保存，某天后羿外出时，心术不正的逢蒙持剑逼嫦娥交出神药，嫦娥自知不敌，又不想神药落入恶人之手，情急之下吞入神药，不料竟飘离地面向天上飞去，最后飞到离地球最近的月球上做了神仙。后羿思念妻子，便在花园设案遥望月宫。此日正是农历八月十五，人们知道嫦娥奔月成仙，纷纷月下设案祈求吉祥平安，从此每年这个时候人们拜月的风俗就流传了下来。二说：中秋节的起源和农事有关，农民为了庆祝丰收，表达对大自然馈赠的喜悦，将农作物和瓜果收获的八月中旬定为节日。在中秋节这天人们祭月，赏月，吃月饼，赏桂花等习俗便流传了下来。其中说法一更广为流传。后来人们还借月圆表达人的团圆，因此这天人们常同自己的家人一起，也就有了中秋团圆节。

本次宴席设计属于家宴（中秋团圆宴），举办的是具有传统节日气氛的小型宴会。本次设计主要包括四个部分：“宴席环境”“宴席环节”“宴席餐饮”“宴席服务”。在设计中以中国传统文化为核心，在享受团圆的过程中体会到中国传统文化的美，让年轻人能够接触、了解到中国的传统文化、民族风俗习惯，并传承发扬。

2．宴席时间、地点及基本布局

宴会时间：××年农历八月十五日，18：00—21：00。

宴会地点：中式园林庭院。

宴席桌数、人数：桌数1桌，人数6人。

二、宴席场景布置

1．宴会场景布置

中秋团圆宴为小型家宴，追求幽静雅致氛围，便于交流，另外，为方便中秋赏月，本次宴席就餐环境选用中式园林式，在花园中的凉亭中用餐，旁边的休息室休息。凉亭为临时搭建在餐厅庭院内的，四周用透光较好的浅色纱罩住，增加气氛和隔离区域，同时避免一些蚊虫的进入。

庭院熏香选用清新自然的荷花香，音乐选用轻缓的小桥流水的声音。装饰以嫦娥奔月

图 6-6 “花好月圆”中秋宴用餐环境图

的故事为主题，在庭院的角落放置一株桂花树，桂花树下放一石台，上面则放着玉兔捣药用的石碗。凉亭内灯光选用较明亮的白炽灯，女服务员穿着为浅黄色齐胸襦裙配白色上襦，既可以突出中国汉服的美，又可以突出节日文化。凉亭外则在道路两边挂上印有中秋节各种传说为背景图案的花灯，绿化则放置各品种的菊花，温度尽量控制在 24℃左右，休息室的温度为 26℃左右。休息室的温度控制采用中央空调，而用餐凉亭四周可放置冰盆用作降温。

休息室的布置以嫦娥奔月图为背景，地毯颜色为暗棕色，方便清洁，颜色百搭。墙纸颜色为浅牛皮纸的颜色，有同色花纹。灯光柔和的仿自然光，明亮不刺眼。组合沙发放在图前面，进门即可看到，靠近窗户的一面墙前面设屏风，屏风内和沙发前放置茶几，窗边放古筝和绿萝花架。

2. 宴台设计

(1) 宴台设计

中秋是一个圆，月亮的圆，月饼的圆，圆是中秋的主题。无论是寄托给满月的愿望，还是中秋夜各种有趣的风俗，最终都在家人的笑脸中凝成永恒的快乐。台面上的餐巾、台布、餐具都以圆形为主，主题色调为白色，象征着月亮，寓意着家人团团圆圆。餐桌选用直径为 150 厘米、高 74 厘米的实木圆桌；餐椅选用实木背椅，数量为 8 把，其中 6 把摆放至餐桌，其中 2 把备用。

(2) 台布及椅套等布类设计

为了突出中秋团圆宴，将采用白色的带有月亮图案的台布及椅套，材质选绸缎质，质感较好；口布选用白色纯棉口布，大小为 60 厘米 * 60 厘米。为了体现团圆，餐巾折花分别是孔雀开屏、海鸥翱翔、三尾金鱼、蝴蝶、圣诞火鸡和天堂鸟。这几种花型既体现了中秋团圆，又体现了秋天丰收喜悦，给人以生机和活力；窗帘选用浅灰色棉麻混纺外层，以及同色有云纹的纺纱内层。

（3）餐具的设计

餐具为镀银荷叶边的日用精陶，包括骨盆18只，看盆8只，6寸盆15只，8寸盆12只，口汤碗8只，饭碗8只，玻璃碗8只，汤勺配口汤碗使用，味碟两套，筷子、筷架8套，调料瓶壶一套，毛巾托8套，茶盅8套，茶壶一个，水杯15个，白酒杯8个，果酒杯8个，果汁杯8个，以及其他菜点所需盛器。

（4）宴台摆台

台面风格为传统中式宴席台面，圆台中央放上嫦娥奔月造型的面塑和鲜花以作装饰，餐桌中心对准亭顶顶灯。

三、家宴服务设计

1. 宴前服务

在客人到达餐厅时要热情迎客，面向客人，微笑问好，语言准确，态度热情。将客人先引入休息室就座，及时接过客人脱下来的外套和帽子放在衣帽架上，客人坐下后要及时为客人送茶或其他饮料，等候服务时，要在服务区保持站立的姿势，不可随意走动打扰客人交流或与宾客随意攀谈，用餐开始前10分钟将客人请入席中入座，服务和引领客人时要面带微笑。

2. 宴中服务

将客人引领至席位，引位时要面带微笑，走在客人左前方，距离1.5米左右，注意客人是否跟上，如客人停下观赏也要及时停下为客人介绍，引位时要女士优先并且照顾儿童和老人；当客人到达餐桌边时，要及时为客人拉开座椅，同时请客人入座，拉椅，送椅的过程要及时，平稳，恰到好处。待客人坐好后根据先宾后主，女士优先的原则，将餐巾打开从客人的右边为客人铺好。根据客人实际数撤补餐具，餐椅，同时撤走花瓶，台卡。将降好温的毛巾放在毛巾篮中用服务夹放至客人的毛巾碟中，然后为客人添加茶水，茶水为七分满，儿童则送上白开水。酒水服务，备齐所需的酒水，将酒水瓶擦干净，检查酒水质量。酒水瓶按高矮顺序上至餐桌，当客人确认无误后方可为客人开启。斟酒服务，根据客人要求适时斟酒。斟酒时用干净的白口布包好酒瓶，位于客人右侧为客人倒酒。

菜品服务，上菜准备，检查上菜工具是否完整清洁，熟悉菜单，菜名，了解上菜顺序及数量。上菜的位置为方便客人就餐，方便员工服务，避过儿童和老人的位置。冷菜“凉亭叙旧”和“吴刚伐桂”，在开宴前15分钟的时候上桌，当冷菜吃完一半时询问是否可以上其他菜，如没问题就可以上热菜了，上菜的顺序应先快后慢，每道菜的间隔时间为10分钟左右，具体视用餐情况而定，上菜应突出主菜，相互搭配。热菜先上“众星捧月”为开胃汤。接着上“四季如意”和“兰荷碧月”，其次上“月上柳梢”和“金桂飘香”，最后上“金鸟归巢”。菜点的看面应面对客人，每上一道菜应向客人介绍菜点特色，来源和典故，并向客人介绍菜点的制作方法，以及注意事项。客人要求上主食时将主食上至餐桌，或者当客人用餐至尾声时提醒客人是否需要主食。在客人用餐其间要随时整理台面，撤走空盘，更换骨盆时应询问客人，经同意后方可换上干净的。

3. 宴后服务

用餐结束后要参加酒店共同举办的中秋晚会，先将客人带到晚会现场的观赏台，同时安排工作人员收拾整理餐桌，按照客人要求对剩余菜点进行打包保存。观赏台设有桌案，客人盘腿而坐，将果盘，茶水，干果摆放至桌案上后退至客人后方，随时注意客人需求。晚会结束后，整理座位，协助客人买单。

四、宴席肴馔设计

1. 菜单设计

根据顾客的需求，再结合主题设计宴会菜单，本次宴会的菜单分别有冷菜、热菜、汤、主食、点心、水果，一共 14 道菜肴，宴席为中秋主题家宴，菜肴多采用象形名称，具体菜肴见表 6 - 10 所列。

表 6 - 10 “花好月圆”宴会菜单

类型	菜名	原料、辅料	烹调方法	口味	成本/元	售价/元
冷菜	凉亭叙旧	黄瓜、午餐肉、熟牛肉、胡萝卜、熟虾仁、熟黑木耳	余、拌	辣	30	58
	吴刚伐桂	藕、糯米、干桂花	煮	甜	20	38
热菜	众星捧月	海米、虾仁、鱼丸	焯、炒	鲜、咸	30	58
	四季如意	木耳、山药、青菜、荷兰豆、青红菜椒	焯、煸	鲜、咸	20	36
	兰荷碧月	芥蓝	炒	鲜、咸	20	38
	月上柳梢	杭椒、牛肉	烫、煸	咸、辣	30	58
	金桂飘香	鳜鱼、淀粉	油炸	酸甜	150	258
	金鸟归巢	老鸭、笋尖、生姜、枸杞、荷叶	炖煮	咸鲜	80	168
小吃	月饼	面粉、黄油、果馅	烤	香甜	20	38
	玉兔捣药	紫薯、山药、鸡蛋、淀粉	蒸	甜	20	48
	金玉满堂	南瓜、杂粮	蒸煮	甜	20	28
	皓月当空	牛奶、鸡蛋、面粉	蒸	咸	20	48
果盘	花好月圆	石榴、提子、柚子、哈密瓜、西瓜、苹果、橘子	—	—	30	48
	星月交辉	瓜子、松子、花生仁	—	—	30	48

2. 酒水单设计

本次宴会为家宴小聚，酒类采用低度的桂花酿和石榴酒，饮料准备的为橙汁和牛奶。宴会酒水单见表 6 - 11 所列。

表 6-11　“花好月圆”宴会酒水单

名称	成本/元	售价/元
绘璟桂酒	158	228
石榴酒	50	98
牛奶	18	29

五、成本核算

菜肴：每桌菜肴共计 14 道菜肴。其中有冷菜 2 道，热菜 6 道，小吃 4 道，果盘点心 2 盘，菜肴成本 520 元，售价 970 元。

酒水：宴会采用酒水石榴酒 1 瓶、绘璟桂酒 1 瓶、牛奶 1 瓶，每桌酒水成本 226 元，售价 355 元。

其他：本次宴会为小型家宴，一次性装饰物较少且可回收利用，熏香、冰块等消耗共计 60 元。

宴会成本核算见表 6-12 所示。

表 6-12　“花好月圆”宴会成本核算

名称	成本价/桌	零售价/桌	盈利/元
菜肴	520	970	450
酒水	226	355	129
装饰物	60	0	0
共计	806	1325	579

六、总结

本次通过对宴席知识的收集与分析，以安全环保为基础，以团圆为主题，以嫦娥奔月为文化背景进行了宴会整体设计。中秋月圆人更圆，整体宴会布置和服务宗旨意在创造一个良好的沟通和赏月环境，营造温馨舒适的家人团聚氛围。

第四节　寿宴——“福寿延年”寿宴设计实践

寿宴是人们对幸福的祈愿，对美好生活的向往，对喜庆吉祥的追求，是寿文化的重要表现形式。现代社会随着人们生活水平的提高，医疗服务的进步，人均寿命也不断提高，曾经罕见的七十岁、八十岁的高龄现在已经比较常见，但长寿仍是一件值得庆祝和分享的事。祝寿，一方面是源自中国尊老爱幼的优良传统品德，另一方面也代表了子女等对长者的祝福。中国最著名的长寿宴席当属清朝时期康熙、乾隆两位皇帝举办的千叟宴，清·昭梿的《啸亭续录·千叟宴》中就详细记录了这一盛大宴席：“康熙癸巳，仁皇帝六旬，开千叟宴于乾清宫，预宴者凡一千九百余人；乾隆乙巳，纯皇帝以五十年开千叟宴于乾清宫，预宴者凡三千九百余人，各赐鸠杖。丙辰春，圣寿跻登九旬，适逢内禅礼成，开千叟宴于皇极殿，六十以上预宴者凡五千九百余人，百岁老民至以十数计，皆赐酒联句。”这种寿宴极尽豪奢，规模庞大并且具有极强的政治色彩。随着时代进步，社会发展，封建制度逐渐废除，宴席中古老陈旧的等级制度已经荡然无存，人人皆可设宴。家族中一般有年龄 60 岁以上的老人，都可通过摆寿宴的方式为老人祝寿。

一、宴会基本情况概述

1. 宴会主题意义

生命可贵，活得长久是非常值得庆祝的事。为家中长者办寿宴，一是为了庆祝，二是通过摆宴席宴请他人的方式将此喜庆之事进行传递，分享喜气。在中国的传统习俗中，一般在六十、七十、八十等逢十之年进行祝寿。少数地方在逢九之年行祝寿礼，有的逢一之年举行，各有不同。其中七十七岁为喜寿，八十八为米寿，九十九为白寿，都是比较隆重的。为八十八岁老人举行的寿宴称为米寿宴席。

2. 宴席时间、地点及基本布局

宴会时间：××年十月十八号，17：00—20：00。

宴会地点：××酒店二楼宴会厅，现代厅。

宴席桌数、人数：参加人数 100 人，桌数 9 桌

二、宴席场景布置

1. 迎宾区布置

迎宾区分为两个部分，即迎宾台和祝福墙，以红色为主色调。

迎宾台：迎宾台采用长形桌案，以红色桌布覆盖，陈列以卷轴式礼宾簿和文房四宝，迎宾台后垂挂红色丝绢，中间挂红底金字的“寿”字，具体如图 6-7 所示（左）。

祝福墙：在迎宾台旁设祝福墙，将红色绣花绸缎悬挂吊起，并提供黑色水墨笔，以便宾客为寿星送上祝福话语，如图 6-7 所示（右）。

图 6-7　寿宴迎宾台（左）及祝福墙（右）示意图

2. 场内布置

（1）寿宴舞台

会场的入口铺设红色的迎宾毯，以示庄重。大厅最里端搭建木质舞台，同样以红毯覆盖。舞台中央悬挂嵌上金光闪闪的黄色锡纸大字“寿”的大红横幅。寿宴背景墙上有大大的寿字和用仙鹤，松柏寓意长寿的绘画作品。旁边挂一副寿联上书：“福如东海”，“寿比南山”，无须横批（因加上横批是门形状，结婚对联有横批，结婚进门，老人过寿不进门）。舞台左右两旁各置大红的寿幛一面，左边寿幛上书：日岁能预期廿载后如今日健，群芳齐上寿十年前已古来稀；右边寿幛上书：介寿值良辰春满蓬壶廷晷景，引年征盛典筹添海屋祝长龄。整体以红色为主，如图 6－8 所示。

图 6－8　寿宴舞台场景布置示意图

（2）整体台席布置

宴席共计 100 人左右，设九桌，中间为主桌，主桌坐 20 人，其余桌坐 10 人。主桌标号为 8，与八十八岁米寿对应，其余桌次依次编号，分别列于主桌两旁。每桌桌距间隔 160cm，座距间隔 50cm。具体台席布置如图 6－9 所示。

（3）台面布置

餐桌以中国传统圆形桌面为主，桌布、口布、筷套等均采用祥云底纹的红色，烘托喜庆气氛。餐具摆放以中式餐具摆放原则为主。主桌中央放置大型寿桃装饰，其余桌采用鲜花装饰。主桌台面布置如 6－10 所示。

（4）灯光、音乐布置

灯光：本次宴会由宴会厅顶部白炽吊灯提供主要照明，在宴会场内布置红色落地灯笼以柔和光线，调节氛围。

音乐：宴会主人及客人年龄偏大，音乐以中国传统乐器为主，如唢呐等，音调以不影响宾客交流为主，节奏欢快明亮。

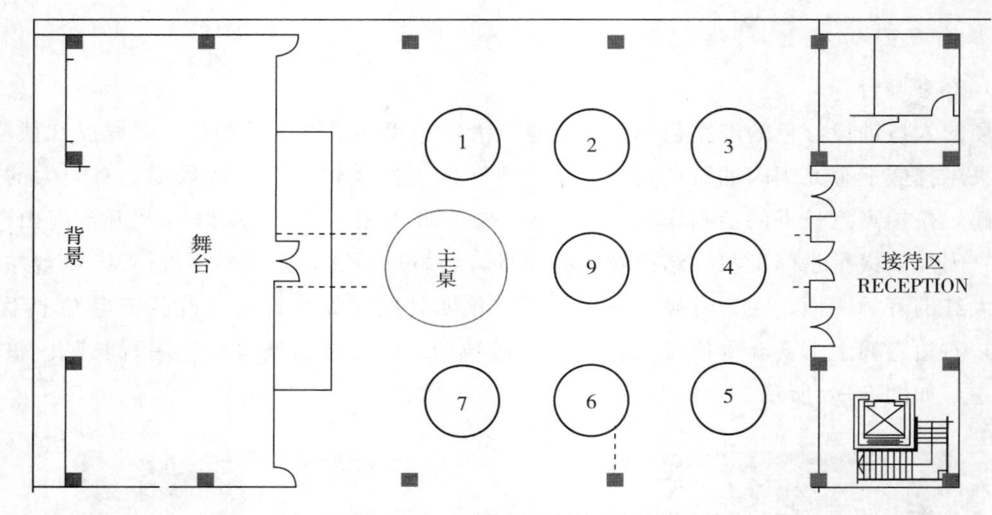

图 6-9　宴席桌次摆放示意图

图 6-10　寿宴主桌装饰示意图

三、寿宴服务设计

寿宴的整体服务与一般喜宴类似，除迎宾服务、餐前服务、餐中服务及餐后服务外，着重安排寿宴的祝寿流程设计，主要有以下几个流程。

1）宾客全部入座后，仪式开始，奏寿宴仪式序曲，由主持人员开场介绍后，寿星上台入座（事先准备座椅）。

2）主持人引导，晚辈列队，齐声祝福寿星。主持人介绍寿星家人。

3）寿星好友、子女、孙儿、曾孙分别向寿星拜寿，献祝福语。

4）拜寿仪式完毕，由儿孙推入事先准备好的蛋糕，奏生日快乐歌（欢快版），宾客齐声唱生日快乐歌。

5）许愿仪式。

6）许愿结束，寿星吹灭蜡烛（好友及家人辅助），由寿星分切蛋糕（切首刀或首块即可，余下由服务人员分切送至餐位），分享喜气。

7）照全家福。

8）寿星回赠祝福语，分享喜气。

9）结束语，仪式完毕，寿宴开席。

四、宴席肴馔设计

1. 菜单设计

根据老年人的生理需求，再结合主题设计宴会菜单，本次宴会的菜单分别有彩盘、冷菜、热菜、汤、主食、点心、水果，一共16道菜肴，菜肴采用寓意命名，具体见表6－13所列。

表6－13　“福寿延年”宴会菜单

分类	菜名	主料	调辅料	烹调方法	口味	成本/元	售价/元
彩盘	花开富贵（萝卜雕花）	胡萝卜、心里美萝卜			原味	10	38
冷菜	多彩人生（冷卤拼盘）	猪耳、猪舌、猪五花、猪蹄、猪心、猪肝、猪肚、猪尾巴	八角、桂皮、小茴香、山柰等香辛料，调味料	卤煮	咸	45	78
	香干万年青（香干花椰菜）	香干、西蓝花	辣椒、蒜、调味料	焯、拌	咸	10	38
热菜	福如东海（豆腐大肠煲）	豆腐、猪大肠	姜蒜、红辣椒、香菜、调味品	炒、炖	咸、辣	30	68
	寿比南山（红烧老鳖）	甲鱼	猪五花肉、香菇、辣椒、葱姜、调味品	红烧	咸	90	158
	喜气洋洋（烤羊肉）	羊肋排	葱、姜、调味料	煮、烤	咸、辣	70	138
	回眸难忘（清蒸比目鱼）	比目鱼	葱、姜、红辣椒、调味料	蒸	咸、鲜	40	78
	素烩全家福（五彩素食丁）	胡萝卜、玉米、豌豆、黄瓜、松仁	淀粉、调味料	烧	咸、甜	20	38
	如酒余香（鱼香肉丝）	猪里脊、莴笋、竹笋、黑木耳	青红辣、干辣椒、豆瓣酱、蒜、调味品	炒	酸、辣、咸	30	58
	代出才俊（猪肚炖海带）	猪肚、海带、君子菜	葱、姜、红辣椒、调味料	烩	鲜、咸、辣	35	68
	地久天长（素三鲜）	韭黄、韭菜、地皮菜	调味料	炒	咸	20	38

（续表）

分类	菜名	主料	调辅料	烹调方法	口味	成本/元	售价/元
汤	似水年华（乌鸡猴菇汤）	乌骨鸡、猴头菇	姜、枸杞、红枣、调味料	炖	咸、鲜	80	158
主食	八宝饭	红枣、糯米、薏米、白扁豆、核桃、龙眼、莲子、葡萄干	桂花、糖	炒、蒸	甜	20	48
点心	瑶池玉柱（土豆泥）	土豆	菠菜汁、淀粉、糖、香油、盐	蒸	甜、咸	10	28
	梦圆黄粱（黄米小汤圆）	黄米面、黑芝麻	猪油、糖	煮	甜	15	38
水果	携手相伴（果盘）	葡萄、哈密瓜、苹果、香蕉	—	—	酸甜	20	38

2. 酒水单设计

此次宴席的宾客人员，整体年纪偏大，酒水应适当照顾，白酒选用剑南春或五粮液，另外准备黄酒绍兴花雕等。为年轻人准备张裕解百纳干红以及果粒橙饮料。宴会酒水单见表6-14所列。

表6-14 “福寿延年”宴会酒水单

名称	成本/元	售价/元
剑南春（52度/500mL）	484	598
绍兴花雕（500mL）	20	48
张裕解百纳干红（12度/750mL）	124	299
苹果醋（946mL）	13	20

五、成本核算

菜肴：每桌菜肴共计16道菜肴。其中有彩盘1道，冷菜2道，热菜8道，汤1道，主食1道，点心2道，水果1盘，每桌菜肴成本545元，售价1108元，共计成本4905元，售价9972元，盈利5067元。

酒水：宴会每桌酒水有剑南春1瓶、绍兴花雕1瓶、张裕解百纳干红1瓶、苹果醋1瓶，每桌酒水成本641元，售价965元，共计成本5769元，售价8685元，共计盈利2839.5元。

其他：为美化宴席环境，烘托气氛，本次宴席消耗其他用品共计1880元。

本次宴会有9桌，共花费成本12554元，售价22645元，共计盈利10091元。属于中档宴会水平。宴会成本核算见表6-15所列。

表 6－15　“福寿延年”宴会成本核算

名称	成本价/桌/元	零售价/桌/元	成本/元	售价/元	盈利/元
菜肴	545	1108	4905	9972	5067
酒水	641	965	5769	8685	2916
其他	茶叶（480）、宴会租赁费（500）、装饰物（900）	茶叶（688）、宴会租赁费（1500）、装饰物（1800）	1880	3988	2180
共计	1186（除其他）	2073（除其他）	12554	22645	10091

六、总结

本寿宴主题为“福寿延年”，寓意寿者能够身体健康、万事如意，年年有今日，岁岁有今朝。结合主题，本次寿宴的宴席设计从宴会环境的要求、宴会设计的目标，宴会现场的环境布置、宴会的菜单设计和酒水、宴会的服务、宴会成本核算这几部分进行设计。宴会总体为中高档宴席，贴合宾客的实际需求。

第五节　地方宴席——“橘香正浓”宴席设计实践

宴席是文化的汇聚，是一方土地风土人情、饮食礼节的具体呈现。我国地域广袤，气候各不相同，这也造就了物产与饮食的多样性。游历一方地域，品尝当地美食，才能深切体会到当地的文化传承与风情习俗。

一、宴会基本情况概述

1. 宴会主题意义

“隽味品流知第一，更劳霜橘助茅鲜”这是唐朝诗人李群玉对石门柑橘的崇高评价。柑橘是石门的地方特产，也是石门人民的主要经济来源，每年至十月丰收季，石门山上挂满小橙灯笼，硕果累累。本次宴席以石门十月丰收季进行设计，以柑橘为宴会文化主题，设计“橘香正浓”主题宴席，以打造地方名片，促进旅游经济发展。

2. 宴席时间、地点及基本布局

宴会地点：××酒店二楼宴会厅，现代厅。

宴会时间：××年十月十八号，10：00—14：00。

宴席桌数、人数：参加人数 100 人，桌数 10 桌

二、宴席场景布置

橘子为橙色，为突出宴会主题，宴会整体装饰色彩以橙色为主，辅以绿色及其他色泽。

1. 宴会厅外部场景设计

1）宴会厅入口：宴会厅入口处设置拱门，为突出主题，拱门以柑橘（模型）和橘叶装饰，并设置路口指示牌，具体如图 6－11（左）所示。

2）签到台设计：宴会不采用传统的签到台，在宴会厅入口右侧竖立一棵橘树（树上装饰树叶，不装饰橘子），迎宾人员在入口处指引，并对每一位来客发放橙色便利签或挂签一张，待宾客签好名字后悬挂于树上，营造一种硕果累累的橘子树景象，如 6－11（右）所示。

图 6－11　宴会厅入口示意图

2. 宴会厅场景设计

1）主题场景及舞台设计：宴会厅入门后采用红色地毯铺设过道，伸至舞台，地毯两旁竖立柑橘盆栽引路。舞台布置以绿色为主，采用柑橘、绿叶以及省花（荷花）装饰。如图 6－12 所示。舞台右侧靠墙设长方形桌子，以白色带金色花边的桌布装饰，以少量橘色气球点缀。桌子上防止当地柑橘以及采用柑橘开发的产品，如蛋糕、果干、橘子汁等，供宾客品鉴。

图 6－12　宴会舞台示意图

2）灯光及音乐设计：灯光以白炽灯为主，采用绿色、暖色的彩灯点缀氛围；音乐也采用当地特色音乐。

3. 宴席台次及座次设计

1）台次设计：本次宴席共 100 人左右，设 10 桌宴席，其中两主桌，每桌坐 10 人次。宴席台次分别铺设在红色地毯过道两旁，每侧五张桌子，呈“凸”字形排列，台席两旁靠墙放置服务台，具体如图 6－13 所示。

2）摆台设计：宴席餐桌采用中式圆桌，桌布及椅套采用白色绸缎，为突出主题，椅套采

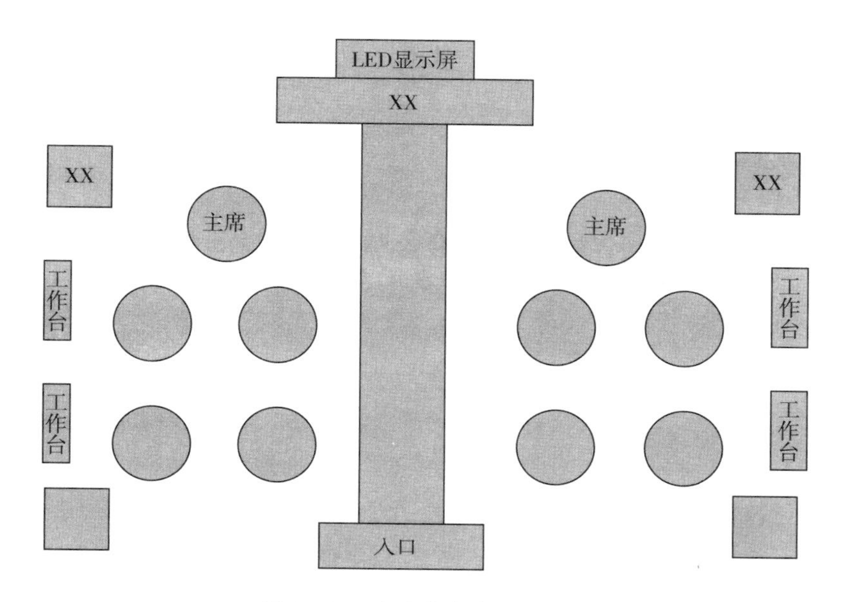

图 6－13　宴会台席布置示意图

用橙色丝巾装饰，口布采用红色绸缎。餐具按照中式餐具摆放原则放置，台面中心用橙色、白色、红色以及绿色混合插花装饰。如图 6－14 所示。

图 6－14　宴席餐桌（左）及椅套（右）装饰示意图

4. 宴席服务设计

本次宴会为地方特色宴席，除一般常规性服务外，在上菜间隙中，服务人员应适当对特色菜肴介绍，以及一些当地的风俗文化进行介绍。服务人员服装采用当地土家服饰，以更好地代入主题。

四、宴席肴馔设计

1. 菜单设计

根据顾客的需求，再结合主题设计宴会菜单，本次宴会的菜单分别有冷菜、热菜、汤、主食、点心、水果，一共 16 道菜肴，具体见表 6－16 所列。

表 6-16 “橘香正浓”宴席菜品设计

分类	菜名	主料	调辅料	烹调方法	口味	成本/元	售价/元
冷菜	凉拌猪蹄	猪蹄	盐、姜末、葱末	煮	香辣	30	58
	白斩鸡	鸡	姜、葱、盐	汆	清鲜	25	45
	凉拌豆腐	豆腐	蒜末、辣椒、番茄酱	拌	咸鲜	10	28
	拔丝蜜橘	柑橘	白糖、面粉、食用油	拔丝	鲜甜	10	38
热菜	石门肥肠	猪大肠	盐、花椒、生姜、料酒、白酒	红烧	咸香	40	78
	橘瓣鱼丸	鲤鱼	淀粉、白糖、柑橘、盐、葱末、姜、蒜	汆	清淡	35	68
	剁椒鱼头	鲢鱼头	剁椒、蒜姜、辣椒、	蒸	咸、辣	40	88
	鱼香肉丝	猪里脊肉	木耳、笋、葱、姜、辣酱、鸡蛋	炒	酸甜	30	48
	清炒时蔬	应季蔬菜	食用油、生抽、盐、蒜	炒	清淡	10	38
热菜	粉丝蒸扇贝	扇贝	葱、姜、盐、粉丝、料酒、白糖	炒	咸、鲜	60	108
	腊肉烧苁菌	腊肉、苁菌	食用油、蒜、盐、耗油、葱、糖	炒	咸、甜	70	139
	东安仔鸡	鸡肉	辣椒、盐、葱、食用油	炒	咸、辣	60	88
汤	五香丸子汤	猪里脊	萝卜、鸡蛋、盐、油、葱、胡椒粉	煮	鲜香	30	58
点心	望羊麻花	面粉	白糖、熟白芝麻	炸	甜	20	48
水果	水果拼盘	西瓜、哈密瓜、柑橘	/	/	/	20	38
主食	蛋炒饭	大米	鸡蛋	炒	鲜咸	10	20

2. 酒水单设计

本次宴会采用的是天之蓝白酒。红酒采用的是张裕解百纳干红，饮料准备的是百事可乐以及鲜榨橘汁。宴会酒水单见表 6-17 所列。

表 6-17 “橘香正浓”宴会酒水单

名称	成本/元	售价/元
天之蓝（480mL/46 度）	340	498
张裕解百纳干红（12 度/750mL）	124	299
百事可乐（2L）	6.5	10
鲜榨橘汁（扎）	30	58

五、成本核算

菜肴：每桌菜肴共计16道菜肴。其中有冷菜4道，热菜8道，汤1道，主食1道，点心1道，水果1盘，每桌菜肴成本500元，售价988元，十桌共计成本5000元，售价9880元，盈利4880元。

酒水：宴会每桌酒水有天之蓝1瓶、张裕解百纳干红1瓶、百事可乐1瓶、鲜榨橘子1扎，每桌酒水成本500.5元，售价865元，十桌共计成本5005元，售价8650元，共计盈利3645元。

其他：为美化宴席环境，烘托气氛，本次宴席饰品总花费2438元。

本次宴会有10桌，共花费成本12443元，售价22530元，共计盈利10087元。宴会成本核算见表6－18所列。

表6－18 “橘香正浓”宴会成本核算

名称	成本价/桌/元	零售价/桌/元	成本/元	售价/元	盈利/元
菜肴	500	988	5000	9880	4880
酒水	500.5	865	5005	8650	3645
其他	橘树模型、签到台、橘树盆栽等制作租赁等（2438）	总计费用4000	2438	4000	1562
共计	1000.5（除其他）	1853（除其他）	12443	22530	10087

六、总结

本次宴会设计为当地推广文化和特产，对主题创意分析明确，设计中的装饰物及背景与主题相吻合，台面用于主题相对应的橙色，服务员的服装选用土家族服装符合当地风情，宴会菜单设计采用橙色橘瓣镂空式的，突显主题，本次餐桌的中心装饰物运用到了橘子插花，所选用的台布及椅套都是环保材质的，符合酒店的经营理念。

第六节 “风华正茂”成人宴席设计实践

成人礼，在古代又被称为“冠笄之礼”。在古代，男子在20岁举行冠礼，亲朋好友会前来祝贺，那时这便意味着少年已成年，需要承担起家庭的责任。仪式往往可以凝聚人的情感，可以增加人的敬畏之心，在隆重的场所，通过成年礼的仪式，宣誓成年，可以增强人的成年和公民意识。在宴会设计过程中，通过这种仪式需要让孩子感到自己成人之后所要承担的责任，对自己以后在生活中遇到的困难应该自己想办法克服。用这种仪式，感恩父母，完成角色的改变，以此来宣告自己长大成人。

一、宴会基本情况概述

1. 宴会主题意义

在人生的不同阶段需要一定的仪式来使人明确接下来将踏入一段新的人生征程，提醒人所扮演的角色和所承担的责任发生变化，需要不断调整自己的心态、行为、认知。这种仪式自古至今一直存在，如婴儿满月的满月酒宴席，一周岁的周岁宴、成年的“冠礼”、成家的婚宴、60岁以后的寿宴，乃至生命消亡后的丧宴。现代社会人们寿元增长，求学年限增长，人们对成人礼的概念逐渐模糊。本次宴席设计将以我国古代人生礼仪的起点——“冠笄之礼”为基础，设计现代孩子的成人礼，加强文化传承，提醒孩子已经踏入人生的新阶段，要成担相应的社会责任。

2. 宴席时间、地点及基本布局

宴会地点：××酒店小型宴会厅。

宴会时间：主人公20周岁（女）或22周岁（男）生日当天，17：00—20：00。

宴席桌数、人数：参加人数20人，桌数1桌。

二、宴席场景布置

本次宴会的场景主要通过气球和花卉进行烘托。气球充满童趣和梦幻的感觉，符合青少年的特点；花卉营造用餐环境的美妙性和自然性，让用餐的氛围环境达到更好的效果，所以在设计过程中主要是以对宴会环境为基础进行合理的布置，这样可以提高宴会整体美观感。

1. 宴会色彩设计

宴会以不同颜色的气球进行搭配，马卡龙粉+白+浅灰色+马卡紫，摆成彩虹的形状，这四种颜色结合形成了相同色系不同色值的过渡，增加了配色的层次感，浪漫的花艺与俏皮的气球完美结合，可以使这次成人宴更具活力与生机。

2. 花卉设计

为迎合现代成人礼主题与氛围，本次宴会装饰花卉以山茶花和杜鹃花为主。山茶花代表着高雅、大气、谦让、美德。山茶花生长在寒冷的冬季，不与其他的花卉争相斗艳，象征着独立自强的人，以山茶花来作为主题花卉设计会更与本次成人宴主题设计相符合。杜鹃花作为搭配花，代表着友谊长存，寓意在以后的人生道路上可以遇到更好的朋友，珍惜彼此，友谊长存。也可辅以玫瑰、满天星等作为搭配，这些花卉不分季节性，一年四季都以使用，这样可以提高宴会主题设计的层次性。图6-15所示为花卉设计装饰。

图6-15 花卉摆放图

3. 音乐设计

宴席的背景音乐整体以青春、欢快的格调为主。在宴席准备阶段将播放《卡农》这首是复调音乐的一种，营造了一种安静而又美好的氛围，会给人带来一种欢快的感觉，使客人心情舒畅。宾客在餐桌候餐时，暖场音乐选择《和你一样》《明天你好》《我相信》，这三首音乐都代表着青春，与本次成人宴席主题相结合，希望可以通过这三首歌能够鼓励大家对生活充满希望和向往，把每一天都能看成是新的一天。在宴席宾客用餐时，选择轻音乐《所念皆星河》《溯》《萤火之森》，这三首轻音乐可以提高整个宴席场景客人的用餐气氛，给客人带来舒服的感觉，同时也与本次成人宴席相结合。最后宴席以主人公演唱《陪我长大》献给父母与各位的宾客来结束这场成年礼。具体音乐设计见表 6－19 所列。

表 6－19　宴席具体用乐设计表

宴席阶段	音乐歌曲名称
迎宾准备	《卡农》
候餐暖场	《和你一样》《明天你好》《我相信》
就餐阶段	《所念皆星河》《溯》《萤火之森》
宴席结束	《陪我长大》

4. 台次、座次及摆台设计

1）台次与座次：本次宴席为家庭主题聚餐，人数 20 人左右，设一桌。以主人公坐主位，其他宾客按宴席座次排位原则进行排列，可不拘泥于具体座席，根据宾客具体要求而定。

2）摆台设计：宴席用桌选用传统的中式圆桌台面，桌布整体颜色选择白色搭配蓝色和橘色花边，代表着生机勃勃。椅子、餐具等以印有荷花、梅花、高山、流水等一些山水画，荷花被称为“出淤泥而不染”，是清白、高洁的象征，寓意不同流合污，一路清廉，希望在以后的人生道路上可以坦坦荡荡；梅花有着坚强、坚贞不屈的寓意，在以后的人生道路上遇到困难可以坚强去面对，通过这些有代表性的元素来为整个宴席主题打造出自然、清新舒适且具有文化意义的就餐环境。整套餐具选用陶瓷的质地，色系选用淡蓝色，因为淡蓝色给客人一种清新淡雅的感觉，可以提高整个宴席的档次，餐具上刻画上具有文化特色的扇子，中间用兰花来作为铺垫，采用人工手绘金边的工艺，打造出一道轻奢高雅的餐桌风景线。为了充分突出本次宴席主题，筷套、牙签套上都采用相同色系来搭配，使整个台面的色调协调一致。

5. 其他设计

本次宴席虽仅一桌，但仍需配备影音播放设备和小型舞台，同时注意宴席的隔音环境，以不影响他人和被他人影响的就餐环境为佳。宴会前调试好影音设备，向东道主拷贝相关视频或图片等资料，供宴席中播放使用。

三、宴席服务设计

宴席为家宴，除常规餐边服务外，以保持家庭聚餐氛围为主，可不进行分餐和斟酒等服务，具体可依照宾客要求及时调整。

四、宴席肴馔设计

1. 菜单设计

根据青少年的饮食偏好，再结合主题设计宴会菜单，本次宴会的菜单分别有冷菜、热菜、主食、点心、水果，一共19道菜肴，菜肴采用寓意命名。具体见表6-20所列。

表6-20 成人礼宴会菜单

分类	菜名	主料	调辅料	烹调方法	口味	成本/元	售价/元
冷菜	一鸣惊人（香辣口水鸡）	鸡肉	盐、冰糖、八角	煮	鲜咸	20	48
	五味杂陈（黑椒芥辣松板肉）	猪肉	盐、姜末、葱末、黑胡椒、芥末	烤	辣	40	68
	青春年少（青麻海苔鸡卷）	鸡肉、海苔	葱、姜、蒜、蛋黄、胡椒粉	煎	鲜香	25	48
	天真无邪（酸辣柠檬鸭掌冻）	鸭掌、柠檬	辣椒、蒜	冻	酸辣	30	58
	五彩缤纷（动感时蔬卷）	黄瓜、胡萝卜、心里美萝卜、春卷	沙拉酱	拌	清爽	20	38
	火中生莲（蓝莓红酒莲藕）	藕、红酒、蓝莓酱	白糖、白醋	拌	鲜甜	25	38
热菜	节节高升（蒜香排骨）	排骨	葱、姜、蒜、辣酱、食盐	煎	鲜香	50	88
	鸿运当头（白灼基围虾）	基围虾	葱、姜、蒜、花椒、料酒	白灼	鲜嫩	40	78
	鱼跃龙门（清蒸多宝鱼）	多宝鱼	姜、葱、红椒、料酒、花椒	清蒸	鲜嫩	60	108
	闻鸡起舞（红焖芦花鸡）	芦花鸡	料酒、葱、姜	焖	鲜咸	70	128
	斗士之气（文火牛肉）	牛肉	生抽、食盐、蒜	炒	香辣	50	98
	青出于蓝（鲜炒杂蔬）	荷兰豆、百合、胡萝卜	蒜、食盐、生抽	炒	清爽	10	28
	四季平安（干煸四季豆）	四季豆	蒜、盐、生抽	炒	清爽	10	35
	豆蔻年华（蜂窝自制老豆腐）	老豆腐、牛奶	葱、枸杞、盐	炖	鲜	15	48

（续表）

分类	菜名	主料	调辅料	烹调方法	口味	成本/元	售价/元
主食	时来运转（黑松露米粉肉捞饭）	米饭	米粉肉	蒸	香	30	58
	蒸蒸日上（纸皮包子）	面粉、粉条、木耳、鸡蛋、虾仁、胡萝卜	盐、生抽、味精、糖	蒸	甜	20	48
点心	一路畅通（绿豆糕）	黄豆、绿豆	白砂糖、黄油	蒸	甜	20	38
	患难与共（红糖糍粑）	糯米	白砂糖	炸	酥脆	10	28
水果	水果拼盘	哈密瓜、西瓜、橙子、圣女果	—	—	甜	25	38

2. 酒水单设计

此次宴席宾客均已成年，可适量饮酒，但也要辅以牛奶、饮料等。宴会白酒选用 42 度梦之蓝，红酒采用“双旗”干红，饮料选用可乐和椰汁，具体酒水单见表 6-21 所列。

表 6-21 成人礼宴会酒水单

名称	成本/元	售价/元
梦之蓝	580	698
富隆柏图斯双旗干红	498	599
椰汁（1.25L）	16	28
百事可乐（2L）	6.5	10

五、成本核算

菜肴：每桌菜肴共计 19 道菜肴。其中有冷菜 6 道，热菜 8 道，主食 2 道，点心 2 道，水果 1 盘，菜肴成本 570 元，售价 1119 元，盈利 549 元。

酒水：宴会每桌酒水有梦之蓝 1 瓶、“双旗”红酒 1 瓶、椰汁 1 瓶，可乐 1 瓶，每桌酒水成本 1100.5 元，售价 1335 元，盈利 234.5 元。

其他：为美化宴席环境，烘托气氛，本次宴席消耗其他用品共计 180 元。

本次宴会有 1 桌，共花费成本 1850.5 元，售价 2742 元，共计盈利 891.5 元。宴会成本核算见表 6-22 所列。

表 6-22 “风华正茂”成人礼宴会成本核算

名称	成本/元	售价/元	盈利/元
菜肴	570	1119	549
酒水	1100.5	1335	234.5
其他	180	288	108
共计	1850.5	2742	891.5

六、总结

本次成人宴设计整桌菜品一共设计19盘菜品。其中有冷菜6盘，热菜8盘，点心2盘，水果1盘，主食分别2种。以原材料的重量计，冷菜20%、热菜45%、点心10%、主食18%、水果7%，毛利率60%以上。

思考题

1. 婚宴的设计要考虑哪几个关键点？
2. 中西方婚宴设计的主要区别有哪些？
3. 宴席设计的流程主要有哪些？

参考文献

1. 王学泰．华夏饮食文化［M］．北京：中华书局，1993.
2. 尤金·N. 安德森．中国食物［M］．马孆，刘东．南京：江苏人民出版社，2003.
3.《中国烹饪百科全书》编辑委员会．中国烹饪百科全书［M］．北京：中国大百科全书出版社，1992.
4. 任百尊．中国食经［M］．上海：上海文化出版社，1999.
5. 王仁湘．往古的滋味［M］．济南：山东画报出版社，2006.
6. 丁应林．论宴会设计的学科性质和特点［J］．扬州大学烹饪学报，2002，19（1）：4.
7. 万光玲，贾丽娟．宴会设计［M］．沈阳：辽宁科学技术出版社，1996.
8. Anthony J. Strianese，Pamela P. Strianese．餐厅服务与宴会操作［M］．宿荣江．北京：旅游教育出版社，2005.
9. 玛格丽特·维萨．餐桌礼仪［M］．刘晓明译．北京：新星出版社，2007.
10. 周宇，颜醒华，钟华．宴会设计实务［M］．北京：高等教育出版社，2003.